网络通信关键技术丛书

异构蜂窝网络关键理论与技术

肖海林　著

電子工業出版社
Publishing House of Electronics Industry
北京 · BEIJING

内 容 简 介

本书共11章，全面、系统地阐述了异构蜂窝网络关键理论与技术，主要内容包括：垂直切换技术、干扰管理技术、内容缓存策略、能效优化的功率分配技术、NOMA资源管理技术、混合能源驱动的均匀异构蜂窝网络、混合能源驱动的非均匀异构蜂窝网络、D2D通信资源分配技术、可见光通信异构蜂窝网络动态接入，以及VLC+WiFi异构蜂窝网络通信系统设计。

本书深入浅出，概念清晰，语言流畅，可以作为电子与通信工程领域通信与信息系统、信号与信息处理等学科的研究生和高年级本科生的教材，也可以作为从事无线通信系统深入研究与开发的电信工程师、工程管理人员的参考书。同时，本书对在这个领域进行教学、研究、开发的教师、学生有很好的参考价值。

图书在版编目（CIP）数据

异构蜂窝网络关键理论与技术 / 肖海林著. —北京：电子工业出版社，2021.10
（网络通信关键技术丛书）
ISBN 978-7-121-42085-6

Ⅰ. ①异…　Ⅱ. ①肖…　Ⅲ. ①蜂窝式移动通信网－研究　Ⅳ. ①TN929.53

中国版本图书馆 CIP 数据核字（2021）第 190662 号

责任编辑：李树林　　文字编辑：底　波
印　　刷：三河市双峰印刷装订有限公司
装　　订：三河市双峰印刷装订有限公司
出版发行：电子工业出版社
　　　　　北京市海淀区万寿路 173 信箱　邮编：100036
开　　本：720×1 000　1/16　印张：15　字数：288 千字
版　　次：2021 年 10 月第 1 版
印　　次：2021 年 10 月第 1 次印刷
定　　价：88.00 元

凡所购买电子工业出版社图书有缺损问题，请向购买书店调换。若书店售缺，请与本社发行部联系，联系及邮购电话：（010）88254888，88258888。

质量投诉请发邮件至 zlts@phei.com.cn，盗版侵权举报请发邮件至 dbqq@phei.com.cn。

本书咨询联系方式：（010）88254463，lisl@phei.com.cn。

前　言 PREFACE

随着物联网和智能终端设备的不断增加，移动互联网业务发展迅速，用户之间的信息交互成为数据服务的主流。根据《思科互联网年度报告（2018—2023）》显示，到 2023 年，连接到 IP 网络的移动终端设备数量将是全球人口的三倍多，人均网络设备将达到 3.6 个，其中互联网用户总数预计将从 2018 年的 39 亿增长到 2023 年的 53 亿，复合年增长率为 6%。越来越多使用带宽密集型应用程序的用户需要高质量和高速度的移动数据服务，并且频谱资源既有限又昂贵，使得第五代（Fifth Generation，5G）网络将面临更加复杂的挑战。因此，为了应对这些挑战，网络运营商必须重新定义网络拓扑结构，改变现有的部署策略。

最近，LTE-A 标准化已经设想推出异构蜂窝网络（Heterogeneous Cellular Networks，HetCNets）的新技术。新兴的高密度 HetCNets 引入了分层基础设施，通过部署高功率节点（如宏基站）来扩展覆盖范围和提供高移动性支持，同时部署低功率节点（如微微蜂窝基站接入点、毫微微蜂窝基站接入点）在某些热点覆盖区域内扩展无线业务覆盖范围，提供可实现的高数据速率。另外，通过在局域范围内部署其他低功率节点，可以在一个地理区域内密集地复用频谱，缩短了用户终端与服务基站之间的距离，因而基站不需要消耗大量的能量来支持小区边缘用户设备的活动，改善了小区边缘用户的性能并增强了区域频谱效率和能源效率。

事实上，HetCNets 将宏基站（Macrocell Base Station，MBS）和微微基站（Pico Base Station，PBS）、毫微微基站（Femto Base Station，FBS）等小基站（Small Base Station，SBS）共存。由于大面积部署 SBS，所以引起了许多新问题。首先，小基站的发射功率远小于 MBS，若以传统的接入方式，用户极有可能最大限度地接入 MBS，无法发挥部署小基站带来的优势，反而会加重网络频谱资源及能量资源的浪费。其次，密集的小基站间距离过近，会造成严重的干扰问题，不但降低了频谱资源的利用率，造成功率消耗增大，而且最重要的是对通信质量造成毁灭性的影响。此外，网络中安装节点、BS 等造成的回程负载、干扰、时延及能耗的增加，对网络的性能产生了很大的影响。因此，迫切需要研究 HetCNets 关键理论与技术，以解决无线网络对低时延、大覆盖和高数据速率不断增长的需求。

本书共 11 章，主要内容包括：垂直切换技术、干扰管理技术、内容缓存策略、能效优化的功率分配技术、NOMA 资源管理技术、混合能源驱动的均匀异构蜂窝网络、混合能源驱动的非均匀异构蜂窝网络、D2D 通信资源分配技术、可见光通信异构蜂窝网络动态接入，以及 VLC+WiFi 异构蜂窝网络通信系统设计。本书可以作为电子与通信工程领域通信与信息系统、信号与信息处理等学科的研究生和高年级本科生的教材，也可以作为从事无线通信系统深入研究与开发的电信工程师、工程管理人员的参考书。同时，本书对在这个领域进行教学、研究、开发的教师、学生有很好的参考价值。

本书参考了国内外有关著作和文献，在此向所有参考著作和文献的作者表示诚挚的感谢。此外，本书也得到了作者所指导的博士生、硕士生的支持和帮助，以及国家自然科学基金（No. 61872406）和浙江省重点研发计划项目（No. 2018C01059）的资助，在此表示衷心的感谢。

由于作者水平有限，书中难免存在一些缺点和错误，敬请读者不吝批评指正。

肖海林

2021 年 6 月

目 录 CONTENTS

第 1 章 概　述

1.1 引言

为了迎接大数据时代的到来，满足无线网络服务的需求和不断增长的数据速率（数据传输速率），5G 网络需要具有新的体系结构和技术[1]。对此，各种各样的新兴应用促进了 5G 无线系统的发展规模，5G 架构有望提供改进的软件服务[2]。虽然这些应用的研究和开发已经在 4G 无线网络中进行，但最初的 4G LTE 标准，3GPP LTE 8.0 版并不包括对这些应用的支持。相反，这些应用是后来才出现的，并开始爆炸性地增加无线数据的使用，从而给资源有限的 4G 无线网络带来了额外的负担。因此，后来的 4G LTE 网络版本，通常被称为“LTE Advanced（LTE-A）”[3]，开始逐渐包括这些应用。为了应对日益增长的数据流量，满足不同用户的传输需求，3GPP 在 LTE-A 标准化过程中提出了异构蜂窝网络（Heterogeneous Cellular Networks，HetCNets）的概念[4]。多层 HetCNets 所带来的网络致密化可以带来更多的访问机会，有效地提高网络 QoS[5]。由此，随着小蜂窝网络和无线接入技术的不断发展，未来 5G HetCNets 的无线资源管理将成为一个关键的研究领域。

1.2 异构蜂窝网络架构

根据爱立信 2019 年 6 月的移动报告，2024 年全球移动网络视频数据流量将达到移动数据总量的 75%，而 2018 年这一比例仅为 60%。5G 系统预计增加 1000 倍的数据量，减少 4G 延迟时间（时延）的 5 倍（超低时延在毫秒级），增加与其他设备连接数目比 4G 提高 100 倍，增加数据速率的总和（10 Gbps 的峰值数据速率），提高 10 倍电池性能（低功耗）以及可靠性达到 100%[6,7]。

为了实现这些需求，跟上流量增长的步伐，HetCNets 在传统蜂窝网络的覆盖区域内部署低功耗节点。异构蜂窝网络通信模型如图 1-1 所示。

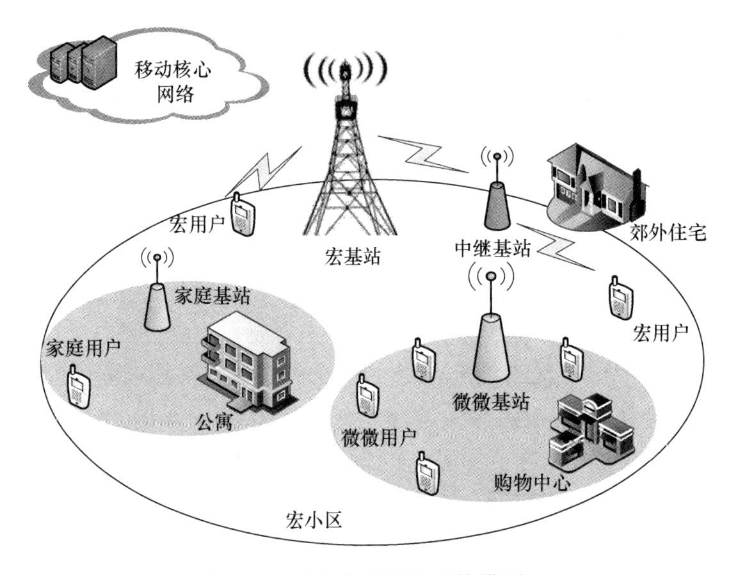

图 1-1 异构蜂窝网络通信模型

与传统的同构蜂窝网络相比，多层 HetCNets 带来了用户关联、回程链路、干扰管理等性能上的提升，同时对于网络的拓扑结构以及移动性都有了不一样的部署与切换。新的 HetCNets 预计将结合多种无线接入技术，如 2G、3G、LTE-A、WiFi 和 D2D 通信等来支持各种应用。它还将隔离室内外技术，室内小蜂窝网络将使用毫米波技术，而室外环境将使用大规模 MIMO 技术[8]。有了 HetCNets 的这些混合技术，未来的移动设备将配备多个无线接口，使用户能够使用这些无线接入技术，并且在技术之间无缝切换。

1.3 异构蜂窝网络中各类型 BS 的特征

除宏基站（Macrocell Base Station，MBS）用于基础覆盖外，HetCNets 中的基站 （Base Station，BS）还包括小基站（Small Base Station，SBS）、微微（皮）基站（Pico Base Station，PBS）、毫微微（飞）基站（Femto Base Station，FBS）和中继基站（Relay Base Station，RBS），其中 PBS 和 FBS 统称为“皮飞站”[9]，如图 1-2 所示。

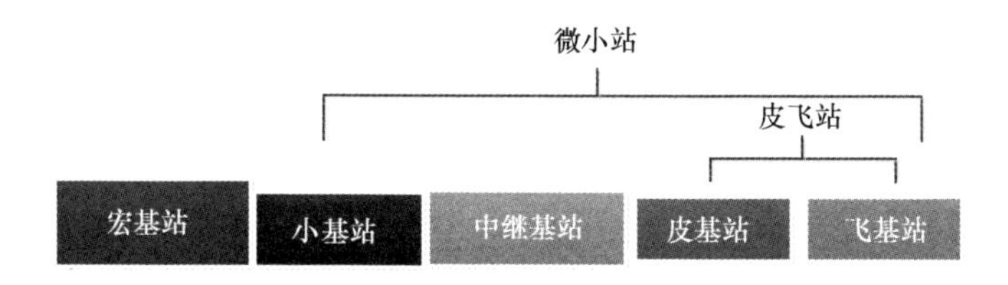

图 1-2 HetCNets 架构包含的基站类型图

接下来对以上 BS 进行简要介绍，见表 1-1。

表 1-1 无线异构蜂窝网络中各类型 BS 的特征

BS 类型	覆 盖 半 径	发射功率/W	服 务 用 户
MBS	1～3 km	40	基础覆盖
SBS	100～300 m	1～2	密集地区用户
PBS	<100 m	0.2～1	热点区域用户
FBS	<50 m	<0.2	室内用户
RBS	300 m	0.2～1	边缘用户

（1）SBS：是指发射功率一般为 1～2 W，覆盖范围为 100～300 m 的小型基站。它主要部署在人流量比较密集的区域，如商场、机场、车站等。目的是为了减少 MBS 的通信盲区，并让 MBS 用户连接到 SBS 进行通信，扩大网络容量的同时使得用户密集区域也能享有高质量的通信服务，能大大降低 MBS 能耗，但安装体积有限，可供给的网络容量较小，而且安装在室外，维护不方便。

（2）PBS：主要部署在热点区域，覆盖半径小于 100 m，一般可同时服务 10 多个用户，发射功率为 0.2～1 W，PBS 与 MBS、PBS 之间主要通过光纤进行通信。

（3）FBS：主要部署在室内区域，如会议室、办公室、宿舍楼等，覆盖半径较小，发射功率小于 0.2 W。其主要优势在于安装方便、成本低廉，与用户距离相对较小，能为用户提供低时延的可靠服务。

（4）RBS：是指网络运营商配置的与 SBS 具有相同的覆盖半径及发射功率无线访问节点，主要放置在边缘区域，如偏远山区或灾区等，用于扩大 MBS 的覆盖面积，通过高速光纤或微波链路与 MBS 连接，协助 MBS 通信，提高网络的可靠性[10]。RBS 的优势在于部署灵活，但存储转发时延大大增加，通信中断概率上升。

1.4 异构蜂窝网络优点

在异构蜂窝网络中的热点区域和覆盖盲区部署低功耗、覆盖范围较小的小型节点具有以下优势。

（1）扩展网络覆盖范围：在一般蜂窝系统上部署小型节点，可以引入较小的小区，并有效地扩展网络的覆盖范围。

（2）增加网络容量：小型节点类似于一个功能齐全的小基站。小型节点的部署增加了网络密度，使其可以服务更多的用户，从而提升网络容量。

（3）提高能源效率：小基站的发射功率相对较低。因此，在部署小基站时，不需要增加宏基站的发射功率即可为小区边缘用户服务，从而减少了功耗并提高了能效。

（4）降低成本：小基站相对便宜。通过增加小基站的数量来代替昂贵的宏基站，人们可以降低网络的运营支出。

参 考 文 献

[1] ANSARI R I, CHRYSOSTOMOU C, HASSAN S A, et al. 5G D2D Networks: Techniques, Challenges, and Future Prospects [J]. IEEE Systems Journal, 2017, 12(4): 3970-3984.

[2] AGIWAL M, ROY A, SAXENA N. Next Generation 5G Wireless Networks: A Comprehensive Survey [J]. IEEE Communications Surveys & Tutorials, 2016, 18(3): 1617-1655.

[3] 3GPP LTE Release 8.0. Overview of 3GPP release 8 V 0.3.3 (2014-2009) [OL]. http://www.3gpp.org/specifications/releases/ 72-release-8.

[4] WEI W, FAN X, SONG H, et al. Imperfect Information Dynamic Stackelberg Game Based Resource Allocation Using Hidden Markov for Cloud Computing [J]. IEEE Transactions on Services Computing, 2018, 11(99): 78-89.

[5] WU Y, QIAN L P, ZHENG J, et al. Green-Oriented Traffic Offloading through Dual Connectivity in Future Heterogeneous Small Cell Networks[J]. IEEE Communications Magazine, 2018, 56(5): 140-147.

[6] LIN Z, DU X, CHEN H, et al. Millimeter-Wave Propagation Modeling and Measurements for

5G Mobile Networks [J]. IEEE Wireless Communications, 2019, 26(1): 72-77.

[7] MANAP S, DIMYATI K, HINDIA M N, et al. Survey of Radio Resource Management in 5G Heterogeneous Networks [J]. IEEE Access, 2020, 8: 131202-131223.

[8] HUANG J, LIU Y, WANG C X, et al. 5G Millimeter Wave Channel Sounders, Measurements, and Models: Recent Developments and Future Challenges [J]. IEEE Communications Magazine, 2019, 57(1): 138-145.

[9] YUHAN J, YULONG Z, HAIYAN G, et al. Joint power and bandwidth allocation for energy-efficient heterogeneous cellular networks [J]. IEEE Transactions on Communications, 2019, 67 (9): 6168-6178.

[10] KAMEL M, HAMOUDA W, YOUSSEF A. Ultra-dense networks: A survey [J]. IEEE Communications Surveys & Tutorials, 2017, 18 (4): 2522-2545.

第2章 垂直切换技术

越区切换是指节点在移动通信的过程中，从一个基站的覆盖区域内移动到另一个基站的覆盖区域内，即由于受到外界等其他因素的干扰，导致无线通信信号质量下降，从而使得当前节点改变现有的无线通信信道，转为其他通信质量较好信道的过程。垂直切换包括网络发现、切换触发与切换判决、切换执行。切换触发与切换判决是实现无缝垂直切换的关键。切换触发是指网络根据用户当前的业务及运动状态，确定是否触发垂直切换；切换判决则是根据用户业务的服务质量（Quality of Service，QoS）参数及网络状态，垂直切换到目标网络的判决。

本研究以路侧无线局域网络（Wireless Local Area Network，WLAN）和长期演进（Long Term Evolution，LTE）网络作为分析对象，讨论如何准确快速地在异构网络间进行切换，减少由于网络信号强度不稳定导致的频繁切换。WLAN 技术数据速率高，在车路通信过程中，可实现对视频图片等大容量数据传输。LTE 技术具有覆盖范围广和支持节点在高速移动环境下的无缝连接。

2.1 引言

随着无线通信技术的迅速发展，传统的车载自组织网络正朝着车载异构网络的方向发展。由于车辆节点的高速移动性使得网络拓扑结构变化较快，导致车辆终端在异构网络环境下容易发生频繁切换，进而降低了车辆终端与网络间的通信性能，使得车辆在移动过程中的 QoS 严重下降。因此，如何确保车辆在异构网络下能够有效地进行垂直切换具有重要的研究意义。

针对车载异构网络环境下的垂直切换，目前已经有许多解决方法。文献[1, 2]

提出一种基于接收信号强度阈值的判决方法。该方法将接收信号强度作为垂直切换执行的判决依据，根据给定的信号强度阈值与计算出的接收信号强度（Received Signal Strength，RSS）大小进行比较来选择切换。但由于异构网络间的信号强度变化较大，该方法易造成车辆在异构网络间来回切换，导致“乒乓效应”的发生。在文献[1, 2]的基础上，文献[3]提出一种基于迟滞电平的切换方法，通过设置相对于信号强度阈值的迟滞电平来进行切换的判决。该方法有效地减少了切换的次数，降低了频繁切换的概率，但它未考虑垂直切换中车载速度问题。文献[4]考虑了车载速度对垂直切换的影响，提出一种最佳分布式网络切换策略，将车辆分为慢速与高速两种模式，对于慢速模式下的车辆采用分布式策略进行垂直切换，而将高速模式下的车辆保持在蜂窝网络中。该方法能实现慢速模式下车辆的有效切换，但车辆在异构网络中的运动速度具有随机性，处于高速模式的车辆进出网络更频繁，进行切换也更频繁，该方法未具体考虑高速模式下车辆切换问题。文献[5]从速度随机性和网络性能两方面出发，提出一种基于多属性的效用函数切换方法，终端通过车辆运动趋势以及网络信号强度、带宽、终端业务性能参数构建出效用函数，确定垂直切换的最佳网络。但该方法未考虑终端节点进行切换的时间属性及网络吞吐量、阻塞率的变化，不能有效保证车辆切换到目标网络后的通信质量。因此，为解决上述问题，本章提出一种多维属性融合的车载异构网络垂直切换方法。

针对 LTE/WLAN 异构网络，首先从可靠性和有效性两个通信指标出发，综合考虑切换网络的信号强度、吞吐量、阻塞率、误码率等性能，选取最优的接入网络，通过二维属性融合的网络判决策略，对最优接入网络的可切换区进行判决。判决出可切换区后，引入切换的时间属性，建立基于三维属性的车载垂直切换判决模型，从而在适当的时间、准确的位置切换到目标网络。

2.2　系统模型

车载异构网络的垂直切换是指车辆在移动通信的过程中，从一个网络的覆盖区域移动到另一个网络的覆盖区域。垂直切换过程分为网络发现、切换触发及切换执行[6]。

车载异构网络环境如图 2-1 所示。与传统网络不同，异构网络融合了卫星网络、LTE 网络、全球微波接入互操作性（World Interoperability for Microwave Access，WiMAX）网络、WLAN 等。异构网络从用户的角度出发，最大化地为用户提供更高的 QoS 网络服务，实现了与移动用户间的交互功能[7]。但是，车辆终端在异构网络环境下的频繁切换会降低其与网络间的通信性能，使终端在行驶过程中的 QoS[8]得不到保证。因此，需要讨论如何准确、快速地在异构网络间进行切换，减少由于网络信号强度不稳定导致的频繁切换，提高切换成功概率。

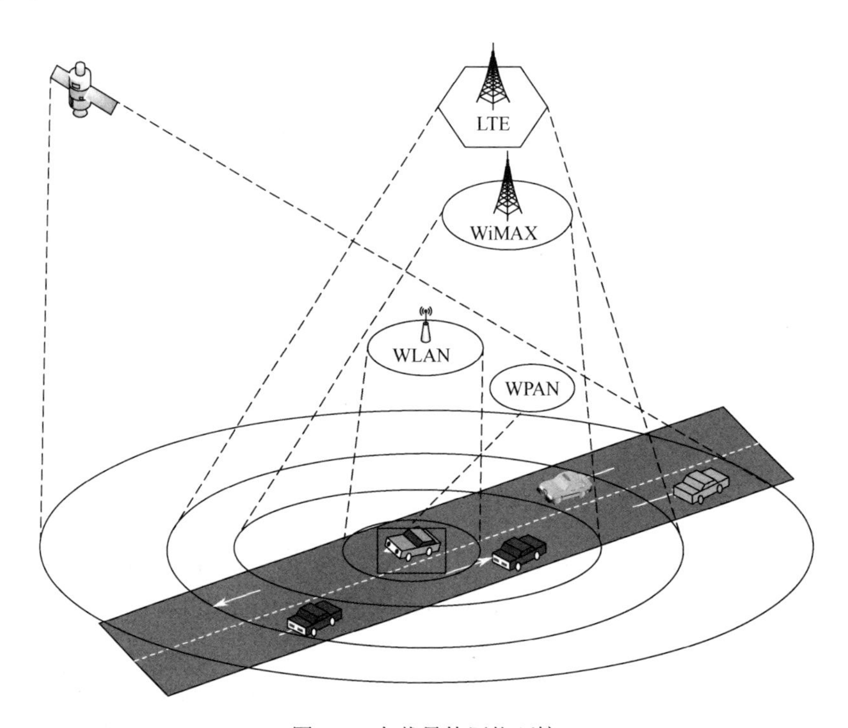

图 2-1　车载异构网络环境

LTE 网络和 WLAN 是两种典型的无线网络，这两种网络各自存在明显的优势，将两种网络融合考虑，可实现异构网络间的优势互补，为车辆终端提供带宽连接以及可靠的服务质量保证。因此，本章以城市环境下 LTE 与 WLAN 异构网络为分析对象，对异构网络环境下的垂直切换进行研究。图 2-2 所示为车辆在 LTE 与 WLAN 异构网络下的通信场景。当车辆终端处于 WLAN 覆盖区域时，其在 WLAN 下进行通信。当车辆行驶到 WLAN 覆盖区域以外时，需要进行垂直切换，接入到 LTE 中，实现数据的传输。

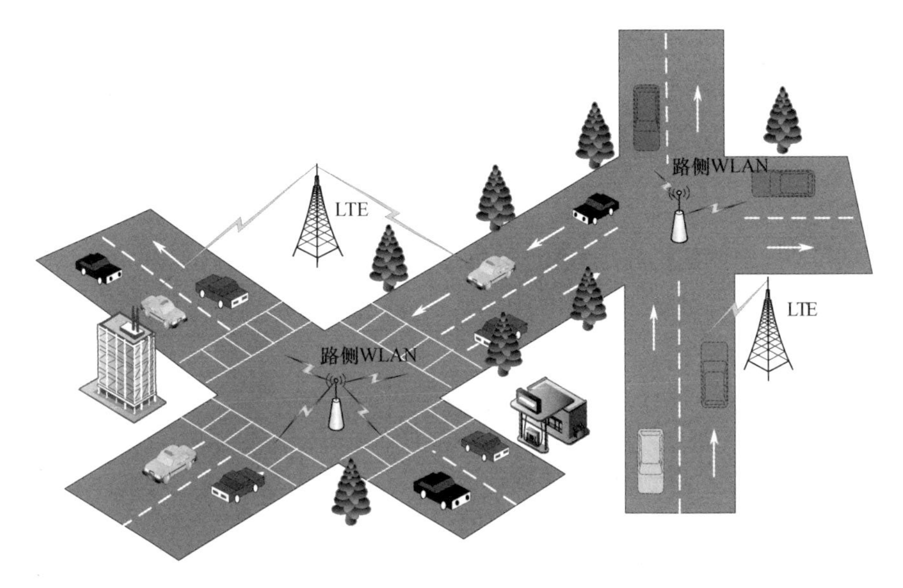

图 2-2　车辆在 LTE 与 WLAN 异构网络下的通信场景

2.3　多维属性融合的异构蜂窝网络垂直切换判决

车载异构网络的无线通信系统和无线接入技术具有复杂性和多样性，所以在进行网络间的垂直切换时，必须综合考虑备选网络的信号强度、吞吐量、阻塞率、误码率等性能参数。从可靠性和有效性两个通信指标出发，对最优接入网络进行判决。选择合适的时间建立三维属性融合的车载异构网络垂直切换判决模型，减少不必要切换与切换失败的情况，准确高效地接入到最佳网络中，满足车辆终端对网络 QoS 的需求。

2.3.1　二维属性融合的接入网络判决

异构网络的属性参数包括：接收信号强度、误码率、阻塞率、吞吐量。对多属性参数进行分析，选出切换最佳网络。从可靠性和有效性两个通信指标出发，将网络的多属性进行划分，建立二维属性网络判决模型，得出网络可切换区。

（1）接收信号强度分析：定义基站发射功率为 P_T，信号强度为 RSS，用户接收信号强度的阈值为 η，信号强度衰落为 ε，包括大尺度衰落和小尺度衰落。

信号的大尺度衰落包括两部分，即路径损耗部分 $\varepsilon_1(x)$ 与阴影衰落部分 ε_2。路径损耗 $\varepsilon_1(x)$ 为

$$\varepsilon_1(x) = L + 10\gamma \lg(x / x_{\text{ref}}) \tag{2-1}$$

其中，L 为与传播环境有关的路径损耗常量，γ 为路径衰减指数，x_{ref} 为参考点与基站之间的距离，x 为信号传播的直线距离。

由于阴影衰落部分 ε_2 服从对数正态分布，因此，概率密度可表示为

$$f_{\varepsilon_2}(\varepsilon_2) = \frac{1}{\sqrt{2\pi}\sigma_\varepsilon}\exp\left(-\frac{\varepsilon_2^2}{2{\sigma_\varepsilon}^2}\right) \tag{2-2}$$

综上分析，总的大尺度衰落为

$$\varepsilon = \varepsilon_1(x) + \varepsilon_2 \tag{2-3}$$

对于小尺度衰落部分 ε_3，采用瑞利信道模型，$R(t,k)$ 是经时间 t 后第 k 个波形的瑞利分布[9]，即

$$R(t,k) = \sqrt{\frac{2}{M}}\left[\sum_{n=1}^{M} A_k(n)(\cos\beta_n + \mathrm{j}\sin\beta_n)\cos(2\pi f_n t + \theta_{n,k})\right] \tag{2-4}$$

其中，M 是散射体个数，$A_k(n)$ 是 k 的权重函数，β_n 是信号衰落相位。因此，小尺度衰落为

$$\varepsilon_3 = 10\lg(E|R(t,k)|^2) \tag{2-5}$$

其中，$E|R(t,k)|^2$ 是 $R(t,k)$ 的值。综上，可得出 RSS 为

$$\text{RSS}(x) = P(x) = P_T - \varepsilon_1(x) - \varepsilon_2 - \varepsilon_3 \tag{2-6}$$

备选网络的基本要求为 RSS 大于接收门限阈值，即 $\text{RSS}(x) > \eta$，则目标网络的接收信号强度判决概率为

$$\begin{aligned} P(\text{RSS}(x) > \eta) &= P(\varepsilon_2 < P_T - \varepsilon_1(x) - \varepsilon_3 - \eta) \\ &= \Phi\left(\frac{P_T - \varepsilon_1(x) - \varepsilon_3 - \eta}{\sigma_\varepsilon}\right) \end{aligned} \tag{2-7}$$

其中，$\Phi(x)$ 为标准正态分布函数，并且 $\Phi(x) = (1/\sqrt{2\pi})\int_{-\infty}^{x}\exp(-t^2/2)\mathrm{d}t$。

（2）误码率分析：误码率（BER）是信噪比（SNR）的函数，SNR 近似

为[10]

$$\mathrm{SNR}(x)=\frac{\mathrm{RSS}(x)}{I(x)} \tag{2-8}$$

$$\mathrm{BER}(x)=\mathrm{erfc}(\sqrt{\mathrm{SNR}(x)}) \tag{2-9}$$

其中，$I(x)$ 为噪声功率，设定 $I(x)=m+u(\tau)$，$u(\tau)$ 为服从参数为 $(0,\sigma_2^2)$ 的正态分布，取 $m=-110\mathrm{dBm}$，$\mathrm{erfc}(x)$ 为互补误差函数，$\mathrm{erfc}(\partial)=(1/\sqrt{2\pi})\int_{\partial}^{\infty}\exp(-y^2/2)\mathrm{d}y$。当误码率比一定阈值高时，网络不能满足用户的一些需求。因此，设定误码率的阈值为 ϕ，并且满足 $\mathrm{BER}(x)<\phi$，代入式（2-9）可得误码率的判决概率为

$$P(\mathrm{BER}(x)<\phi)=P(\Phi(\sqrt{\mathrm{SNR}(x)})>1-\phi) \tag{2-10}$$

（3）阻塞率分析：设 k 为呼叫到达率，且服从参数为 λ 的泊松分布，s 为呼叫平均持续时间，其服从参数为 λ_t 的指数分布，则根据 Erlang 呼损公式可得，终端业务呼叫的阻塞率为

$$B=\frac{A^n/n!}{\sum_{i=0}^{n}A^i/i!}=\frac{(ks)^n/(n!)}{\sum_{i=0}^{n}(ks)^i/i!} \tag{2-11}$$

其中，A 是流入话务量强度，n 是网络总的信道数。当阻塞率低于一定的阈值 β 时，才能进入备选网络，即 $B<\beta$，则代入式（2-11）可得

$$\frac{(ks)^n/(n!)}{\sum_{i=0}^{n}(ks)^i/i!}<\beta \tag{2-12}$$

当信道总数 n 和参数 λ 确定时，式（2-12）可进一步化简为关于变量 s 的不等式

$$\lambda s(1-\lambda s)^{-1}\left(n!(\lambda s)^{-n-1}-1-\sum_{i=0}^{n-2}(n-1)(\lambda s)^{-i-1}\right)>\beta^{-1} \tag{2-13}$$

代入式（2-12）可得阻塞率的判决概率为

$$P(B<\beta)=P\left(\lambda s(1-\lambda s)^{-1}\left(n!(\lambda s)^{-n-1}-1-\sum_{i=0}^{n-2}(n-1)(\lambda s)^{-i-1}\right)>\beta^{-1}\right) \tag{2-14}$$

（4）吞吐量分析：吞吐量即网络数据速率，是目标网络选择的重要指标。根据 Shannon 定理可知信道的吞吐量为

$$C = W \cdot lb(1+\mathrm{SNR}(x)) \tag{2-15}$$

其中，W 为频带带宽。设定数据速率阈值为 μ，目标网络应满足条件

$$\mathrm{SNR}(x) > 2^{\frac{\mu}{W}} - 1 \tag{2-16}$$

代入式（2-10）可得目标网络吞吐量判决概率为

$$P(C>\mu) = P(\mathrm{SNR}(x) > 2^{\frac{\mu}{W}} - 1) = \Phi\left(\frac{P_T - \varepsilon_1(x) - \varepsilon_3 - m(2^{\frac{\mu}{W}} - 1)}{\sqrt{(2^{\frac{\mu}{W}} - 1)^2 \sigma_2^2 + \sigma_\varepsilon^2}}\right) \tag{2-17}$$

通过以上分析，车辆节点进入 WLAN 和 LTE 网络重叠区域时，需综合考虑异构网络的性能参数，筛选出最优的目标网络。在多属性的接入网络判决下，车辆的通信有两种选择情况：车辆接入 LTE 网络的初始状态下，当目标网络 WLAN 满足网络判决条件时，车辆可将 WLAN 网络选为备选切换网络，进一步实行切换到 WLAN 的切换控制策略；当目标网络 WLAN 不满足网络判决条件时，车辆仍选择 LTE 网络作为通信网络。综合考虑网络的多属性条件，可得网络满足多属性阈值判决条件的概率为

$$P_i(x) = P(\mathrm{RSS}(x) > \eta, \mathrm{BER}(x) < \phi, B < \beta, C > \mu) \tag{2-18}$$

代入式（2-7）、式（2-10）、式（2-14）和式（2-17），进一步将式（2-18）化简为

$$\begin{aligned} P_i(x) = {} & P\left(\lambda s(1-\lambda s)^{-1}\left(n!(\lambda s)^{-n-1} - 1 - \sum_{i=0}^{n-2}(n-1)(\lambda s)^{-i-1}\right) > \beta^{-1}\right) \cdot \\ & \Phi\left(\frac{P_T - \varepsilon_1(x) - \varepsilon_3 - \eta}{\sigma_\varepsilon}\right) \cdot \Phi\left(\frac{\eta - m\left(2^{\frac{\mu}{W}} - 1\right)}{\sigma_2\left(2^{\frac{\mu}{W}} - 1\right)}\right) \end{aligned} \tag{2-19}$$

通信系统的主要性能指标为有效性和可靠性，通过以上分析可知，网络的可靠性以误码率、阻塞率来衡量；有效性以接收信号强度、吞吐量来衡量。

设传输的每帧数据长度为 l_{frame}，在错误随机发生的条件下，阻塞率与误码率的关系可表示为

$$B = 1 - \frac{(1-\text{BER})^{l_{\text{frame}}}}{v_{\text{frame}} \cdot t_{\text{frame}}} \tag{2-20}$$

进一步可得吞吐量与阻塞率的关系式为

$$C = W \cdot \log_2 \{1 + \{\text{erfcinv}\{1 - [v_{\text{frame}} \cdot t_{\text{frame}} \cdot (1-B)]^{\frac{1}{l_{\text{frame}}}}\}\}^2\} \tag{2-21}$$

其中，t_{frame} 为传输一帧数据信息所需要的时间，v_{frame} 为数据信息传输的速度，$\text{erfcinv}(x)$ 为反互补误差函数。

将式（2-20）、式（2-21）代入式（2-18）、式（2-19），可进一步将网络判决概率表示为由可靠性阈值与有效性阈值共同决定的关系式，即

$$P_i(x) = \Phi\left(\frac{I(x) \cdot [\text{erfcinv}(\phi)]^2 - m \cdot \{\text{erfcinv}\{1 - [v_{\text{frame}} \cdot t_{\text{frame}} \cdot (1-\beta)]^{\frac{1}{l_{\text{frame}}}}\}\}^2}{\sigma_2 \cdot \{\text{erfcinv}\{1 - [v_{\text{frame}} \cdot t_{\text{frame}} \cdot (1-\beta)]^{\frac{1}{l_{\text{frame}}}}\}\}^2}\right) \cdot \Phi\left(\frac{\eta - m \cdot (2^{\frac{\mu}{w}} - 1)}{\sigma_2 \cdot (2^{\frac{\mu}{w}} - 1)}\right) \tag{2-22}$$

2.3.2　二维属性融合的切换时间判决

对于车辆在 LTE/WLAN 异构网络间的垂直切换，需要考虑两种场景，即车辆从 LTE 切入 WLAN 的场景，以及切出 WLAN 的场景，因此，为确保切换后车辆终端能获得高 QoS，需要将终端切出 WLAN 的时延考虑进去。根据车辆节点的运动情况与可用网络的性能，选择是否进行切换触发，即在目标网络满足网络属性判决条件下，对车辆终端在可切换区的滞留时间及相关的时间属性进行预测计算。

图 2-3 所示为车辆从 LTE 驶向 WLAN 覆盖区域发生垂直切换的具体情况。当前车辆行驶在 A 点处，被 LTE 覆盖，随着车辆的快速移动，当车辆移动到 B 点处时，车辆被 LTE 与 WLAN 重叠区域覆盖，由于 WLAN 具有较高数据速率的特性，所以车辆可从 LTE 切换到 WLAN，完成数据传输。在这个过程中，由于网络信号强度起伏较大，以及车辆终端移动速度具有随机性，使得终端会在 WLAN 和 LTE 异构网络环境下频繁切换。同理，当车辆驶离 WLAN，移动到 C 点处时，从 WLAN 切换到 LTE，也会发生频繁切换现象。

对于车辆终端切换到 WLAN 的场景，在以下两种情况下，不进行切换触发。

（1）车辆节点在垂直切换未完成之前就离开 WLAN，造成切换失败。

（2）车辆节点刚完成切换就需要离开 WLAN，造成不必要的切换。

对于车辆节点切出 WLAN 的场景，若触发切换过晚，则车辆还未从 WLAN 切入 LTE，就已经离开 WLAN 覆盖范围，导致切换中断。因此，为了保证通信不中断，将用户切出 WLAN 的切换时延考虑进去，得到控制切换的时间阈值，使得用户能够选择合适的时间进行垂直切换。

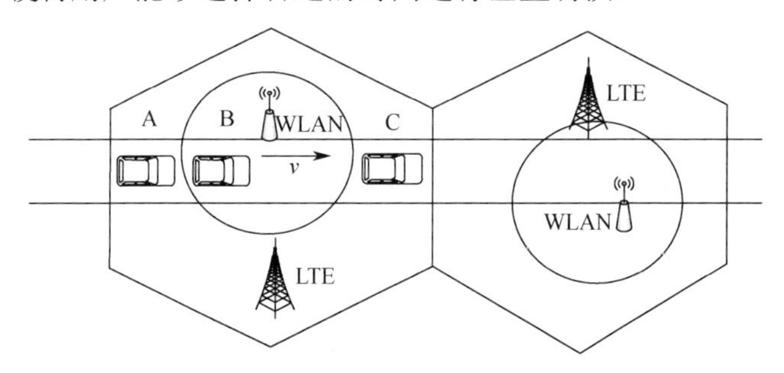

图 2-3　垂直切换过程

通过二维属性融合的网络判决，在判决出网络的可切换区的条件下，对网络可切换区进行切换时间的判决，建立如图 2-4 所示的二维属性融合的切换时间判决模型，得到切换时间阈值来判定是否进行切换触发。

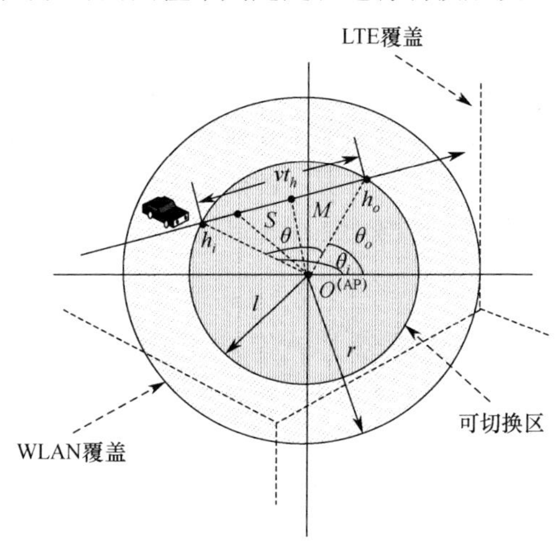

图 2-4　二维属性融合的切换时间判决模型

1. 切换失败阈值

切换失败情况是指车辆终端在可切换区滞留时间小于切入 WLAN 的时延 τ_i，造成切换失败。通过预测车辆终端在切换区滞留时间 t_h，并计算与切换失败相关的滞留时间阈值 T_f，若 $t_h < T_f$，则不进行切换触发。

阈值 T_f 的计算如下：如图 2-4 所示，由于车辆终端分布大且移动具有随机性，终端进入与离开切换区的点随机选取，分别为 h_i 和 h_o，故进出切换区的点 h_i 和 h_o 独立且等概率分布，角度 θ_i 和 θ_o 在 $[0,2\pi]$ 内均匀且独立分布[11]。$\theta = |\theta_i - \theta_o|$，则 θ 的概率分布函数为

$$f_\theta(\theta) = \begin{cases} \frac{1}{\pi}\left(1 - \frac{\theta}{2\pi}\right), & 0 \leqslant \theta \leqslant 2\pi \\ 0, & \text{其他} \end{cases} \tag{2-23}$$

在城市环境中，车辆在道路上的整个移动过程是变速运动，且最大速度为 40 km/h，因此考虑车速时，结合车载自身的测速功能在一段周期内对瞬时速度进行采样取均值。因此，周期 T_v 内车辆的平均速度可表示为[12]

$$v = \frac{1}{N}\sum_{j=0}^{N-1} v_j, \quad j = 0,1,\cdots,N-1 \tag{2-24}$$

其中，v_j 为车辆的第 j 个速度样值。

车辆用户以速度 v 行驶，运动轨迹为直线，进出切换区距离为 S，则用户预测滞留时间 t_h 为

$$t_h = \frac{S}{v} \tag{2-25}$$

进而终端预测滞留时间 t_h 可表示为关于 θ 的函数，即

$$t_h = \xi(\theta) = \sqrt{\frac{2l^2(1-\cos\theta)}{v^2}} \tag{2-26}$$

则可得 t_h 的分布函数和概率密度函数分别为

$$F_h(t) = P\{\xi(\theta) \leqslant t\} = F_\theta(G(t)) \tag{2-27}$$

$$f_h(t) = F_h'(t) = \sum_n \frac{f_\theta(\theta_n)}{\xi'(\theta_n)} \tag{2-28}$$

其中，$G(t)=\theta$ 为 $t_h=\xi(\theta)$ 的反函数，θ_n 为 $t_h=\xi(\theta)$ 的根。

进一步可将终端在可切换区滞留时间的概率密度和分布函数[13]表示为

$$f_h(t) = \begin{cases} \dfrac{2v}{\pi\sqrt{4l^2 - v^2t^2}}, \ 0 \leqslant t \leqslant \dfrac{2l}{v} \\ 0, \text{其他} \end{cases} \tag{2-29}$$

$$F_h(t) = P(T \leqslant t) = \begin{cases} 1, \ t \geqslant \dfrac{2l}{v} \\ \dfrac{2}{\pi}\arcsin\left(\dfrac{vt}{2l}\right), \ 0 \leqslant t \leqslant \dfrac{2l}{v} \end{cases} \tag{2-30}$$

进而阈值 T_f 控制的切换失败概率 P_f 可表示为

$$P_f = \begin{cases} \dfrac{2}{\pi}\left[\arcsin\left(\dfrac{v\tau_i}{2l}\right) - \arcsin\left(\dfrac{vT_f}{2l}\right)\right], \ 0 \leqslant T_f \leqslant \tau_i \\ 0, \ \tau_i < T_f \end{cases} \tag{2-31}$$

在已知 P_f 情况下，切换失败阈值 T_f 可表示为

$$T_f = \frac{2l}{v}\sin\left[\arcsin\left(\frac{v\tau_i}{2l}\right) - \frac{\pi}{2}P_f\right] \tag{2-32}$$

2. 不必要切换阈值

不必要切换情况是指移动节点在 WLAN 的信道占用时间 t_H 小于最短服务时间 $t_{\min s}$，即 $t_h - \tau_i - \tau_o < t_{\min s}$。计算最小信道占用阈值 T_u，通过比较 t_H 和 T_u 的大小，若 $t_H < T_u$，则不触发切换[14]。

由式（2-30）可得不必要切换概率[15]为

$$P_u = \begin{cases} \dfrac{2}{\pi}\left[\arcsin\left(\dfrac{v(t_{\min s} + \tau_i + \tau_o)}{2l}\right) - \arcsin\left(\dfrac{vT_u}{2l}\right)\right], \ 0 \leqslant T_u \leqslant t_{\min s} \\ 0, \ T_u > t_{\min s} \end{cases} \tag{2-33}$$

在已知 P_u 情况下，可得不必要切换阈值 T_u，即

$$T_u = \frac{2l}{v}\sin\left[\arcsin\left(\frac{v(t_{\min s}+\tau_i+\tau_o)}{2l}\right)-\frac{\pi}{2}P_u\right] \tag{2-34}$$

3．切换触发概率

通过对 T_f 和 T_u 与可切换区滞留时间 t_h 和信道占用时间 t_H 比较，可得出切换触发概率为

$$P_{\text{trigger}} = 1 - P(t_h < T_f) - P(t_H < T_u) \tag{2-35}$$

将式（2-30）、式（2-32）、式（2-34）代入式（2-35）可得由时间阈值控制的切换触发概率

$$\begin{aligned} P_{\text{trigger}} = 1 - \frac{2}{\pi}\left[\arcsin\left(\frac{T_f\cdot(T_f-T_u)^2}{2l\sqrt{\tau_i^{\,2}T_u^{\,2}+(t_{\min s}+\tau_i+\tau_o)^2\cdot T_f^{\,2}}}\right)\right] - \\ \frac{2}{\pi}\left[\arcsin\left(\frac{(T_u+\tau_i+\tau_o)\cdot(T_f-T_u)^2}{2l\sqrt{\tau_i^{\,2}T_u^{\,2}+(t_{\min s}+\tau_i+\tau_o)^2\cdot T_f^{\,2}}}\right)\right] \end{aligned} \tag{2-36}$$

2.3.3　三维属性融合的垂直切换判决

通信系统的主要性能指标是可靠性和有效性，根据上述对网络性能的分析，以及对切换时间的判决，建立如图 2-5 所示的以可靠性、有效性、时间[16]为坐标轴的三维车载通信垂直切换判决模型，对车载异构蜂窝网络进行多属性融合的垂直切换判决。图中，x_1、y_1 分别为网络可切换区的判决阈值。D 为可切换区域（图形阴影区域）。t_h、T_u、T_f 分别为车辆在网络可切换区域的滞留时间、不必要切换阈值以及切换失败阈值。A_1、A_2、A_3 分别为三维属性决定的成功切换空间、不必要切换空间、切换失败空间。利用三维属性空间模型可得切换成功的概率 $P_{切换成功}$，即车辆在网络可切换区域移动的状态下，成功切换到目标网络的概率。根据贝叶斯定理[17]可得切换成功概率为

$$P_{切换成功}=P(A_1/D)=\frac{P(A_1)\cdot P(D/A_1)}{\sum_{i=1}^{3}P(A_i)\cdot P(D/A_i)} \tag{2-37}$$

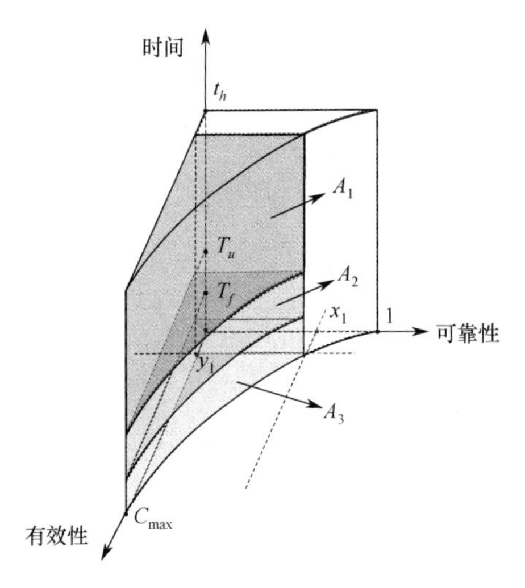

图 2-5　三维车载通信垂直切换判决模型

2.4　仿真结果与性能分析

2.4.1　仿真场景与参数设置

图 2-6 所示为车辆终端垂直切换仿真场景。车辆终端开始阶段在 LTE1 覆盖区域下运行，当运动到 WLAN 与 LTE1 重叠区域时，车辆终端根据自身条件及网络性能进行异构蜂窝网络间垂直切换。

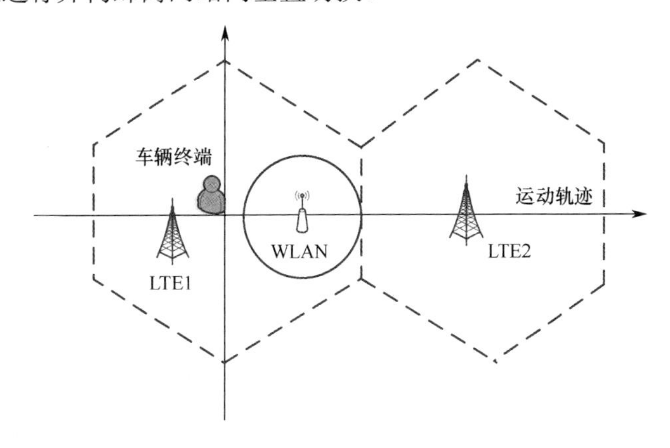

图 2-6　车辆终端垂直切换仿真场景

仿真实验运动场景参数：LTE1 基站坐标为[−500,0]，车辆终端初始坐标为

[0,0]，WLAN 基站坐标为[300,0]，LTE2 基站坐标为[1500,0]。设定车辆在初始位置以 18 km/h 速度做匀变速直线运动，在城市环境下，最大运动速度为 40 km/h。网络仿真参数如表 2-1 所示。

表 2-1 网络仿真参数

网 络	覆盖半径/m	发射功率/dBm	接入带宽/Mbps	路径损耗常量/dB	路径衰减指数/dB	载波频率/MHz
LTE	全覆盖	43	7.2	40	4	2000
WLAN	200	23	45	28.7	3.3	5800
其他参数设置	每帧长 l_{frame}=240 bit，每帧传输时间 t_{frame}=100 ms，帧传输速度 v_{frame}=4 kbps，切入时延 τ_i=2 s，切出时延 τ_o=2 s，最短服务时间 t_{mins}=2 s，可容忍切换失败概率 P_f=0.02，可容忍不必要的切换概率 P_u=0.04					

2.4.2 二维属性融合的网络判决概率分析

图 2-7 所示为从网络通信性能指标可靠性、有效性二维属性出发，对网络进行性能判决的概率。仿真结果表明，网络判决概率随着可靠性阈值的增大而上升，随着有效性阈值的减小而降低，可靠性变化曲线与有效性变化曲线的交叉点（0.12,3.1）即为通信性能最优点，同时网络判决概率得到最大值 96.1%。通过采用二维属性融合的网络判决策略，选取最优接入网络，判决出最优接入网络的可切换区域，保证车辆在切入目标网络后能够得到较高的通信性能。

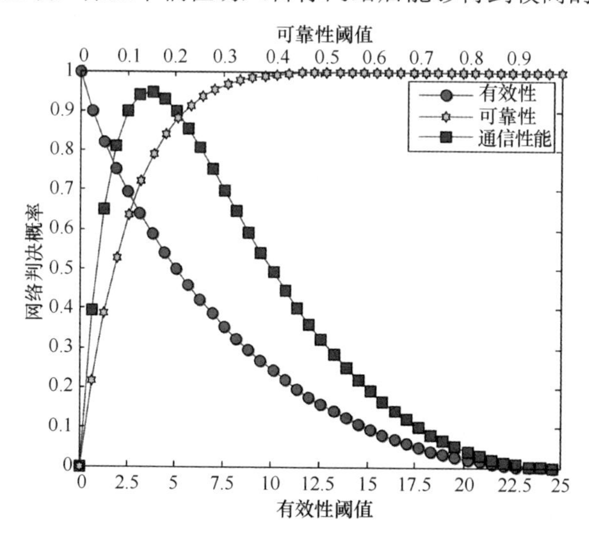

图 2-7 对网络进行性能判决的概率

2.4.3 二维属性融合的切换触发概率分析

图 2-8 所示为切换触发概率与失败时间阈值、不必要时间阈值间的关系。由于车辆以匀变速直线形式运行，平均采样速度在每个周期都会发生变化，因此通过二维属性融合的切换时间判决，得出切换触发的时间阈值，进而得到切换触发概率。图 2-8 表明，在切换失败时间阈值为 1.8 s，不必要时间阈值在 4 s 时，切换触发概率达到最大值 99.4%；在失败时间阈值和不必要时间阈值对应为 1.05 s 和 5.5 s 时，切换触发概率达到最小值 96.3%。采用二维属性融合的切换时间判决可使切换触发概率维持在 96%以上，但不会达到绝对的 100%，这是因为本章采用的判决策略将切换过程中出现的切换失败情况和不必要切换情况考虑到其中，减少切换失败与不必要切换触发的次数，以达到降低频繁切换的目的。

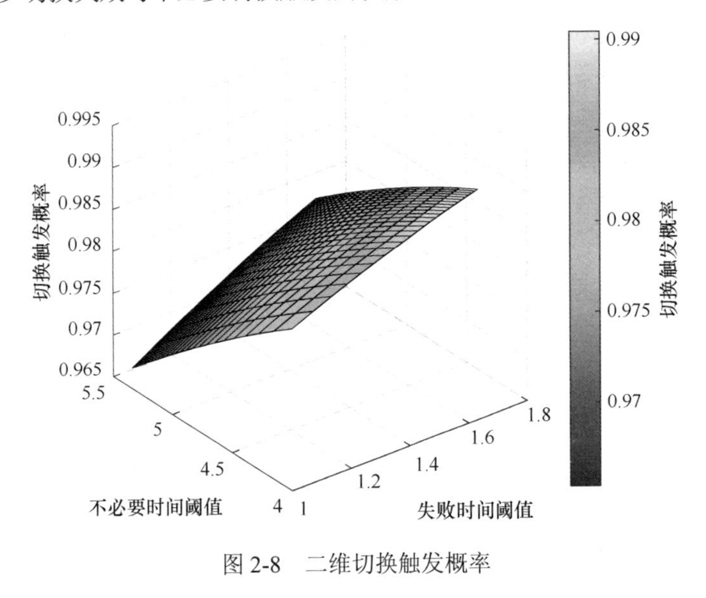

图 2-8　二维切换触发概率

2.4.4 三维属性融合的切换成功概率分析

三维切换成功概率如图 2-9 所示，结合可靠性阈值、有效性阈值、时间三维属性对异构蜂窝网络垂直切换进行判决，得到垂直切换的成功概率。仿真表明，在有效性阈值区间为[2.4,5.1]，可靠性阈值区间为[0.09,0.2]，时间区间为[4,4.5]时，切换成功概率达到 95%以上。因此，采用三维属性融合的垂直切换判决策略，选择合适的时间、精确的位置进行切换，实现高切换成功概率，进而提高车辆通信的 QoS。

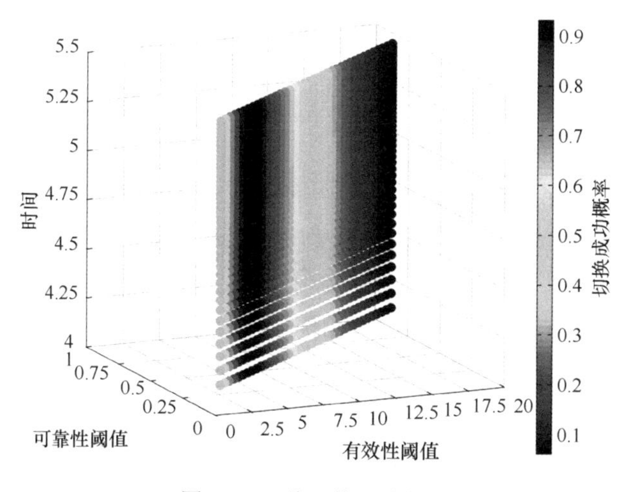

图 2-9　三维切换成功概率

2.4.5　多维属性融合的切换过程通信性能分析

图 2-10 所示为车辆在整个运动过程的切换通信性能。车辆在初始运行阶段接入 LTE，随着车辆的运行，通信性能逐渐下降。当车辆运行到 LTE 与 WLAN 重叠覆盖区域时，通过多维属性融合的垂直切换判决策略，车辆切入 WLAN，通信性能上升并稳定在峰值 94%。同理，当车辆驶离 WLAN 时，利用垂直切换策略，车辆切出 WLAN 接入到 LTE 中，通信性能下降到 70%，并且在稳定的通信性能下运行。

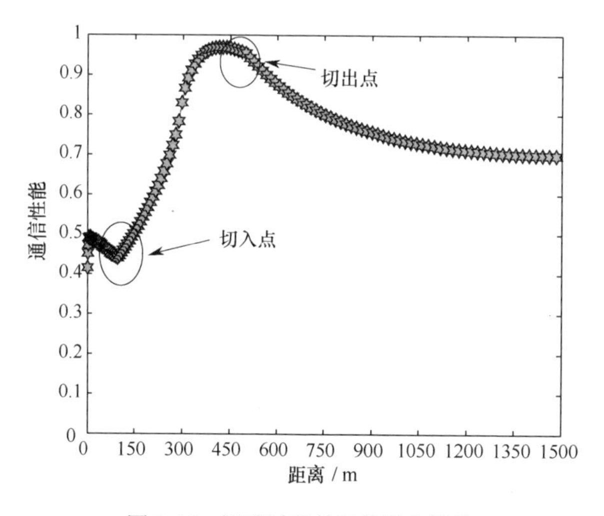

图 2-10　运动过程的切换通信性能

2.5 本章小结

本章以 LTE/WLAN 异构蜂窝网络为分析对象，提出了一种多维属性融合的车载异构蜂窝网络垂直切换方法，适于车辆在异构蜂窝网络环境下的垂直切换问题。该方法首先从可靠性和有效性两个通信指标出发，将接入网络的接收信号强度、误码率、阻塞率、吞吐量多属性参数进行划分，选择最优接入网络，判决出可切换区域。然后通过对切换失败和不必要切换情况进行分析，计算出切换阈值。最后建立以时间、可靠性、有效性的三维属性融合的垂直切换判决模型，并根据贝叶斯算法得到切换成功概率。仿真结果表明，该方法能够避免乒乓效应，使得车辆运行过程的通信性能保持稳定，提高了车载通信的 QoS。

参 考 文 献

[1] LEE C W, CHEN L M, CHEN M C. A Framework of Handoffs in Wireless Overlay Networks Based on Mobile IPv6 [J]. IEEE Journal on Selected Areas in Communications, 2005, 23(11): 2118-2128.

[2] BUBURUZAN T. Performance evaluation of an enhanced IEEE 802.21 handover model[J]. Karlstad University, 2008, 34(51): 189-191.

[3] LIU M, LI Z C, GUO X B. An efficient handoff decision algorithm for vertical handoff between WWAN and WLAN[J]. Journal of Computer Science and Technology, 2009, 22(1): 114-120.

[4] SHAFIEE K, ATTAR A, LEUNG V. Optimal distributed vertical handoff strategies in vehicular heterogeneous networks[J]. IEEE Journal on Selected Areas in Communications, 2011, 29(3): 534-544.

[5] GUO Y S, TAN G Z, LIBDA A, et al. A QoS-aware vertical handoff algorithm based on predictive network information[J]. Journal of Central South University of Technology, 2012, 19(8): 2187-2193.

[6] CHEN L M, GUO Q, NA Z Y. A Threshold based Handover Triggering Scheme in Heterogeneous Wireless Networks[J]. Telecommunication Computing Electronics and Control, 2014,12(1): 163-172.

[7] LI Y, FANG X M, FANG Y G. A Novel Network Architecture for C/U-Plane Staggered Handover in 5G Decoupled Heterogeneous Railway Wireless Systems[J]. IEEE Transactions

on Intelligent Transportation Systems, 2017, 18(12): 3350-3362.
[8] MENG Y, JIANG C, XU L. User Association in Heterogeneous Networks: A Social Interaction Approach[J]. IEEE Transactions on Vehicular Technology, 2016. 65(12): 9982-9993.
[9] 王煜炜, 刘敏, 房秉毅. 异构无线网络垂直切换技术综述[J]. 通信学报, 2015, 36(Z1): 224-234.
[10] 马彬, 汪栋, 谢显中. 车辆异构网络中基于决策树的稳健垂直切换算法[J]. 电子与信息学报, 2017, 39(7): 1719-1726.
[11] YAN X H, MANI N, SEKERCIOGLU Y A. A Traveling Distance Prediction Based Method to Minimize Unnecessary Handovers from Cellular Networks to WLANs[J]. IEEE Communications Letters, 2008, 16(2): 14-16.
[12] 范存群, 王尚广, 孙其博. 车联网中基于贝叶斯决策的垂直切换方法研究[J]. 通信学报, 2013, 34(7): 34-41.
[13] 邵鸿翔, 赵杭生, 孙有铭. 面向分层异构网络的资源分配：一种稳健分层博弈学习方案[J]. 电子与信息学报, 2017, 39(01): 38-44.
[14] SARMA A, CHAKRABORTY S, NANDI S. Deciding Handover Points Based on Context-Aware Load Balancing in a WiFi-WiMAX Heterogeneous Network Environment[J]. IEEE Transactions on Vehicular Technology, 2016, 65(1): 348-357.
[15] WANG S G, FAN C Q, HSU C H. A vertical handoff method via self-selection decision tree for internet of vehicles[J]. IEEE Systems Journal, 2016, 10(3): 1183-1192.
[16] LEE C, LIN P. Modeling Delay Timer Algorithm for Handover Reduction in Heterogeneous Radio Access Networks[J]. IEEE Transactions on Wireless Communications, 2017, 16(2): 1144-1156.
[17] 张雪, 肖海林, 李国睿, 等. 车载异构网络中基于多维属性融合的垂直切换方法[J]. 桂林电子科技大学学报, 2020(2): 95-101.

第3章 干扰管理技术

功率控制技术通过调节基站的发射功率使每个用户接收到基站的信噪比平衡，是未来移动通信系统中消耗较少能源的绿色技术之一。由于信道衰落的影响，距离基站近的用户信号较强，距离基站远的用户信号较弱，所以距离基站近的用户的信号将掩盖距离基站远的用户的信号。若增大离基站远的用户的发射功率，则会对其他用户产生干扰。因此，通过合理有效的功率控制，可以减轻干扰以增加网络容量，节约能量以延长电池寿命，适应信道变化以支持用户的服务质量（Quality of Service，QoS）。

在异构蜂窝网络中，微型基站的发射功率包括导频功率（负责小区选择和信道估计）及通信功率（信号功率和数据功率）。导频功率越小，小区覆盖范围越小。导频功率越大，小区覆盖范围越大，但是留给通信的功率就越少，这会降低小蜂窝基站的吞吐量，并且可能由于干扰而给邻近的用户带来较高的中断概率。

功率控制算法的优点是宏基站和小基站可以在干扰协调的情况下利用整个带宽。动态功率设置可以通过主动或交互方式执行，每一种方式也可以通过开环功率设置模式执行。功率调节是在小基站与宏基站协调的基础上完成的。功率控制技术一般分为以下四类。

（1）基于非辅助的功率控制。小基站根据自身的测量报告或预定的系统参数设置其发射功率。在固定小基站功率参数的方案中，小基站的传输功率是固定的。这就意味着小基站不会考虑周围的任何信息，在这种情况下，当宏用户设备（Macrocell User Equipment，MUE）靠近位于宏小区边缘的小基站时，由于从宏基站到 MUE 的期望信号电平要小于从小基站到 MUE 的干扰信号，因此从小基站到 MUE 的干扰信号会很高。这就需要根据周围信息来调整小基站功率设置方案。

（2）基于辅助的功率控制。小基站根据 MUE/小用户设备（Small User Equipment，SUE）的测量报告或与宏基站的协调来设置其传输功率。

（3）集中式功率控制。集中式功率控制技术需要一个中央控制器和所有链路增益的全局信息。此外，它需要在网络中广泛地控制信号并受到有线互联网的时延和拥塞的影响。由于小蜂窝基站的分散性以及关于小蜂窝基站的数量和位置的不确定性，只使用本地信息来做出控制决策的分布式技术更容易实现。

（4）分布式功率控制。分布式功率控制不需要利用中心控制器，各用户终端分别进行各自的功率控制。最早是在窄带蜂窝系统中提出分布式功率控制，其通过迭代的方式使局部信息收敛于系统最优解。现有的分布式功率控制方案主要有与位置相关的功率控制方案和基于功率控制的干扰抑制方案。小蜂窝基站的要求是在其覆盖范围内为终端提供较大的信号强度，并且小蜂窝基站的发射功率不能太大，以免对邻近的小小区或宏小区产生强烈干扰，通过设计自适应功率控制算法，在保持室内用户的最小 QoS 约束下对毫微微基站（Femto Base Station，FBS）进行功率控制。

3.1　引言

预计随着网络容量的增加，人们对高速率、低时延、无差错的要求也越来越高，第五代系统将有更高的数据速率。然而，传统的解决方案，如增加专用频谱，减少无线电覆盖和使用多天线，要么成本很高，因为它们通常需要部署新的基础设施，要么已经达到极限[1]。无线信道是通信系统的有限资源，有效地管理和利用这些资源是提高系统容量的必要条件。为了支持无线通信网络中日益增长的数据流量需求，异构蜂窝网络（Heterogeneous Cellular Networks，HetCNets）通过部署不同的低功率基站（Base Station，BS），扩大覆盖范围，并提供更高的最终用户数据速率[2,3]。终端直通（Device-to-Device，D2D）通信技术作为下一代无线网络中的新兴技术，将流量从传统的网络中心实体转移到 D2D 网络，提供用户之间不需要 BS 参与的直接数据传输[4~6]。在增加系统容量的同时，也为用户设备提供了省电的功能，并提供更高的数据速率、EE 和改进的吞吐量，具有高可靠性和安全性。D2D 通信技术与毫微微蜂窝部署的融合为进一步研究提供了一个有趣的方向[7]。然而，在宏基站（Macrocell Base

Station，MBS）、小基站（Small Base Station，SBS）和 D2D 网络环境中存在严重的干扰问题会影响系统的性能。由此，如何解决支持 D2D 通信的 HetCNets 下干扰管理问题成为亟待解决的挑战[8~10]。

综上，本章基于支持 D2D 通信的 HetCNets 建立了一套联合模式选择与功率控制的干扰管理方法。首先，针对用户与基站之间的干扰，划分不同的通信区域以满足用户最小通信速率，即干扰限制区域；其次，采用模式选择解决单一通信方式造成的频谱资源浪费问题，并提出一种联合模式选择和功率控制算法；最终，推导不同通信链路下的覆盖概率闭式解，通过覆盖概率的性能分析来验证所提出的有干扰区域限制的功率控制（Power Control with Interference Limited Area，PC-ILA）是否可靠。该模式选择方法能够让更多的用户选择 D2D 通信模式，尽可能减少干扰，提高了系统总的数据速率。

3.2 系统模型与问题形成

3.2.1 系统模型

图 3-1 所示为支持 D2D 通信的两层 HetCNets（MBS、FBS）。由于频谱资源稀缺，多个 D2D 对或毫微微蜂窝用户设备（Femto User Equipment，FUE）复用同一信道在提高频谱利用率的同时，也带来了严重的同信道干扰问题[11]。利用正交频分多址接入（Orthogonal Frequency Division Multiple Access，OFDMA）技术，使得同一个小区内的用户设备（User Equipment，UE）之间没有小区内干扰[12]。在 HetCNets 中，假设一个 MBS 位于小区中心，其半径为 R。上行 UE 均匀分布在小区内，用 $\mathbb{N}=\{i=1,2,\cdots,N\}$ 表示。此外，使用能够建模大规模无线网络的随机几何图形，并捕捉网络拓扑对网络性能的影响[13,14]。为了便于分析，使用两个独立的齐次泊松点过程（Homogeneous Poisson Point Process，HPPP）对 D2D 对和 FUE 的空间分布进行建模，该模型是一个拓扑结构。两个独立的 HPPP 分别记为 Φ_d 和 Φ_s，其密度则分别用 λ_d 和 λ_s 表示，参数 λ_d 和 λ_s 均与每个小区的平均 D2D/Femto 连接数有关，即

$$E[M]=\lambda_d \pi R^2\text{，}\quad E[K]=\lambda_s \pi R^2 \tag{3-1}$$

为了不失一般性，假设在 MBS 处已知系统所有的信道状态信息（Channel State Information，CSI）[15]。HetCNets 信道为 $G_{x,y}=|h_{x,y}|^2 d_{x,y}^{-\alpha}$ [16,17]，其中 $h_{x,y}$

为瑞利衰落系数，$d_{x,y}$ 为终端 x 到终端 y 之间的距离，α 是路径损耗指数。

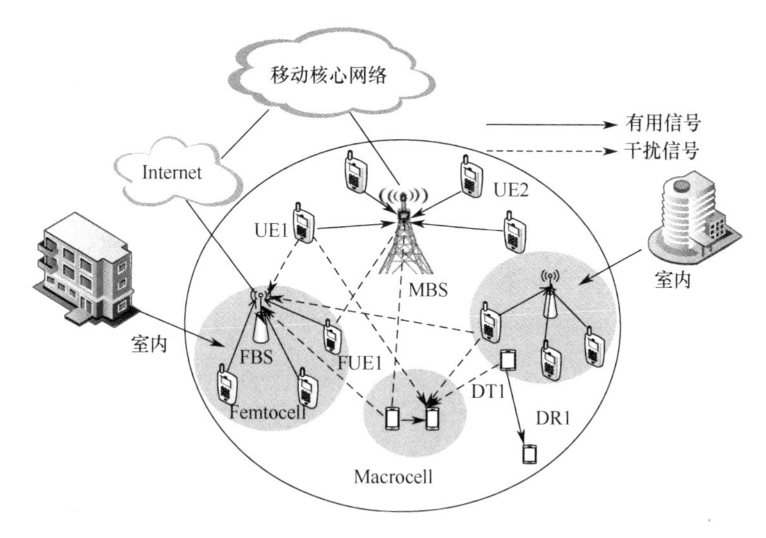

图 3-1 支持 D2D 通信的两层 HetCNets

用户在 MBS、第 j 个 DR 和 FBS 处的接收信号分别为

$$y_B = \sqrt{P_i d_{i,B}^{-\alpha}} \cdot h_{i,B} \cdot s_i + \sum_{j=1}^{M} \sqrt{P_j d_{j,B}^{-\alpha}} \cdot h_{j,B} \cdot s_j + \sum_{s=1}^{K} \sqrt{P_s d_{s,B}^{-\alpha}} \cdot h_{s,B} \cdot s_s + N_0 \quad (3\text{-}2)$$

$$y_{\mathrm{DR}} = \sqrt{P_j d_{t,r}^{-\alpha}} \cdot h_{j,j} \cdot s_j + \sqrt{P_i d_{i,r}^{-\alpha}} \cdot h_{i,r} \cdot s_i + \sum_{j'=1, j' \neq j}^{M} \sqrt{P_{j'} d_{j',r}^{-\alpha}} \cdot h_{j',r} \cdot s_{j'} + \sum_{s=1}^{K} \sqrt{P_s d_{s,r}^{-\alpha}} \cdot h_{s,r} \cdot s_s + N_0 \quad (3\text{-}3)$$

$$y_f = \sqrt{P_s d_{s,f}^{-\alpha}} \cdot h_{s,f} \cdot s_s + \sqrt{P_i d_{i,f}^{-\alpha}} \cdot h_{i,f} \cdot s_i + \sum_{s'=1, s' \neq s}^{K} \sqrt{P_{s'} d_{s',f}^{-\alpha}} \cdot h_{s',f} \cdot s_{s'} + \sum_{j=1}^{M} \sqrt{P_j d_{j,f}^{-\alpha}} \cdot h_{j,f} \cdot s_j + N_0 \quad (3\text{-}4)$$

式中，P_k, $k \in \{i, j, s\}$ 表示终端 k 的发射功率；s_k 表示终端 k 的发射信号；N_0 表示噪声功率；下标 B 、f 、i 、j 和 s 分别代表 MBS、FBS、第 i 个 UE 和第 j 个 D2D 以及第 s 个 FUE；下标 t 和 r 分别表示 D2D 用户的发射端（D2D Transmitter，DT）和接收端（D2D Receiver，DR）。

根据以上描述可知，第 i 个 UE 在 MBS 端，第 j 个 DT 处，以及第 s 个 FUE 在 FBS 端的 SINR 分别为

$$\mathrm{SINR}_i=\frac{P_i d_{i,B}^{-\alpha}\left|h_{i,B}\right|^2}{\sum_{j=1}^{M}P_j d_{j,B}^{-\alpha}\left|h_{j,B}\right|^2+\sum_{s=1}^{K}P_s d_{s,B}^{-\alpha}\left|h_{s,B}\right|^2+N_0} \tag{3-5}$$

$$\mathrm{SINR}_j=\frac{P_j d_{t,r}^{-\alpha}\left|h_{j,j}\right|^2}{P_i d_{i,j}^{-\alpha}\left|h_{i,j}\right|^2+\sum_{j'=1,j'\neq j}^{M}P_{j'} d_{j',r}^{-\alpha}\left|h_{j',r}\right|^2+\sum_{s=1}^{K}P_s d_{s,j}^{-\alpha}\left|h_{s,j}\right|^2+N_0} \tag{3-6}$$

$$\mathrm{SINR}_s=\frac{P_s d_{s,f}^{-\alpha}\left|h_{s,f}\right|^2}{P_i d_{i,f}^{-\alpha}\left|h_{i,f}\right|^2+\sum_{s'=1,s'\neq s}^{K}P_{s'} d_{s',f}^{-\alpha}\left|h_{s',f}\right|^2+\sum_{j=1}^{M}P_j d_{j,f}^{-\alpha}\left|h_{j,f}\right|^2+N_0} \tag{3-7}$$

式中，$I_d=\sum_{j=1}^{M}P_j d_{j,B}^{-\alpha}\left|h_{j,B}\right|^2$ 表示 D2D 在 MBS 上对 UE 的干扰；$I_s=\sum_{s=1}^{K}P_s d_{s,B}^{-\alpha}\left|h_{s,B}\right|^2$ 表示 FUE 在 MBS 上对 UE 的干扰；第 j 个 D2D 用户会受到公用一个蜂窝链路资源的不同用户干扰，分别为所复用同一资源的 UE 的干扰 $I_u=P_i d_{i,j}^{-\alpha}\left|h_{i,j}\right|^2$，FUE 的干扰 $I_s'=\sum_{s=1}^{K}P_s d_{s,j}^{-\alpha}\left|h_{s,j}\right|^2$，还有除 j 以外的其他 D2D 对的干扰 $I_d''=\sum_{j'=1,j'\neq j}^{M}P_{j'} d_{j',r}^{-\alpha}\left|h_{j',r}\right|^2$；第 s 个 FUE 则同样受到 UE 的干扰 $I_u'=P_i d_{i,f}^{-\alpha}\left|h_{i,f}\right|^2$，还有除 s 以外其他 FBS 的 FUE 的干扰 $I_s''=\sum_{s'=1,s'\neq s}^{K}P_{s'} d_{s',f}^{-\alpha}\left|h_{s',f}\right|^2$，以及 D2D 用户的干扰 $I_d'=\sum_{j=1}^{M}P_j d_{j,f}^{-\alpha}\left|h_{j,f}\right|^2$。

3.2.2 问题形成

由于同一信道中多个 D2D 对和 FUE 公用相同的信道资源，彼此相互干扰，因此，为了保证用户的 QoS，在满足最大传输功率和最小信干噪比约束下最大化系统的总数据速率。D2D 对或 FUE 最多只能复用一个子信道资源，即如果 $\xi_{i,j}^r=1$，则表示第 j 个 D2D 用户复用第 i 个 UE 的子信道资源；否则 $\xi_{i,j}^r=0$。同样，如果 $\xi_{i,s}^r=1$，则表示第 s 个 FUE 复用第 i 个 UE 的子信道资源；否则 $\xi_{i,s}^r=0$。总数据速率优化问题为

$$
\begin{cases}
R = \max \ (\sum_{i \in N} R_{\text{UE}}^{i} + \sum_{j \in M} R_{\text{D2D}}^{j} + \sum_{s \in K} R_{\text{FUE}}^{s}) \\
\text{s.t. } C_1: \ \text{SINR}_i > \eta_i^{\text{th}}, \ \text{SINR}_j > \eta_j^{\text{th}}, \ \text{SINR}_s > \eta_s^{\text{th}} \\
\quad C_2: \ 0 \leqslant P_i \leqslant P_i^{\max}, \ 0 \leqslant P_j \leqslant P_j^{\max}, \ 0 \leqslant P_s \leqslant P_s^{\max} \\
\quad C_3: \ \sum_{i \in N} \xi_{i,j}^{r} \leqslant 1, \ \ \xi_{i,j}^{r} \in \{0,1\} \\
\quad C_4: \ \sum_{i \in N} \xi_{i,s}^{r} \leqslant 1, \ \ \xi_{i,s}^{r} \in \{0,1\}
\end{cases}
\tag{3-8}
$$

式中，$\forall i \in N$，$\forall j \in M$，$\forall s \in K$，N、M 和 K 分别表示 UEs、D2D 和 FUE 的数目；η_i^{th}、η_j^{th} 和 η_s^{th} 分别表示 UEs、D2D 和 FUE 的 SINR 阈值；$P_i^{\max}$、$P_j^{\max}$、$P_s^{\max}$ 分别是 UE、DT 及 FUE 的最大发射功率。C_1 约束最小 SINR 阈值，C_2 表示最大发射功率的约束，C_3 和 C_4 表示 D2D 用户和 FUE 最多只能复用一个子信道资源[18]。该优化问题是一个混合整数非线性规划（Mixed Integer Non-Linear Programming，MINLP）问题，具有 NP 困难，通常很难直接求得最优解[10]。

3.3 基于干扰限制区域的干扰管理方案

为了减少干扰，本节提出基于干扰限制区域（Interference Limited Area，ILA）的干扰管理方案。首先，根据通信场景，研究 PC-ILA 以减轻系统的干扰；其次，根据不同的 ILA，解决 D2D 在 HetCNets 中单一通信模式造成的频谱资源浪费问题；最后，提出联合模式选择与功率控制算法。

3.3.1 干扰限制区域划分场景

为了减少干扰，降低计算复杂度，根据 ILA 将系统干扰划分为三部分[6]，如图 3-2 所示。在满足 UE、D2D 及 FUE 通信质量的前提下，从蜂窝链路、D2D 链路和毫微微蜂窝链路的 SINR 角度出发，根据它们的 SINR 阈值得到不同的限制区域，分析不同用户之间的距离及发射功率。由于噪声功率与信号功率相比可以忽略不计，因此可以采用 SIR 来为提出的 PC-ILA 设定 SINR 阈值。

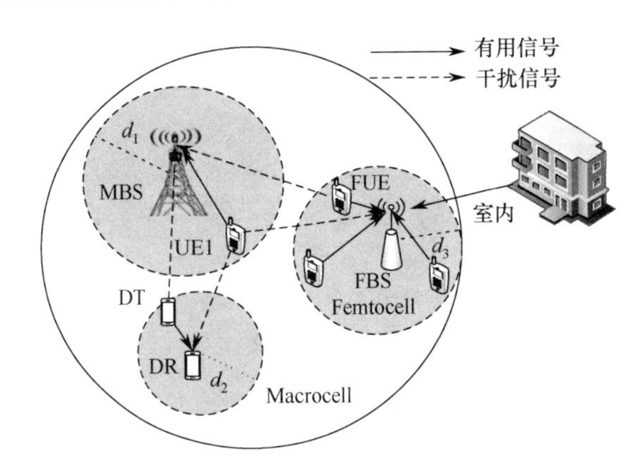

图 3-2　基于干扰限制区域的两层 HetCNets 通信模型

1. MBS 限制区域

在 MBS 内共享同一蜂窝资源的所有用户中，UE 的优先级要高于 D2D 用户，也高于 FUE。因此，有必要为 MBS 设置限制区域来保证所复用同一频谱资源的蜂窝链路的 QoS。在这种情况下，在 MBS 接收到的 SIR 必须大于其阈值。为了抑制 D2D 用户及 FUE 对 MBS 的累积干扰，可以分别得到

$$\mathrm{SIR}_{\mathrm{MBS}}^{\mathrm{D2D}}=\frac{P_i(d_{i,B})^{-\alpha}}{\sum_{j=1}^{M}P_j d_{j,B}^{-\alpha}}\geqslant \mathrm{SIR}_{\mathrm{MBS}}^{\mathrm{th}} \tag{3-9}$$

$$\mathrm{SIR}_{\mathrm{MBS}}^{\mathrm{FUE}}=\frac{P_i(d_{i,B})^{-\alpha}}{\sum_{s=1}^{K}P_s d_{s,B}^{-\alpha}}\geqslant \mathrm{SIR}_{\mathrm{MBS}}^{\mathrm{th}} \tag{3-10}$$

式中，$\mathrm{SIR}_{\mathrm{MBS}}^{\mathrm{th}}$ 为 MBS 的 SIR 阈值；$\mathrm{SIR}_{\mathrm{MBS}}^{\mathrm{D2D}}$ 和 $\mathrm{SIR}_{\mathrm{MBS}}^{\mathrm{FUE}}$ 分别表示 D2D 和 FUE 在 MBS 端的 SIR。当 UEs 的发射功率和位置固定时，通过功率控制动态调整 MBS 的 ILA，即尽可能减小 DT 或 FUE 到 MBS 的距离，减少对 UE 的干扰。假设 MBS 位于小区中心，其位置坐标记为 $L_{\mathrm{MBS}}=(0,0)$，UEs 的位置坐标记为 $L_{\mathrm{UE}}=(m,n)$。另外，DT、FUE 的位置坐标分别为 $L_{\mathrm{DT}}=\{(x,y)\,|\,(x_1,y_1),(x_2,y_2),\cdots,(x_M,y_M)\}$、$L_{\mathrm{FUE}}=\{(a,b)\,|\,(a_1,b_1),(a_2,b_2),\cdots,(a_K,b_K)\}$。将 L_{UE}、L_{DT} 和 L_{FUE} 代入式（3-9）和式（3-10）中，可以得到

$$\frac{P_i(\sqrt{m^2+n^2})^{-\alpha}}{P_j(\sqrt{x_1^2+y_1^2})^{-\alpha}+\cdots+P_j(\sqrt{x_M^2+y_M^2})^{-\alpha}}\geqslant \mathrm{SIR}_{\mathrm{MBS}}^{\mathrm{th}} \tag{3-11}$$

$$\frac{P_i(\sqrt{m^2+n^2})^{-\alpha}}{P_s(\sqrt{a_1^2+b_1^2})^{-\alpha}+\cdots+P_s(\sqrt{a_K^2+b_K^2})^{-\alpha}} \geqslant \mathrm{SIR}_{\mathrm{MBS}}^{\mathrm{th}} \tag{3-12}$$

如果 DT 或 FUE 的发射机距离 BS 越近，则对 MBS 的干扰越严重。因此，可以选择距离最近的用户来设置 DT 或 FUE 到 MBS 的限制区域。用 $L_{\overline{\mathrm{DT}}}$ 和 $L_{\overline{\mathrm{FUE}}}$ 来表示距离 MBS 最近的 DT 和 FUE，$L_{\overline{\mathrm{DT}}}$ 和 $L_{\overline{\mathrm{FUE}}}$ 分别为

$$L_{\overline{\mathrm{DT}}} = (\bar{x},\bar{y}) \in \min \ \{(\sqrt{x_1^2+y_1^2}),\cdots,(\sqrt{x_M^2+y_M^2})\} \tag{3-13}$$

$$L_{\overline{\mathrm{FUE}}} = (\bar{a},\bar{b}) \in \min \ \{(\sqrt{a_1^2+b_1^2}),\cdots,(\sqrt{a_K^2+b_K^2})\} \tag{3-14}$$

将 L_{UE} 、$L_{\overline{\mathrm{DT}}}$ 和 $L_{\overline{\mathrm{FUE}}}$ 代入式（3-11）和式（3-12）中，可以得到

$$\frac{P_i(\sqrt{m^2+n^2})^{-\alpha}}{M\times P_j(\sqrt{(\bar{x})^2+(\bar{y})^2})^{-\alpha}} \geqslant \mathrm{SIR}_{\mathrm{MBS}}^{\mathrm{th}} \tag{3-15}$$

$$\frac{P_i(\sqrt{m^2+n^2})^{-\alpha}}{K\times P_s(\sqrt{(\bar{a})^2+(\bar{b})^2})^{-\alpha}} \geqslant \mathrm{SIR}_{\mathrm{MBS}}^{\mathrm{th}} \tag{3-16}$$

将式（3-15）和式（3-16）进行转换，限制区域可以写成

$$(\bar{x})^2+(\bar{y})^2 \geqslant R_{d_1}^2 \tag{3-17}$$

$$(\bar{a})^2+(\bar{b})^2 \geqslant R_{s_1}^2 \tag{3-18}$$

式中，$R_{d_1}=\sqrt{\left(\frac{M\times P_j}{P_i}\mathrm{SIR}_{\mathrm{MBS}}^{\mathrm{th}}\right)^{\frac{2}{\alpha}}(m^2+n^2)}$；$R_{s_1}=\sqrt{\left(\frac{K\times P_s}{P_i}\mathrm{SIR}_{\mathrm{MBS}}^{\mathrm{th}}\right)^{\frac{2}{\alpha}}(m^2+n^2)}$。

由式（3-17）和式（3-18）可知，只有当距离 $d_{j,B}$ 不小于 R_{d_1}，距离 $d_{s,B}$ 不小于 R_{s_1} 时才能满足蜂窝链路的 QoS。因此，DT 和 FUE 应位于 ILA-S1 之外，ILA-S1 是以 MBS 为中心，半径为 $d_1=\max\ \{R_{d_1},R_{s_1}\}$ 的圆形区域。在确定所有用户位置时，以最接近的用户为例，DT 的最大发射功率和 FUE 的最大发射功率分别为

$$P_{j'}^{\max}=\left(\frac{d_{j,B}^{\min}}{d_{i,B}}\right)^{\alpha}\frac{P_i}{M\times \mathrm{SIR}_{\mathrm{MBS}}^{\mathrm{th}}} \tag{3-19}$$

$$P_{s'}^{\max}=\left(\frac{d_{s,B}^{\min}}{d_{i,B}}\right)^{\alpha}\frac{P_i}{K\times \mathrm{SIR}_{\mathrm{MBS}}^{\mathrm{th}}} \tag{3-20}$$

式中，$d_{j,B}^{\min}=\sqrt{(\bar{x})^2+(\bar{y})^2}$；$d_{s,B}^{\min}=\sqrt{(\bar{a})^2+(\bar{b})^2}$。

2. D2D 限制区域

为了建立 D2D 通信链路，需要同时满足蜂窝链路和自身链路的 QoS 要求。在这种情况下，DR 的 SIR 必须大于它自己的目标阈值，其表示为

$$\mathrm{SIR}_{\mathrm{DR}}^{\mathrm{UE}}=\frac{P_j(d_{j,r})^{-\alpha}}{P_i(d_{i,r})^{-\alpha}}\geqslant \mathrm{SIR}_{\mathrm{DR}}^{\mathrm{th}} \tag{3-21}$$

式中，$\mathrm{SIR}_{\mathrm{DR}}^{\mathrm{UE}}$ 表示 UE 在 DR 处的 SIR；$\mathrm{SIR}_{\mathrm{DR}}^{\mathrm{th}}$ 为 DR 的 SIR 阈值。

由于需要同时满足蜂窝链路和 D2D 链路自身的 QoS 要求，下面将 D2D 限制区域分为两种情况来分析距离与功率的关系。

情况 1：当 D2D 的发射功率及位置固定时，为了减少 UE 对 DR 带来的干扰，可以控制 UE 的最大发射功率。由于 UE 的传输功率要比 FUE 大得多，所以只要考虑来自 UE 的干扰约束。假设 DR 的位置坐标为 $L_{\mathrm{DR}}=(u,v)$，以其为圆心，并将 DT 及 UE 的坐标代入式（3-21）中，可以得到

$$(m-u)^2+(n-v)^2\geqslant R_{u_1}^2 \tag{3-22}$$

式中，$R_{u_1}=\sqrt{\left(\dfrac{P_i}{P_j}\mathrm{SIR}_{\mathrm{DR}}^{\mathrm{th}}\right)^{\frac{2}{\alpha}}[(x-u)^2+(y-v)^2]}$。

从式（3-22）中可以看出，距离 $d_{i,r}$ 不能小于 R_{u_1}，因此 UE 必须位于以 $L_{\mathrm{DR}}=(u,v)$ 为圆心，R_{u_1} 为半径的圆外。通过功率控制动态调整 D2D 的 ILA，从而减少对 DR 的干扰。当 UE 和 D2D 的位置确定后，UE 的最大发射功率可以表示为

$$P_{i'}^{\max}=\left(\frac{d_{i,r}}{d_{j,r}}\right)^{\alpha}\frac{P_j}{\mathrm{SIR}_{\mathrm{DR}}^{\mathrm{th}}} \tag{3-23}$$

情况 2：为了满足 D2D 链路的通信要求，必须保证 DT 满足其最小发射功率。通过变换式（3-21），可以得到

$$(x-u)^2+(y-v)^2\leqslant R_{d_2}^2 \tag{3-24}$$

式中，$R_{d_2}=\sqrt{[(m-u)^2+(n-v)^2]/\left(\frac{P_i}{P_j}\mathrm{SIR}_{\mathrm{DR}}^{\mathrm{th}}\right)^{\frac{2}{\alpha}}}$，$R_{d_2}$ 是 D2D 对之间的最大距离。

由式（3-24）可以得出，DT 必须位于 ILA-S2 之内，ILA-S2 是以 DR 为中心，半径为 $d_2=R_{d_2}$ 的圆形区域。联合考虑式（3-17）和式（3-24），只有当 DT 位于 ILA-S1 之外及 ILA-S2 之内时，才能够建立 D2D 通信链路。在这种情况下，DT 的传输功率非常小，即

$$P_j^{\min}=\left(\frac{d_{j,r}}{d_{i,r}}\right)^{\alpha}P_i\mathrm{SIR}_{\mathrm{DR}}^{\mathrm{th}} \tag{3-25}$$

3．FBS 限制区域

为了保证 FUE 链路的通信质量，在 FBS 接收到的 SIR 应大于其自身的目标阈值，可以得到

$$\mathrm{SIR}_{\mathrm{FBS}}^{\mathrm{UE}}=\frac{P_s(d_{s,f})^{-\alpha}}{P_i(d_{i,f})^{-\alpha}}\geqslant \mathrm{SIR}_{\mathrm{FBS}}^{\mathrm{th}} \tag{3-26}$$

式中，$\mathrm{SIR}_{\mathrm{FBS}}^{\mathrm{UE}}$ 是 UE 在 FBS 处的 SIR；$\mathrm{SIR}_{\mathrm{FBS}}^{\mathrm{th}}$ 为 FBS 的 SIR 阈值。由于 UE 的传输功率远大于 D2D 对，因此只需要考虑 UE 对 FUE 的干扰约束。同样，通过控制 UE 的最大传输功率来减少 UE 对 FBS 的干扰。FBS 的位置坐标记为 $L_{\mathrm{FBS}}=(p,q)$，取其为圆心，将 L_{FBS}、L_{UE} 和 L_{FUE} 代入式（3-26）中，可得

$$(m-p)^2+(n-q)^2\geqslant R_{u_2}^2 \tag{3-27}$$

式中，$R_{u_2}=\sqrt{\left(\frac{P_i}{P_s}\mathrm{SIR}_{\mathrm{FBS}}^{\mathrm{th}}\right)^{\frac{2}{\alpha}}[(u-p)^2+(v-q)^2]}$。

从式（3-27）中可以得到，距离 $d_{i,f}$ 不能小于 R_{u_2}，因此 UE 必须位于 ILA-S3 之外，ILA-S3 是以 FBS 为中心，半径为 $d_3=R_{u_2}$ 的圆形区域。当所有用户的位置确定后，可以得到 UE 的最大发射功率，即

$$P_{i''}^{\max}=\left(\frac{d_{i,f}}{d_{s,f}}\right)^{\alpha}\frac{P_s}{\mathrm{SIR}_{\mathrm{FBS}}^{\mathrm{th}}} \tag{3-28}$$

因此，根据式（3-19）、式（3-20）、式（3-23）、式（3-28）和约束 C_2 可以分别确定用户的最大发射功率，即

$$P_j(\max) = \min\{P_{j'}^{\max}, P_j^{\max}\} \tag{3-29}$$

$$P_s(\max) = \min\{P_{s'}^{\max}, P_s^{\max}\} \tag{3-30}$$

$$P_i(\max) = \min\{P_{i'}^{\max}, P_{i''}^{\max}, P_i^{\max}\} \tag{3-31}$$

式中，$P_j(\max)$、$P_s(\max)$ 和 $P_i(\max)$ 分别表示 D2D 用户、FUE 和 UE 的最大传输功率。

3.3.2 联合模式选择与功率控制算法

综上所述，用户可能选择蜂窝模式和 D2D 模式进行通信，其中蜂窝模式包括宏模式和毫微微蜂窝模式，D2D 模式包括 D2D 专用模式和 D2D 复用模式。利用功率控制来保证各用户 QoS 需求，保证用户正常接收，同时尽可能地减少 D2D 及 FUE 对 BS 造成的干扰，也减少 UE 对 D2D 用户的干扰。因此，可以使用联合模式选择与功率控制算法来进行用户之间的通信。

用户通信的模式选择步骤描述如下。

首先，判断所有用户的位置。当两个用户接入不同 BS 时，由于用户间距离较大，用户的发射功率较小，无法建立正常的 D2D 通信链路，所以选择通过 MBS 作为中继来进行数据转发，采用宏蜂窝模式进行通信。当用户接入同一个 MBS 或 FBS 时，需要考虑用户之间的距离（$d_{j,r} \leqslant d_2$）是否满足建立 D2D 通信链路的要求。

其次，若接入同一个 MBS，用户之间的距离满足要求，则继续判断系统是否存在足够的资源。若存在充足的频谱资源，则选择专用模式；否则，利用基于 ILA 的功率控制来确定用户应该选择复用模式还是宏模式。即若用户之间的距离不满足要求（$d_{j,r} \leqslant d_2$），则可将 D2D 的发送端功率逐渐调到最大，再继续判断是否满足距离的限制条件。若满足限制条件，就按照上述内容继续判断系统资源；若不满足限制条件，则只能选择传统的宏模式进行通信。

同时，由于 D2D 技术的引入，还需要考虑是否满足 UE 的 QoS，即把 $d_{j,B} \geqslant d_1$ 作为参考衡量标准，若满足就使用复用模式，否则利用基于 ILA 的功率控制方法将 UE 的发送端功率逐渐调到最大，再继续判断是否满足 QoS 的限

制条件。

最后，若接入同一个 FBS 时，用户之间的距离满足要求（$d_{j,r} \leqslant d_2$），则采用 D2D 复用模式；否则利用基于 ILA 的功率控制方法更新 FBS 的通信范围（$d_3 = R_{u_2}$），并再次判断用户选择宏模式还是毫微微蜂窝模式。由于 FBS 本身就是小范围覆盖用户，部署简单、功耗低，所以当用户选择该模式进行通信时，它比 MBS 更有利于给室内用户提供更好的连通性，具有较好的通信质量，使得边缘用户视频质量也有所改善。

由于我们的重点不是频谱资源可用性问题，故在此不讨论 D2D 专用模式。为了使系统的和数据率最大化，匹配理论的计算复杂度为 $O(|N_1||N|)$ [9]，其中 N 和 N_1 分别为用户数和子信道数。穷举搜索法需要较高的计算复杂度来寻找最优解，即 $O(|N_1|^{|N|})$，每次迭代搜索都以指数倍的速度增加。与其他方案相比，该方法具有较低的计算复杂度 $O(|N|)$，且随 N 线性增加。

综上所述，联合模式选择与功率控制算法的整个流程描述如下。

算法 3-1　联合模式选择与功率控制算法

步骤 1　随机产生 N 个用户，并确定他们的位置

步骤 2　计算用户之间的距离，用户到终端（MBS，FBS）的距离，确定他们与 ILA 的关系，即 d_1、d_2、d_3

步骤 3　if $d_{j,r} \leqslant d_2$ then

步骤 4　　　if $d_{j,B} \geqslant d_1$ then

步骤 5　　　　D2D 复用模式

步骤 6　　　else

步骤 7　　$P_i(\max) = \min\{P_{i'}^{\max}, P_{i''}^{\max}, P_i^{\max}\}$，根据式（3-17）和式（3-18）更新 $d_1 = \max\{R_{d1}, R_{s1}\}$

步骤 8　　　　if $d_{j,B} \geqslant d_1$ then

步骤 9　　　　　D2D 复用模式

步骤 10　　　　else　选择宏蜂窝模式

步骤 11　　　　end if

步骤 12　　end if

步骤 13　else next

步骤 14　$P_j(\max) = \min\{P_{j'}^{\max}, P_j^{\max}\}$，根据式（3-24）更新 $d_2 = R_{d_2}$

步骤 15　　if $d_{j,r} \leqslant d_2$ then

步骤 16　　　循环执行步骤（4～12）

步骤 17　　else　选择宏蜂窝模式

步骤 18　　end if

步骤 19　end if

步骤 20　if $d_{j,r} \leqslant d_2$，$d_{j,f} \leqslant d_3$ then

步骤 21　　D2D 复用模式

步骤 22　else

步骤 23　　$P_s(\max) = \min\{P_{s'}^{\max}, P_s^{\max}\}$，根据式（3-27）更新 $d_3 = R_{u_2}$

步骤 24　　if $d_{j,f} \leqslant d_3$ then

步骤 25　　　选择毫微微蜂窝模式

步骤 26　　else 选择宏模式

步骤 27　　end if

步骤 28　end if

步骤 29　直到所有用户选择了相应的模式进行通信

3.4　覆盖概率分析

根据上述分析得出了优化问题的拓扑结构，并由两个独立的 PPP 生成了用户的位置。在本节中，假设用户的位置是未知的，但是按照给定的分布进行性能分析。因此，系统的性能是通过优化得到的期望结果，并利用覆盖概率这一性能来描述在资源分配过程中相互干扰对网络通信性能的影响。本节通过对覆盖概率的性能分析来验证所提出的干扰管理方案是否可靠，是否与 3.3 节的理论推导一致。

3.4.1　蜂窝链路覆盖概率

为了满足蜂窝链路的 QoS，用户在 MBS 接收的 SINR 必须大于其阈值才能成功解调和解码。在此情况下，可得蜂窝链路的覆盖概率为

$$\begin{aligned} P_{\text{con}}^{\text{UE}} &= E[P\{\text{SINR}_i > \eta_i^{\text{th}}\}] \\ &= \int_0^R P\{\text{SINR}_i > \eta_i^{\text{th}}\} f_{d_{i,B}}(r)\mathrm{d}r \end{aligned} \tag{3-32}$$

其中

$$\begin{aligned} P\{\text{SINR}_i > \eta_i^{\text{th}}\} &= P\left\{\frac{P_i d_{i,B}^{-\alpha}|h_{i,B}|^2}{I_d + I_s + N_0} > \eta_i^{\text{th}}\right\} \\ &= E\left[\exp\left(\frac{\eta_i^{\text{th}} d_{i,B}^{\alpha}}{P_i}(I_d + I_s + N_0)\right)\right] \\ &= \exp(-zN_0)\mathcal{L}_{I_d}(z)\mathcal{L}_{I_s}(z) \end{aligned} \tag{3-33}$$

式（3-33）中信道遵循瑞利衰落，$h_{i,B}$ 是指数分布的随机变量。定义 $z = \dfrac{\eta_i^{\text{th}} d_{i,B}^{\alpha}}{P_i}$，$\mathcal{L}_{I_d}(z)$ 和 $\mathcal{L}_{I_s}(z)$ 分别表示 I_d 和 I_s 的拉普拉斯变换。为了便于分析，在此考虑路径损失指数 $\alpha = 4$。由于与干扰功率相比，AWGN 是微乎其微的，故忽略噪声 $\sigma^2 = 0$ [6]。以下定理提供了蜂窝链路覆盖概率的解析式。

定理 3-1： 不考虑 PC-ILA 方案的蜂窝链路覆盖概率为

$$P_{\text{con}}^{\text{UE}} = \int_0^R \exp\big(-\pi(a_1 + b_1)\big)\frac{2r}{R^2}\mathrm{d}r \tag{3-34}$$

式中，$\dfrac{2r}{R^2}$ 是距离 $d_{i,B}$ 的 PDF，即 $f_{d_{i,B}}(r) = \dfrac{2r}{R^2}$，$0 \leqslant r \leqslant R$；$a_1 = \lambda_d\sqrt{zP_j}\left[\arctan\left(\dfrac{R^2}{\sqrt{zP_j}}\right)\right]$；$b_1 = \lambda_s\sqrt{zP_s}\left[\arctan\left(\dfrac{R^2}{\sqrt{zP_s}}\right)\right]$。

证明： 为得到蜂窝链路的覆盖概率，首先计算 $\mathcal{L}_{I_d}(z)$，即

$$\begin{aligned}\mathcal{L}_{I_d}(z) &= E\left[\exp\left(-z\sum_{j=1}^{M}P_j d_{j,B}^{-\alpha}\,|\,h_{j,B}\,|^2\right)\right] \\ &= E\left[\prod_{j}^{M}E[\exp(-zP_j d_{j,B}^{-\alpha}\,|\,h_{j,B}\,|^2)]\right]\end{aligned} \tag{3-35}$$

利用概率生成函数将 PPP 中各点乘积的期望值转换为积分形式[14]，可以得到

$$E\left[\prod_j f(x)\right] = \exp\left(-\lambda\int_{R^2}(1-f(x))\mathrm{d}x\right) \tag{3-36}$$

因此，$\mathcal{L}_{I_d}(z)$ 又可以写成

$$\mathcal{L}_{I_d}(z) = \exp\left[-\lambda_d\int_{R^2}1-E[\exp(-zP_j d_{j,B}^{-\alpha}\left|h_{j,B}\right|^2)]\mathrm{d}(d_{j,B})\right] \tag{3-37}$$

对于瑞利衰落信道，当 $X\sim\exp(1)$ 时，$E\left[\mathrm{e}^{-X}A\right]=\dfrac{1}{1+A}$。根据 $\int_{R^2}f(x)\mathrm{d}x = 2\pi\int_0^{\infty}xf(x)\mathrm{d}x$ [5]，$\mathcal{L}_{I_d}(z)$ 可以化简为

$$\begin{aligned}\mathcal{L}_{I_d}(z) &= \exp\left(-2\pi\lambda_d\int_0^R\left(1-E\left[\exp(-zP_j d_{j,B}^{-\alpha}\left|h_{j,B}\right|^2)\right]\right)d_{j,B}\mathrm{d}(d_{j,B})\right) \\ &= \exp\left(-2\pi\lambda_d\int_0^R\frac{zP_j d_{j,B}^{-\alpha+1}}{1+zP_j d_{j,B}^{-\alpha}}\mathrm{d}(d_{j,B})\right)\end{aligned} \tag{3-38}$$

式（3-38）可以分为两部分进行计算，即

$$\begin{aligned}\int_0^R\frac{zP_j d_{j,B}^{-\alpha+1}}{1+zP_j d_{j,B}^{-\alpha}}\mathrm{d}(d_{j,B}) &= \int_0^{\infty}\left(\frac{zP_j d_{j,B}^{-\alpha+1}}{1+zP_j d_{j,B}^{-\alpha}}\right)\mathrm{d}(d_{j,B}) - \int_R^{\infty}\left(\frac{zP_j d_{j,B}^{-\alpha+1}}{1+zP_j d_{j,B}^{-\alpha}}\right)\mathrm{d}(d_{j,B}) \\ &= \frac{1}{\alpha}(zP_j)^{\frac{2}{\alpha}}\Gamma\left(\frac{2}{\alpha}\right)\Gamma\left(1-\frac{2}{\alpha}\right) - \frac{zP_j R^{2-\alpha}\,{}_2\mathrm{F}_1\left[1,1-\frac{2}{\alpha};2-\frac{2}{\alpha};-zP_j R^{-\alpha}\right]}{-2+\alpha}\end{aligned} \tag{3-39}$$

根据文献[19]，$\int_0^{\infty}\dfrac{x^{\mu-1}\mathrm{d}x}{(p+qx^{\upsilon})^{n+1}} = \dfrac{1}{\upsilon p^{n+1}}\left(\dfrac{p}{q}\right)^{\frac{\mu}{\upsilon}}\dfrac{\Gamma(\frac{\mu}{\upsilon})\Gamma(1+n+\frac{\mu}{\upsilon})}{\Gamma(1+n)}$，$[0<\dfrac{\mu}{\upsilon}<n+1, p\neq 0, q\neq 0]$ 可以推导前半部分，$\Gamma(x)$ 是 Gamma 函数，$\Gamma(x)=\int_0^{\infty}t^{x-1}\mathrm{e}^{-t}\mathrm{d}t$；

后半部分利用超几何分布函数 ${}_2\mathrm{F}_1(1,\mu;1+\mu;-\beta u)$，根据文献[19]中的式（9-100）有 $\int_0^u \frac{x^{\mu-1}\mathrm{d}x}{1+\beta x}=\frac{u^\mu}{\mu}\,{}_2\mathrm{F}_1(1,\mu;1+\mu;-\beta u)$；最后结合超几何分布函数[19]，${}_2\mathrm{F}_1[\alpha,\beta;\gamma;z]=\mathrm{F}[\alpha,\beta;\gamma;z]$，交换变量 α 与 β 的位置并化简得到 $\mathcal{L}_{I_d}(z)$，即

$$\mathcal{L}_{I_d}(z)=\exp\left(-\pi\lambda_d\sqrt{zP_j}\left[\arctan\left(\frac{R^2}{\sqrt{zP_j}}\right)\right]\right) \tag{3-40}$$

同理，可以得到 $\mathcal{L}_{I_s}(z)$，即

$$\mathcal{L}_{I_s}(z)=\exp\left(-\pi\lambda_d\sqrt{zP_s}\left[\arctan\left(\frac{R^2}{\sqrt{zP_s}}\right)\right]\right) \tag{3-41}$$

将式（3-40）和式（3-41）代入式（3-32）和式（3-33）可以得到定理 3-1，证明完毕。

定理 3-1 描述了在不考虑 PC-ILA 方案的情况下，采用传统方案的蜂窝链路覆盖概率。该方案则可以利用功率控制，根据式（3-40）和式（3-41）动态调整 ILA。因此，定理 3-2 利用 PC-ILA 方案推导蜂窝链路覆盖概率。

定理 3-2： 考虑 PC-ILA 方案的蜂窝链路覆盖概率为

$$P_{\mathrm{ILA}}^{\mathrm{UE}}=\int_0^R \exp\left(-\pi(a_2+b_2)\right)\frac{2r}{R^2}\mathrm{d}r \tag{3-42}$$

式中，$a_2=\lambda_d\sqrt{zP_j}\left[\arctan\left(\frac{R^2}{\sqrt{zP_j}}\right)-\arctan\left(\frac{d_1^{\ 2}}{\sqrt{zP_j}}\right)\right]$；$b_2=\lambda_d\sqrt{zP_s}\left[\arctan\left(\frac{R^2}{\sqrt{zP_s}}\right)-\arctan\left(\frac{d_1^{\ 2}}{\sqrt{zP_s}}\right)\right]$。

根据定理 3-1 的证明，可以得到

$$\begin{aligned}\mathcal{L}_{I_d}(z)&=\exp(-2\pi\lambda_d\int_{d_1}^R(1-E[\exp(-zP_jd_{j,B}^{-\alpha}\left|h_{j,B}\right|^2)])d_{j,B}\mathrm{d}(d_{j,B}))\\&=\exp\left(-2\pi\lambda_d\int_{d_1}^R\frac{zP_jd_{j,B}^{-\alpha+1}}{1+zP_jd_{j,B}^{-\alpha}}\mathrm{d}(d_{j,B})\right)\end{aligned} \tag{3-43}$$

同样利用 $\int_0^u \frac{x^{\mu-1}\mathrm{d}x}{1+\beta x} = \frac{u^\mu}{\mu} {}_2\mathrm{F}_1(1,\mu;1+\mu;-\beta u)$ [19]，并变量替换，令 $t = d_{j,B}^{-\alpha}$，可以化简得到

$$\int_{R^{-\alpha}}^{d_1^{-\alpha}} -\frac{1}{\alpha}\frac{zP_j t^{-\frac{2}{\alpha}}}{1+zP_j t}\mathrm{d}t$$
$$= \frac{zP_j}{-2+\alpha}\left\{R^{2-\alpha} {}_2\mathrm{F}_1\left[1,1-\frac{2}{\alpha};2-\frac{2}{\alpha};-zP_j R^{-\alpha}\right] - d_1^{2-\alpha} {}_2\mathrm{F}_1\left[1,1-\frac{2}{\alpha};2-\frac{2}{\alpha};-zP_j d_1^{-\alpha}\right]\right\} \tag{3-44}$$

将 $\alpha = 4$ 代入式（3-43）和式（3-44），可以得到

$$\mathcal{L}_{I_d}(z) = \exp\left(-\pi\lambda_d\sqrt{zP_j}\left[\arctan\left(\frac{R^2}{\sqrt{zP_j}}\right) - \arctan\left(\frac{d_1^2}{\sqrt{zP_j}}\right)\right]\right) \tag{3-45}$$

根据 $\mathcal{L}_{I_d}(z)$ 的推导，可以得到

$$\mathcal{L}_{I_s}(z) = \exp\left(-\pi\lambda_s\sqrt{zP_s}\left[\arctan\left(\frac{R^2}{\sqrt{zP_s}}\right) - \arctan\left(\frac{d_1^2}{\sqrt{zP_s}}\right)\right]\right) \tag{3-46}$$

从定理 3-1 和定理 3-2 中可以看出，覆盖概率取决于以下网络参数：用户密度 λ（λ_d 和 λ_s）和用户的传输功率。一方面，随着复用用户数目的增加，对蜂窝链路的累积干扰也相应增加，导致蜂窝链路覆盖概率下降；另一方面，传输功率随用户到 DR 距离的变化而变化，但在不考虑 PC-ILA 方案的情况下，用户的传输功率是固定的。

3.4.2 D2D 链路覆盖概率

对于距离 $d_{t,r}$ 固定的 D2D 链路覆盖概率，可以计算出在第 j 个 D2D 用户处 SINR 的分布函数为

$$P_{\mathrm{con}}^{\mathrm{D2D}} = P\left\{\mathrm{SINR}_j > \eta_j^{\mathrm{th}}\right\} = P\left\{\frac{P_j d_{t,r}^{-\alpha}\left|h_{j,j}\right|^2}{I_u + I_d'' + I_s' + N_0} > \eta_j^{\mathrm{th}}\right\} = \exp(-z'N_0)\mathcal{L}_{I_u}(z')\mathcal{L}_{I_d'}(z')\mathcal{L}_{I_s'}(z') \tag{3-47}$$

式中，$z'=\dfrac{\eta_j^{\text{th}} d_{t,r}^{\alpha}}{P_j}$；$\mathcal{L}_{I_u}(z')$、$\mathcal{L}_{I_d''}(z')$ 和 $\mathcal{L}_{I_s'}(z')$ 分别表示随机变量 I_u、I_d'' 和 I_s' 的拉普拉斯变换。

I_u 的拉普拉斯变换为

$$\mathcal{L}_{I_u}(z')=E[\exp(-z'I_u)]=E[\exp(-z'P_i d_{i,r}^{-\alpha}\left|h_{i,r}\right|^2)]=\frac{1}{1+z'P_i d_{i,r}^{-\alpha}} \tag{3-48}$$

$\mathcal{L}_{I_d''}(z')$ 和 $\mathcal{L}_{I_s'}(z')$ 分别为

$$\mathcal{L}_{I_d''}(z')=\exp\left(-\pi\lambda_d d_{t,r}^2\sqrt{\eta_j^{\text{th}}}\left[\arctan\left(\frac{R^2}{d_{t,r}^2\sqrt{\eta_j^{\text{th}}}}\right)\right]\right) \tag{3-49}$$

$$\mathcal{L}_{I_s'}(z')=\exp\left(-\pi\lambda_s\sqrt{z'P_s}\left[\arctan\left(\frac{R^2}{\sqrt{z'P_s}}\right)\right]\right) \tag{3-50}$$

注意，这里认为其他 D2D 对的发射功率与第 j 对 D2D 相同。与 3.4.1 节相似，以下定理分别给出了不考虑 PC-ILA 方案和考虑 PC-ILA 方案的 D2D 链路覆盖概率。

定理 3-3： 不考虑 PC-ILA 方案的 D2D 链路覆盖概率为

$$P_{\text{con}}^{\text{D2D}}=\exp\left(-\pi(a_3+b_3)\right)\frac{P_j d_{i,r}^4}{P_j d_{i,r}^4+\eta_j^{\text{th}}P_i d_{t,r}^4} \tag{3-51}$$

式中，$a_3=\lambda_d d_{t,r}^2\sqrt{\eta_j^{\text{th}}}\left[\arctan\left(R^2 d_{t,r}^{-2}\eta_j^{\text{th}^{-\frac{1}{2}}}\right)\right]$；$b_3=\lambda_s\sqrt{\sqrt{z'P_s}P_s}\left[\arctan\left(\frac{R^2}{\sqrt{z'P_s}}\right)\right]$。

定理 3-4： 考虑 PC-ILA 方案的 D2D 链路覆盖概率为

$$P_{\text{ILA}}^{\text{D2D}}=\exp\left(-\pi(a_4+b_4)\right)\frac{P_j d_{i,r}^4}{P_j d_{i,r}^4+\eta_j^{\text{th}}P_i d_{t,r}^4} \tag{3-52}$$

式中，$a_4=\lambda_d d_{t,r}^2\sqrt{\eta_j^{\text{th}}}\left[\arctan\left(R^2 d_{t,r}^{-2}\eta_j^{\text{th}^{-\frac{1}{2}}}\right)-\arctan\left({R_{u_1}}^2 d_{t,r}^{-2}\eta_j^{\text{th}^{-\frac{1}{2}}}\right)\right]$；$b_4=\lambda_s\sqrt{z'P_s}$

$$\left[\arctan\left(\frac{R^2}{\sqrt{z'P_s}}\right)-\arctan\left(\frac{R_{u_1}{}^2}{\sqrt{z'P_s}}\right)\right]。$$

同样，$\mathcal{L}_{I_{d''}}(z')$ 和 $\mathcal{L}_{I_{s}'}(z')$ 分别为

$$\mathcal{L}_{I_{d''}}(z')=\exp\left(-\pi\lambda_d d_{t,r}^2\sqrt{\eta_j^{\text{th}}}\left[\arctan\left(R^2 d_{t,r}^{-2}{\eta_j^{\text{th}}}^{-\frac{1}{2}}\right)-\arctan\left(R_{u_1}{}^2 d_{t,r}^{-2}{\eta_j^{\text{th}}}^{-\frac{1}{2}}\right)\right]\right) \tag{3-53}$$

$$\mathcal{L}_{I_{s}'}(z')=\exp\left(-\pi\lambda_s\sqrt{z'P_s}\left[\arctan\left(\frac{R^2}{\sqrt{z'P_s}}\right)-\arctan\left(\frac{R_{u_1}{}^2}{\sqrt{z'P_s}}\right)\right]\right) \tag{3-54}$$

通过对上述两个定理的比较，明确地表明考虑 PC-ILA 方案的覆盖概率总是优于没有考虑 PC-ILA 方案的覆盖概率[21]。因为在这种情况下，前者的覆盖概率包含正增量。这说明采用 PC-ILA 方案能够提升覆盖概率性能，在毫微微蜂窝链路上也是如此。

3.4.3 毫微微蜂窝链路覆盖概率

FUE 在半径 R_s 范围内均匀分布，$d_{s,f}$ 为典型 FUE 到提供服务的 FBS 的通信距离。毫微微蜂窝链路覆盖概率由下式给出：

$$\begin{aligned}P_{\text{con}}^{\text{FUE}}&=\int_0^{R_s}P\left\{\text{SINR}_s>\eta_s^{\text{th}}\right\}f_{d_{s,f}}(r)\mathrm{d}r\\&=\int_0^{R_s}\frac{2r}{R_s^2}\exp(-z''N_0)\mathcal{L}_{I_{u}'}(z'')\mathcal{L}_{I_{d}'}(z'')\mathcal{L}_{I_{s}''}(z'')\mathrm{d}r\end{aligned} \tag{3-55}$$

式中，$z''=\dfrac{\eta_s^{\text{th}}d_{s,f}^{\alpha}}{P_s}$，$d_{s,f}$ 的 PDF 为 $f_{d_{s,f}}(r)=\dfrac{2r}{R_s^2}$，$0\leqslant r\leqslant R_s$；$\mathcal{L}_{I_{u}'}(z'')$、$\mathcal{L}_{I_{d}'}(z'')$ 和 $\mathcal{L}_{I_{s}''}(z'')$ 分别为 I_u'、I_d' 和 I_s'' 的拉普拉斯变换。下面给出了毫微微蜂窝链路覆盖概率。

定理 3-5： 不考虑 PC-ILA 方案的毫微微蜂窝链路覆盖概率为

$$P_{\text{con}}^{\text{FUE}}=\int_0^{R_s}\frac{2r}{R_s^2}\exp\left(-\pi(a_5+b_5)\right)\frac{P_s d_{s,f}^4}{P_s d_{s,f}^4+\eta_s^{\text{th}}P_i d_{s,f}^4}\mathrm{d}r \tag{3-56}$$

式中，$a_5=\lambda_s d_{s,f}^2\sqrt{\eta_s^{\mathrm{th}}}\left[\arctan\left(R_s^2 d_{s,f}^{-2}{\eta_s^{\mathrm{th}}}^{-\frac{1}{2}}\right)\right]$；$b_5=\lambda_d\sqrt{z''P_j}\left[\arctan\left(\frac{R_s^2}{\sqrt{z''P_j}}\right)\right]$。

I_u' 的拉普拉斯变换为

$$\mathcal{L}_{I_u'}(z'')=P[\exp(-z''P_i d_{i,f}^{-\alpha}\left|h_{i,f}\right|^2)]=\frac{1}{1+z''P_i d_{i,f}^{-\alpha}} \tag{3-57}$$

I_d' 的拉普拉斯变换为

$$\begin{aligned}\mathcal{L}_{I_d'}(z'')&=\exp\left(-2\pi\lambda_d\int_0^{R_s}1-\frac{1}{1+z''P_j d_{s,f}^{-4}}d_{s,f}\mathrm{d}(d_{s,f})\right)\\&=\exp\left(-\pi\lambda_d\sqrt{z''P_j}\left[\arctan\left(\frac{R_s^2}{\sqrt{z''P_j}}\right)\right]\right)\end{aligned} \tag{3-58}$$

I_s'' 的拉普拉斯变换为

$$\begin{aligned}\mathcal{L}_{I_s''}(z'')&=\exp\left(-2\pi\lambda_s\int_0^{R_s}1-\frac{1}{1+z''P_s d_{s,f}^{-\alpha}}d_{s,f}\mathrm{d}(d_{s,f})\right)\\&=\exp\left(-\pi\lambda_s d_{s,f}^2\sqrt{\eta_s^{\mathrm{th}}}\left[\arctan\left(R_s^2 d_{s,f}^{-2}{\eta_s^{\mathrm{th}}}^{-\frac{1}{2}}\right)\right]\right)\end{aligned} \tag{3-59}$$

在毫微微蜂窝链路中，由于 FUE 本身的发射功率较小，所以在三条链路中，毫微微蜂窝链路的覆盖概率相对较小，这一点可以通过数值模拟结果得到验证。

定理 3-6：考虑 PC-ILA 方案的毫微微蜂窝链路覆盖概率为

$$P_{\mathrm{ILA}}^{\mathrm{FUE}}=\int_0^{R_s}\frac{2r}{R_s^2}\exp\left(-\pi(a_6+b_6)\right)\frac{P_s d_{i,f}^4}{P_s d_{s,f}^4+\eta_s^{\mathrm{th}}P_i d_{s,f}^4}\mathrm{d}r \tag{3-60}$$

式中，$a_6=\lambda_s d_{s,f}^2\sqrt{\eta_s^{\mathrm{th}}}\left[\arctan\left(R_s^2 d_{s,f}^{-2}{\eta_s^{\mathrm{th}}}^{-\frac{1}{2}}\right)-\arctan\left({d_3}^2 d_{s,f}^{-2}{\eta_s^{\mathrm{th}}}^{-\frac{1}{2}}\right)\right]$；$b_6=\lambda_d\sqrt{z''P_j}$ $\left[\arctan\left(\frac{R_s^2}{\sqrt{z''P_j}}\right)-\arctan\left(\frac{{d_3}^2}{\sqrt{z''P_j}}\right)\right]$。

根据式（3-43）、式（3-44）和式（3-45），可得$\mathcal{L}_{I_d'}(z'')$和$\mathcal{L}_{I_s''}(z'')$分别为

$$\mathcal{L}_{I_d'}(z'') = \exp\left(-\pi\lambda_d\sqrt{z''P_j}\left[\arctan\left(\frac{R_s^2}{\sqrt{z''P_j}}\right)-\arctan\left(\frac{d_3{}^2}{\sqrt{z''P_j}}\right)\right]\right) \tag{3-61}$$

$$\mathcal{L}_{I_s''}(z'') = \exp\left(-\pi\lambda_s d_{s,f}^2\sqrt{\eta_s^{\text{th}}}\left[\arctan\left(R_s^2 d_{s,f}^{-2}\eta_s^{\text{th}^{-\frac{1}{2}}}\right)-\arctan\left(d_3{}^2 d_{s,f}^{-2}\eta_s^{\text{th}^{-\frac{1}{2}}}\right)\right]\right) \tag{3-62}$$

3.5 仿真结果与性能分析

在本节中，首先评估三种不同方案的覆盖概率性能，以验证所提出的 ILA 的有效性。即传统方案[11]、不考虑 ILA 的功率控制[22]和所提出的方案。此外，为了说明所提出的模式选择方法的性能，通过与其他模式选择方法[17,20]的比较，进行了数值模拟。除另有说明外，数值模拟参数设置为：$P_m = 33\ \text{dBm}$，$P_s = 10\ \text{dBm}$，$P_d = 5\ \text{dBm}$，SINR 阈值预先设置为 0 dB，λ_d和λ_s分别为 0.00001 和 0.0001。

如图 3-3 所示，所提出的干扰管理方案以及模式选择方式的仿真结果在支持 D2D 的 HetCNets 下实现。MBS 位于小区的中心位置，UE 均匀分布在R=500 m 的小区内。D2D 用户和 FBS 分别根据独立的 PPP 以密度λ_d和λ_s分布在以原点为圆心，半径为$R+100$ m 的圆内，其中 FBS 半径为 50 m，D2D 用户对之间的距离为 10 m。在这种情况下，应考虑边缘用户对系统性能的影响。注意，仿真通过平均 10000 个独立实现来评估所提出的方案的覆盖概率。

图 3-4 显示了在不同方案下，随着 SINR 阈值的增大，蜂窝链路覆盖概率在不同用户密度下的性能变化。从图中可以看出，所提出的 PC-ILA 方案的覆盖概率性能明显优于其他方案，尤其是在高 SINR 的情况下。即使分布较稀疏$\lambda_s = 0.00005$、$\lambda_d = 0.000005$时，与传统方案相比，所提出的 PC-ILA 方案的覆盖概率也高达 10%。这是因为所提出的方案通过限制 D2D 对和 FUE 活动的区域来减少对 UE 的干扰，从而使覆盖概率优于其他方案。

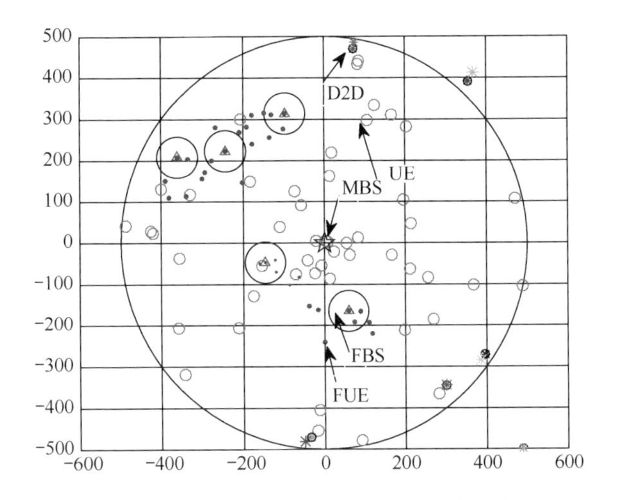

图 3-3　支持 D2D 的 HetCNets 拓扑场景

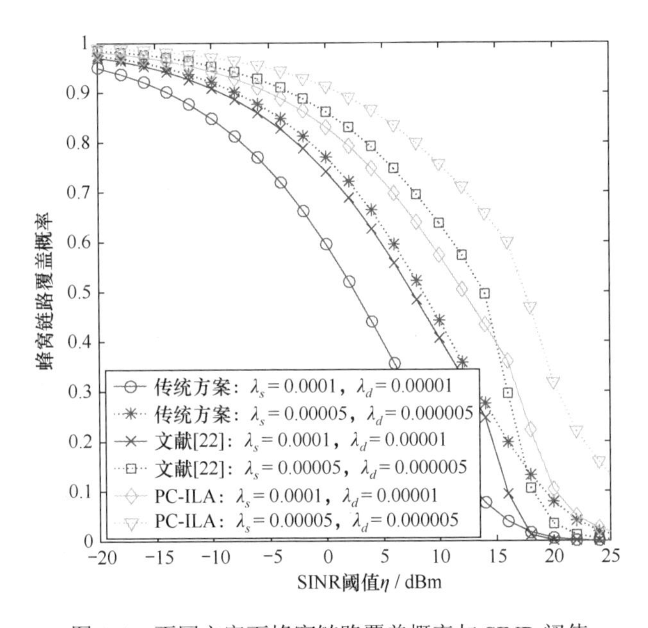

图 3-4　不同方案下蜂窝链路覆盖概率与 SINR 阈值

图 3-5 评估了 UE 到 MBS 的距离对三种方案下蜂窝链路覆盖概率的影响。显然，无论小区内 D2D 和 FUE 分布如何稀疏，蜂窝链路覆盖概率都会随着距离的增加而减小。这是由于当距离过大时，蜂窝用户需要调整功率才能进行正常通信。特别注意，当 $d_{i,B} = 230$ m 时，文献[22]的覆盖概率性能并不优于传统方案，这也说明有必要进行功率控制。上述观察结果表明，当激活的用户

数目更多时，活跃的 D2D 链路和毫微微蜂窝链路对 MBS 的干扰会更大。因此，有必要在保持 UE 正常通信质量的同时缩短 UE 到 MBS 的距离。

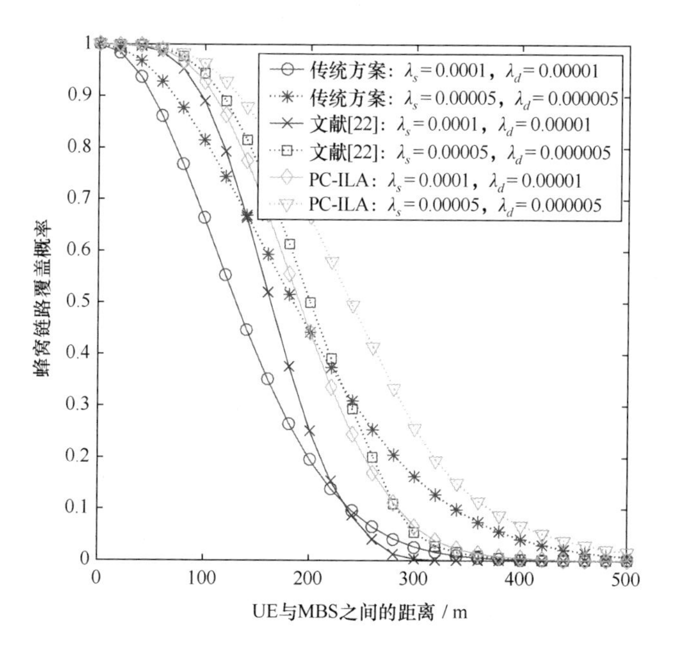

图 3-5　不同方案下蜂窝链路覆盖概率与 UE 到 MBS 距离

与图 3-4 相似，图 3-6 描述了不同方案下 D2D 链路覆盖概率的变化情况。从图中可以看出，当 $\lambda_s = 0.0001$ 、 $\lambda_d = 0.00001$ 和 $\eta_j^{\text{th}} = -15$ dBm 时，三种方案的 D2D 链路覆盖概率分别为 21%、36%和 62%。随着活跃的 D2D 和毫微微蜂窝链路数量的增加，D2D 间干扰和 FUE 到 DT 的干扰将增加，这会导致 D2D 覆盖概率降低。然而，无论是在哪种情况下，所提出的 PC-ILA 方案的性能都优于其他方案。

图 3-7 评估了 D2D 用户间的距离对 D2D 链路覆盖概率的影响。当 D2D 对移至小区边缘时，DT 用户逐渐增加其自身的发射功率以满足通信所需的最小数据速率。在这种情况下，系统干扰会严重影响附近用户的通信质量。然而，所提出的 PC-ILA 方案通过功率控制来限制干扰并调整该限制区域。因此，无论 D2D 和 FUE 在小区中如何分布，该方案的 D2D 链路覆盖概率性能总是优于其他两种方案的性能。例如，当 D2D 用户距离为 5 m 时，在用户密集分布的情况下，所提出的 PC-ILA 方案性能提高了 36%和 24%。这意味着与其他方案相比，所提出的 PC-ILA 方案可以改善 D2D 链路性能，这与理论分析结果一致。

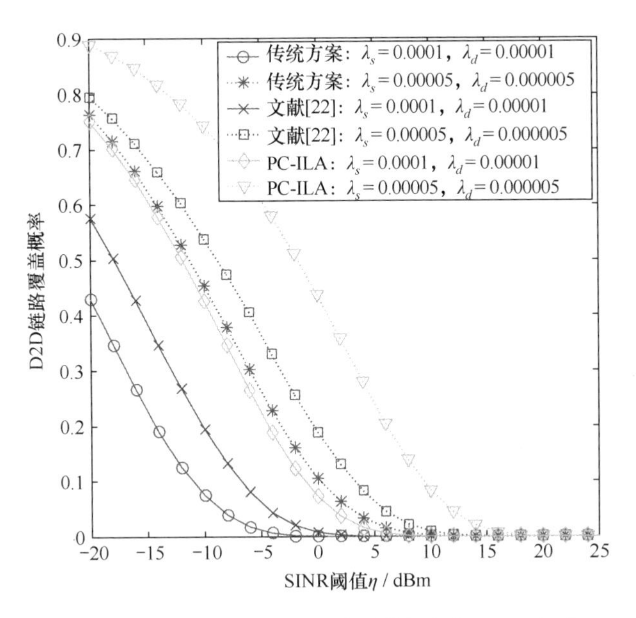

图 3-6 不同方案下 D2D 链路覆盖概率与 SINR 阈值

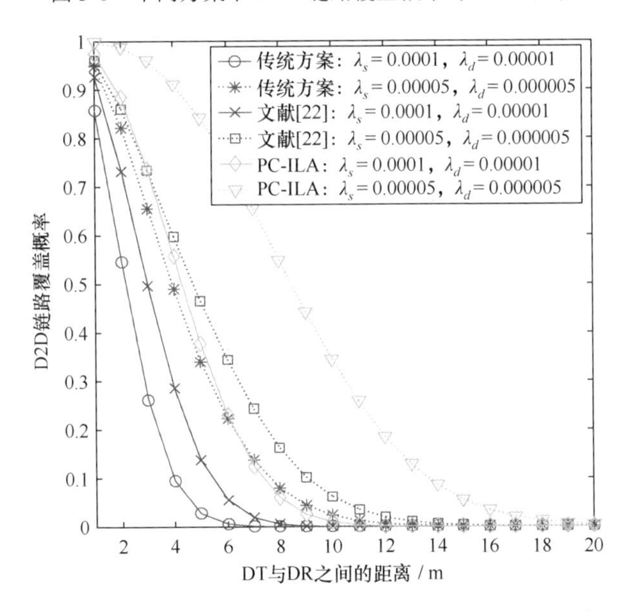

图 3-7 不同方案下 D2D 覆盖概率与 D2D 用户间的距离

图 3-8 所示为基于三种不同方案，说明了不同用户密度下 SINR 阈值对毫微微蜂窝链路覆盖概率的影响。从图中可以看出，由于 MBS 与 FBS 之间或相邻的 FBS 之间都存在严重干扰，因此相对于其他通信链路，毫微微蜂窝链路

的覆盖概率会下降得更严重。当$\eta_s^{\text{th}} = -12$ dBm时，在D2D和FUE分布稀疏的情况下，三种方案的毫微微蜂窝链路覆盖概率分别为28%、25%和22%。此结果充分证明了在相同条件下，毫微微蜂窝链路的覆盖概率远低于蜂窝链路和D2D链路的覆盖概率，这也与理论分析结果相一致。

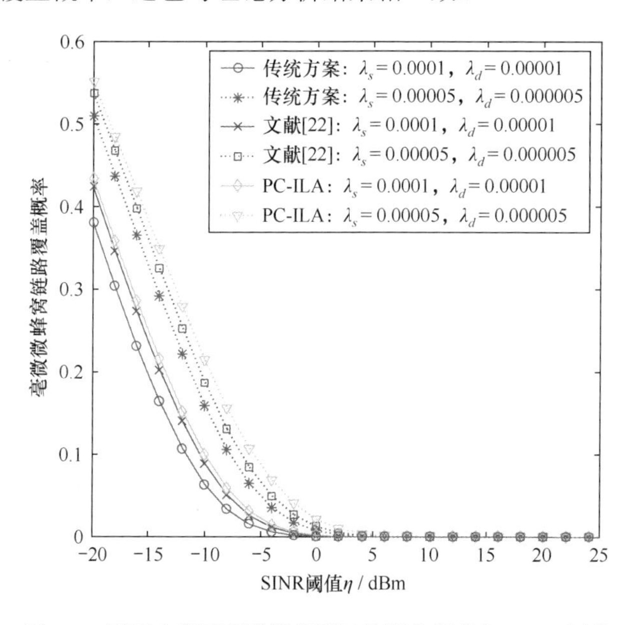

图 3-8　不同方案下毫微微蜂窝链路覆盖概率与SINR阈值

如图3-9所示，毫微微蜂窝链路覆盖概率会随着从FUE到FBS距离的增加而降低。与其他方案相比，所提出的PC-ILA方案仍然可以提高毫微微蜂窝链路的覆盖概率性能。在文献[22]中，作者只限制了最大传输功率，而没有考虑功率控制。因此，在文献[22]中所设置的ILA是相对固定的。相比之下，所提出的PC-ILA方案可以利用功率控制来动态调整ILA。当然，由于FUE传输功率最小，毫微微蜂窝链路的覆盖概率性能增益不是特别显著。但从图3-8和图3-9中可以看出，与文献[11]和文献[22]中的其他两种方案相比，可以通过适当地部署FBS来实现覆盖概率的性能提升。例如，在部署用户稀疏的情况下，毫微微蜂窝链路的覆盖概率高于部署用户密集情况下的覆盖概率。

图3-10所示为不同用户密度下总的数据速率与SINR阈值的关系，其中标记为“模拟值”的曲线和“理论值”的曲线分别与优化问题的平均结果和分析结果相关。可以看到，理论分析和仿真结果基本吻合。此外，从图中还可以看出，总的数据速率随SINR阈值单调降低，但随用户密度的增加而降低。这是

因为覆盖概率会随着 SINR 阈值的增大而减小，从而导致和数据速率降低。

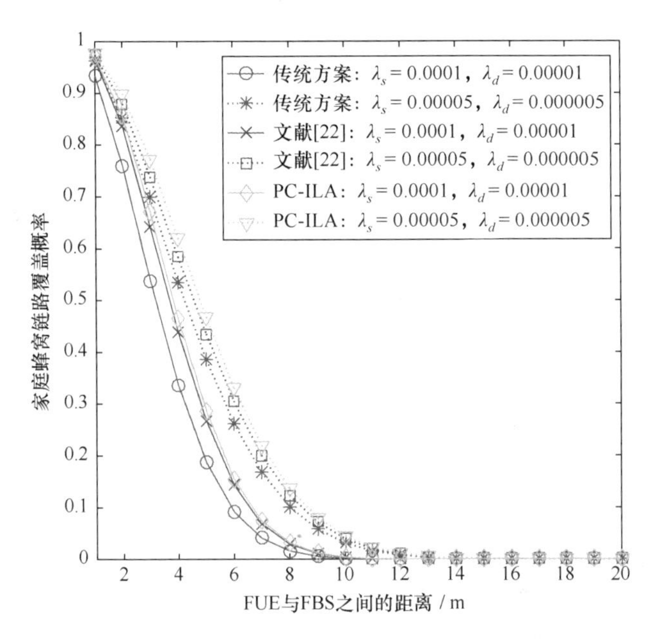

图 3-9 不同方案下毫微微蜂窝链路覆盖概率与 FUE 到 FBS 距离

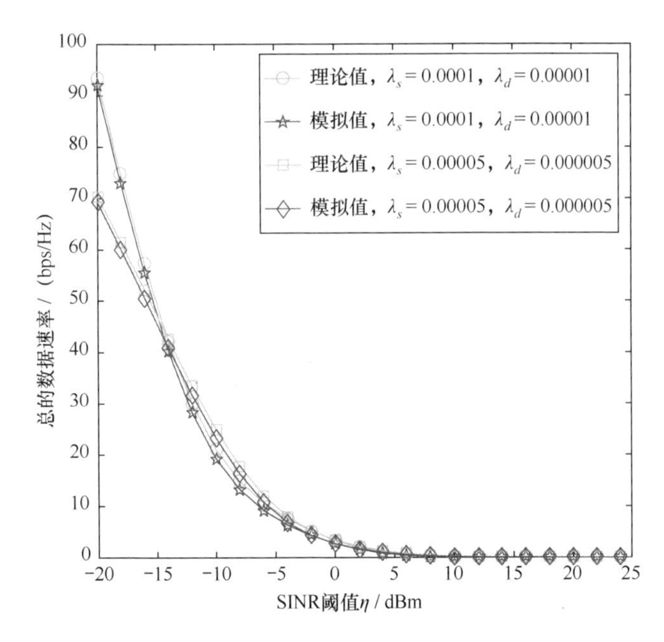

图 3-10 总的数据速率与 SINR 阈值

如图 3-11 所示，对于所有用户的数据速率而言，将所提出的模式选择方法与传统的模式选择方法[20]、文献[17]模式选择方法进行了比较。实验结果表明，所提出的模式选择方法在总的数据速率和 D2D 数据速率方面均优于其他方法。这是因为，在资源相同的情况下，如果不满足最大干扰，会有更多的用户选择蜂窝模式通信[17]。同时，文献[20]的方法并不能保证用户的最低速率。相比之下，所提出的模式选择方法能较好地解决上述两个问题。在所提出的模式选择方法中，用户更偏向于使用 D2D 复用模式来提高边缘用户的容量，并且解决了部分室内用户分布不均造成的通信质量差的问题。

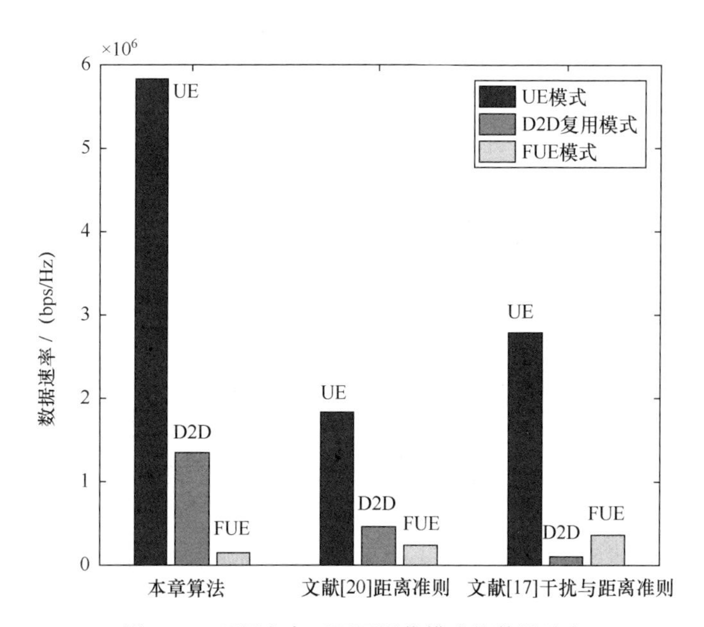

图 3-11　不同方案下不同通信模式的数据速率

图 3-12 描述了总的数据速率与小区中用户数目之间的关系。从图中可以看出，随着用户数目的增加，所提出的模式选择方法的性能显著优于文献[20]和文献[17]的其他模式选择方法，尤其是在高负载系统中。例如，当小区中有 50 个用户时，所提出的模式选择方法的系统容量几乎比文献[17]方法增加了两倍。注意，不同用户的传输功率调节会使得用户选择不同的通信方式，从而可能导致总的数据传输速率的突增现象；用户之间的干扰越严重，所提出的模式选择方法的优点就越明显。这是因为在所提出的模式选择方法的情况下，用户会做出合理的模式选择来适应通信系统。

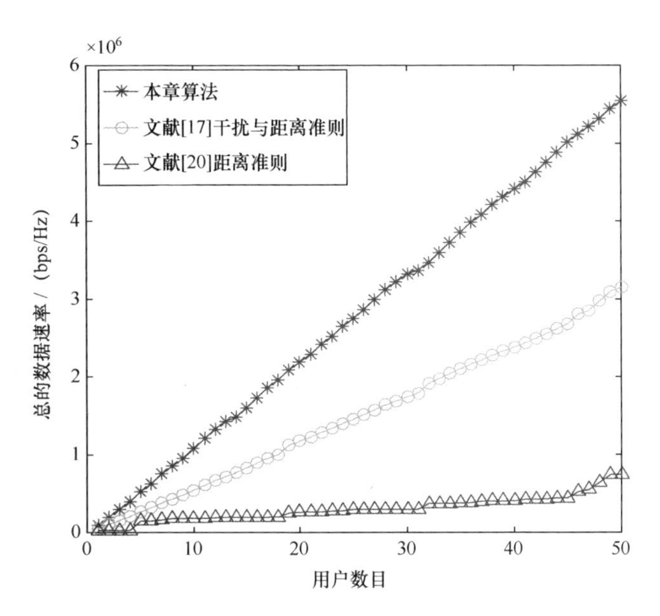

图 3-12　数据速率与小区中用户数目之间的关系

3.6　本章小结

本章在 HetCNets 场景下提出了联合模式选择和功率控制的干扰管理方案，以缓解 D2D 用户与不同类型的 UE 公用同一频谱资源所带来的同频干扰问题。基于 ILA 的干扰管理方案，利用功率控制对 ILA 进行动态调整。根据不同的 ILA，用户可以选择不同的通信方式以解决单一通信方式造成的频谱资源浪费问题。此外，推导不同通信链路下的覆盖概率闭式解，并通过覆盖概率的性能分析来验证所提出的 PC-ILA 方案是否有效。数值仿真结果表明，所提出的 PC-ILA 方案优于传统的干扰管理方案和不考虑功率控制的基于 ILA 的干扰管理方案，而且所提出的模式选择方法能够让更多用户选择 D2D 通信模式，提高了系统总的数据速率。

参 考 文 献

[1] Cisco. Cisco Annual Internet Report (2018-2023)[OL]. Cisco Syst. Inc., San Jose, CA, USA, White Paper, Mar. 2020.

[2] CHUN J, HASNA M, GHRAYEB A. Modeling Heterogeneous Cellular Networks Interference Using Poisson Cluster Processes [J]. IEEE Journal on Selected Areas in Communications, 2015, 33(10): 2182-2195.

[3] CHEN Y, AI B, NIU Y, et al. Sub-Channel Allocation for Full-Duplex Access and Device-to-Device Links Underlaying Heterogeneous Cellular Networks Using Coalition Formation Games[J]. IEEE Transactions on Vehicular Technology, 2020, 69(9): 9736-9749.

[4] LÜ S, XING C, ZHANG Z, et al. Guard Zone Based Interference Management for D2D-Aided Underlaying Cellular Networks [J]. IEEE Transactions on Vehicular Technology, 2017, 66(99): 5466-5471.

[5] SUN J, ZHANG Z, XIAO H. Uplink interference coordination management with power control for D2D underlaying cellular networks: Modeling, algorithms, and analysis [J]. IEEE Transactions on Vehicular Technology, 2018, 67(9): 8582-8594.

[6] WEN K, CHEN Y, HU Y. A resource allocation method for D2D and small cellular users in HetNet [C]//2017 3rd IEEE International Conference on Computer and Communications (ICCC). IEEE, 2017: 1-5.

[7] AHMED I, ISMAIL M, HASSAN M. Video Transmission Using Device-to-Device Communications: A Survey [J]. IEEE Access, 2019, 7: 131019-131038.

[8] ZHANG H, LIAO Y, SONG L. D2D-U: Device-to-device communications in unlicensed bands for 5G system [J]. IEEE Transactions on Wireless Communications, 2017, 16(6): 3507-3519.

[9] LI Y, SHENG M, SHI Y. Energy efficiency and delay tradeoff for time-varying and interference-free wireless networks [J]. IEEE Transactions on Wireless Communications, 2014, 13(11): 5921-5931.

[10] LU B, LIN S, SHI J, et al. Resource Allocation for D2D Communications Underlaying Cellular Networks over Nakagami-m Fading Channel [J]. IEEE Access, 2019, 7: 21816-21825.

[11] SHAMAEI S, BAYAT S, HEMMATYAR A M A. Interference Management in D2D-Enabled Heterogeneous Cellular Networks Using Matching Theory [J]. IEEE Transactions on Mobile Computing, 2019, 18(9): 2091-2102.

[12] JIANG F, WANG B C, SUN C Y, et al. Resource allocation and dynamic power control for D2D communication underlaying uplink multi-cell networks [J]. Wireless Networks, 2018, 24(2): 549-563.

[13] DHILLON H, GANTI R, BACCELLI F, at al. Modeling and analysis of K-tier downlink heterogeneous cellular networks[J]. IEEE Journal on Selected Areas in Communications, 2012, 30(3): 550-560.

[14] HAENGGI M. Stochastic Geometry for Wireless Networks. Cambridge, U.K.:Cambridge University Press, 2012.

[15] MIN H, LEE J, PARK S, et al. Capacity enhancement using an interference limited area for

device-to-device uplink underlaying cellular networks [J]. IEEE Transactions on Wireless Communications, 2011, 10(12): 3995-4000.

[16] RANDRIANANTENAINA I, ElSAWY H, DAHROUJ H. Uplink power control and ergodic rate characterization in FD cellular networks: A stochastic geometry approach [J]. IEEE Transactions on Wireless Communications, 2019, 18(4): 2093-2110.

[17] HUANG Y, NASIR A A, DURRANI S, et al. Mode Selection, Resource Allocation and Power Control for D2D-Enabled Two-Tier Cellular Network [J]. IEEE Transactions on Communications, 2016, 64(8): 3534-3547.

[18] ZHANG H, SONG L, HAN Z. Radio Resource Allocation for Device-to-Device Underlay Communication Using Hypergraph Theory [J]. IEEE Transactions on Wireless Communications, 2016, 15(7): 4852-4861.

[19] GRADSHTEĬN I S, RYZHIK I M, GERONIMUS Y V, et al. Table of integrals, series, and products[M]. Cambridge, MA, USA: Academic Press, 2007.

[20] OMRI A, HASNA M O. A distance-based mode selection scheme for D2D-enabled networks with mobility [J]. IEEE Transactions on Wireless Communications, 2018, 17(7): 4326-4340.

[21] LIU X, XIAO H, CHRONOPOULOS A T. Joint mode selection and power control for interference management in d2d-enabled heterogeneous cellular networks[J]. IEEE Transactions on Vehicular Technology, 2020, 69(9): 9707-9719.

[22] MIN H, LEE J, PARK S, et al. Capacity enhancement using an interference limited area for device-to-device uplink underlaying cellular networks [J]. IEEE Transactions on Wireless Communications, 2011, 10(12): 3995-4000.

第4章 内容缓存策略

内容缓存利用边缘网络的各种网络设备预先缓存内容，并利用无线网络边缘内部良好的短距离协作传输内容，这对于未来高速率、低时延需求的无线网络来说至关重要。因此，将内容缓存策略应用于 HetCNets 中，利用边缘缓存设备预先对用户所需内容进行缓存，以减轻核心网络的压力并减少服务时延，还可以降低 BS 的峰值速率、卸载 BS 的流量，实现用户与其他终端间的直接通信，降低功耗，改善用户体验。

下面简单介绍两种不同时期对于内容传输的网络模型，如图 4-1 所示。图 4-1（a）所示为传统的基于主机的网络模型，它从网络服务器向用户发送内容。图 4-1（b）所示为配备缓存的网络模型。在这个配置中，如果请求的内容缓存在核心节点上，则订阅者可以从中下载。因此，内容交付距离缩短，不仅减少了内容交付时延，也减少了核心网络流量。

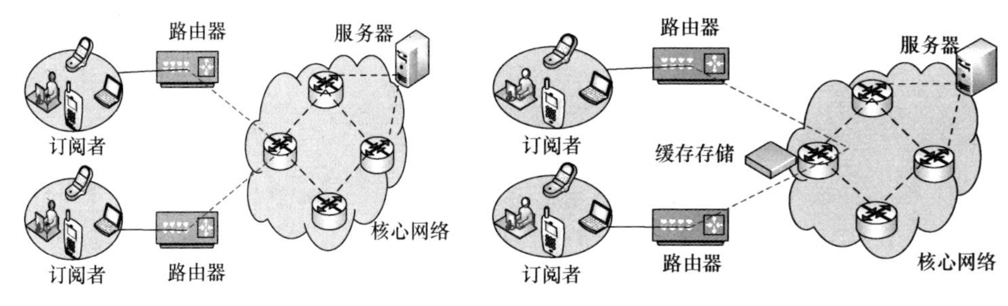

图 4-1 传统的基于主机的网络模型与配备缓存的网络模型

在 HetCNets 中，缓存单元的存储容量是有限的。因此，明智地利用网络和缓存资源是提高系统性能的先决条件。在具有 D2D 缓存能力的 HetCNets 中，一方面，在小单元基站上部署缓存存储使内容更接近订阅者；另一方面，D2D 缓存技术利用了用户设备的存储容量，用户可以选择将已经下载的内容存储在他们的设备中，然后利用它们为邻近的用户服务。D2D 缓存已被证明是一种有效的释放网络资源的卸载方案。用户首先在附近的用户设备上检查所请求的内容。如果内容被缓存，设备就立即服务请求，否则将内容请求传输到 SBS。同样，在不具备 D2D 缓存能力的 HetCNets 中，分别在 SBS、MBS 和核心网络上进行内容搜索。如果这些实体中的任何一个缓存了内容，请求就不会被转移到上层，缓存节点将发送请求的内容。支持 D2D 缓存 HetCNets 的内容缓存框架如图 4-2 所示。将内容缓存在距离用户更近的 SBS 可以显著减少回程链路的业务负载，缓解网络拥塞，提高网络数据速率，减少内容交付时延。

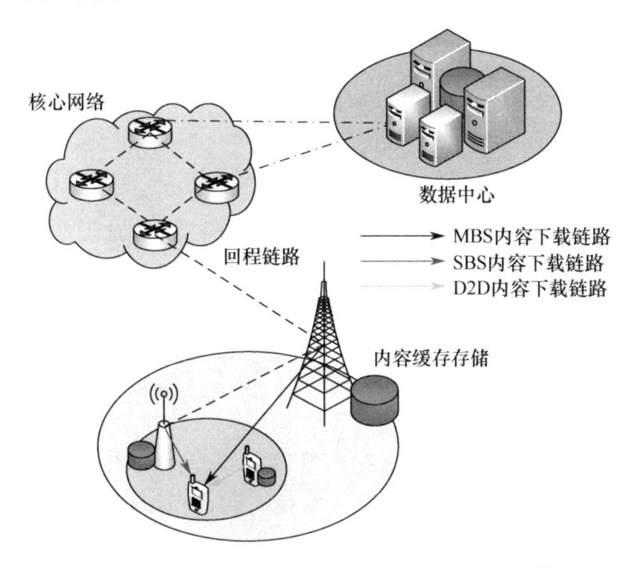

图 4-2 支持 D2D 缓存 HetCNet 的内容缓存框架

4.1 引言

近年来，互联网流量猛增，视频会议、视频点播、在线游戏和在线交易等新兴应用日益流行，其中高分辨率视频的流媒体需要非常高的数据速率和低时延[1]。此外，移动数据流量的急剧增长和对无线通信的巨大需求，引发了能源消耗和温室气体排放的急剧上升。因此，为了建设生态友好型无线通信系统，促进可持续发展，将绿色和可持续技术融入 5G 无线网络可以显著节约能源。内容缓存可以在本地服务用户请求，通常能够降低无线接入网络中繁重的通信负载和端到端时延，以支持许多关键的物联网服务和应用，它被认为是一种能够解决互联网流量显著增长带来的挑战的技术。因此，支持缓存的网络和内容缓存等技术被用来减少无线网络中的内容交付时间和交通拥塞[2]。尽管引入内容缓存是为了实现更快的内容传输，但它在减少能源需求方面同样也表现出了巨大的潜力。最近有许多研究报告称，在配备了缓存的网络中，内容缓存有助于降低能源成本。这是因为缩短内容传输距离既减少了内容传输能源消耗，也减少了网络资源的利用。

在启用缓存的 HetCNets 中，由于 MBS 和 SBS 都有很大的缓存空间，所以用户可以直接从最近的 SBS 或 MBS 中获取请求的文件。在启用缓存的 HetCNets 中有两种拓扑：一种是网格拓扑，其中 MBS 通常位于每个单元的中心，一些 SBS 也部署在单元内部；另一种是随机的空间拓扑，MBS 和 SBS 随机部署在每个单元中。

近年来，随机几何作为一种统计建模工具，被广泛用于分析和设计蜂窝网络中的缓存技术。该模型假设一个随机拓扑由一个随机过程决定，如广泛使用的泊松点过程（Poisson Point Process，PPP）和泊松簇过程（Poisson Cluster Process，PCP）。根据所选泊松过程的特性，可以推导出高速缓存无线通信网络的中断概率和覆盖概率的理论表达式[3]。因此，利用统计信息为大量用户实现良好的性能是至关重要的。

综上所述，本章针对文件传输给回程链路带来的高时延压力，以及密集部署 SBS 将消耗更多能源的问题，建立了时延–能耗优化问题。首先，提出了一种由功率控制、用户关联和内容缓存联合执行的机制；其次，利用广义 Benders 分解（Generalized Benders Decomposition，GBD）方法进一步分解优化问题，其中，首要问题利用功率感知的用户关联来动态地连接到不同的 BS，主要问题则采用最优内容缓存策略，根据用户请求的文件内容流行度，将文件分别放置在不同的 SBS 上；最终，提出了一种迭代功率感知的用户关联和内容缓存（Power-Aware User Association and Content Caching，PAUA-CC）算法，在满足用户最小通信速率的前提下，在文件传输时延和能耗之间实现了最佳权衡。

4.2 系统模型

本节考虑两层的支持缓存的 HetCNets 下行链路，其中分别包含了 MBS 和 SBS，如图 4-3 所示。MBS 通过光纤直接连接到核心网络，核心网络当中的文件服务器能够存储所有文件，所有被请求的文件也均可以在文件服务器中获取。而 SBS 则通过光纤链路连接到 MBS[4]，再通过无线链路覆盖且服务大量的小蜂窝用户（Small cellular User，SU）。

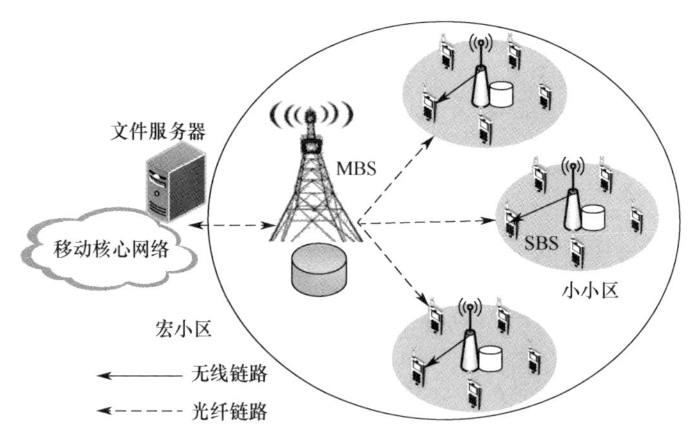

图 4-3　支持缓存的 HetCNets 下行链路

4.2.1　无线通信模型

在实际场景中，通信效率不可避免地受到地理和人为因素的影响，这将导致在热点集中的特定范围内移动设备易形成集群。因此，任意部署 BS，或者使用 PPP 均不能反映真实场景中用户的聚类特征[5]。因而，假设已知系统所有的信道状态信息的 MBS 位于半径为 R 的小区中心。根据用户的聚簇特性，采用 Thomas 簇过程对 SBS 及用户进行建模。SBS 作为父节点（即簇中心），其位置建模为密度 λ_s 的 PPP，记为 $\Phi_s=\{x_1,x_2,\cdots\}$。给定一个父节点过程 $x_s \in \Phi_s$，用户作为子节点（即簇成员）独立同分布地围绕父节点，并服从方差为 σ^2 的正态分布。所有用户的集合构成了 PCP[6,7]，表示为 $\Phi_u=\bigcup\limits_{x_s\in\Phi_s} N_s+x_s$，其中 N_s 表示一组独立于父节点的独立同分布点集。因此，用户的个数是一个泊松分布的随机变量，记为 $\mathcal{U}=\{1,2,\cdots,U\}$。$F=\{f_0,f_1,f_2,\cdots,f_s\}$, $1\leqslant s\leqslant\mathcal{S}$ 表示所有 BS 的集合，其中 f_0 表示 MBS，f_s 表示第 s 个 SBS，且 SBS 的数量 $\mathcal{S}$ 期望为 $E[\mathcal{S}]=\lambda_s\pi R^2$。

假设在若干个数据传输时隙内的无线传输信道状况保持不变，但不同时隙间的信道衰落系数独立同分布。在不失一般性的前提下，当基站工作时，一些 SBS 使用相同的频谱资源同时传输数据[8]。因此，若 BS 在重叠的频带上运行，在用户关联到 SBS 的通信过程中将考虑来自邻近 SBS 的小区间干扰、来自同一 SBS 内共享相同信道资源的其他用户的小区内干扰，以及来自 MBS 的跨层干扰。

假设系统中的所有 SBS 都在积极传输，所有的用户都同时活跃。典型用户 u_i 从服务 SBS 中请求文件，服务 SBS 记为典型 SBS f_s，其他活跃的非典型用户记为 $u_{i'}$，其他活跃的 SBS 记为干扰 SBS $f_{s'}$。用户 u_i 从 SBS f_s 处、MBS 得到所需内容文件时的接收信号分别为

$$\gamma_{i,s} = p_s \left|h_{s,i}\right|^2 d_{s,i}^{-\alpha} + p_m \left|h_{m,i}\right|^2 d_{m,i}^{-\alpha} + \sum_{s' \neq s}^{S} p_{s'} \left|h_{s',i}\right|^2 d_{s',i}^{-\alpha} + \sum_{i' \neq i}^{U} p_s \left|h_{s,i'}\right|^2 d_{s,i'}^{-\alpha} + N_0 \quad (4\text{-}1)$$

$$\gamma_{i,m} = p_m \left|h_{m,i}\right|^2 d_{m,i}^{-\alpha} + \sum_{s=1}^{S} p_s \left|h_{s,i}\right|^2 d_{s,i}^{-\alpha} + N_0 \quad (4\text{-}2)$$

式中，p_m、$p_{s'}$ 和 p_s 分别表示 MBS、其他干扰 SBS $f_{s'}$ 及 f_s 在同一时间内发送给多个用户的传输功率；$\left|h_{s,i}\right|^2 d_{s,i}^{-\alpha}$ 表示 f_s 与用户 u_i 之间的信道增益，它包括小规模瑞利衰落系数 $h_{s,i}$ 和路径损耗 $d_{s,i}^{-\alpha}$；以此类推，下标 m、s、s'、i 和 i' 分别代表 MBS f_0、典型 SBS f_s、干扰 SBS $f_{s'}$、典型用户 u_i 和非典型用户 $u_{i'}$；N_0 是噪声功率。

综上所述，用户 u_i 连接到 SBS 进行文件请求时 SINR 为

$$\gamma_{i,s} = \frac{p_s \left|h_{s,i}\right|^2 d_{s,i}^{-\alpha}}{N_0 + p_m \left|h_{m,i}\right|^2 d_{m,i}^{-\alpha} + \sum_{s' \neq s}^{S} p_{s'} \left|h_{s',i}\right|^2 d_{s',i}^{-\alpha} + \sum_{i' \neq i}^{U} p_s \left|h_{s,i'}\right|^2 d_{s,i'}^{-\alpha}} \quad (4\text{-}3)$$

式中，$I_{m,i} = p_m \left|h_{m,i}\right|^2 d_{m,i}^{-\alpha}$、$I_{s',i} = \sum_{s' \neq s}^{S} p_{s'} \left|h_{s',i}\right|^2 d_{s',i}^{-\alpha}$ 和 $I_{s,i'} = \sum_{i' \neq i}^{U} p_s \left|h_{s,i'}\right|^2 d_{s,i'}^{-\alpha}$ 分别表示来自 MBS 的跨层干扰、邻近 SBS 的小区间干扰和同一 SBS 内共享相同信道资源的其他用户的小区内干扰。

同样，若用户由 MBS 服务，则 SINR 由下式给出

$$\gamma_{i,m} = \frac{p_m \left|h_{m,i}\right|^2 d_{m,i}^{-\alpha}}{N_0 + \sum_{s=1}^{S} p_s \left|h_{s,i}\right|^2 d_{s,i}^{-\alpha}} \quad (4\text{-}4)$$

式中，$I_{s,i} = \sum_{s=1}^{S} p_s \left|h_{s,i}\right|^2 d_{s,i}^{-\alpha}$ 表示由 SBS 带来的跨层干扰。

根据所提出的传输模型，$r_{i,s}$ 和 $r_{i,m}$ 分别表示用户 u_i 来自 SBS 和 MBS 的下行数据速率。因此，$r_{i,s}$ 和 $r_{i,m}$ 分别计算为 $r_{i,s} = W\log_2(1+\gamma_{i,s})$，$r_{i,m} = W\log_2(1+\gamma_{i,m})$。

4.2.2　内容缓存模型

在具备缓存的 HetCNets 中，用户从请求文件到获得所需文件的过程涉及两个阶段，即文件缓存阶段和文件传输阶段。在文件缓存阶段，如何将核心网络中文件服务器里的文件内容合理地部署到每个 BS 中，即内容缓存。在文件传输阶段，用户需要从 BS 或本地设备获取所需文件，也就是 BS 或本地设备如何通过用户关联与功率控制等策略实现用户所需文件的有效传输，即用户关联与功率控制。然而在实际场景下，视频流行度分布的变化要远远慢于无线信道衰落的变化[9]。考虑两个阶段在时间跨度的差异，通过在网络低峰期预先缓存流行文件来避免由于高峰期潜在的回程链路瓶颈。

内容文件由集合 $\mathcal{F} = \{F_1, F_2, \cdots, F_V\}$ 索引，F_v 表示第 v 个内容文件，$1 \leqslant v \leqslant V$，$F_v$ 的大小由 S_v 表示。同时，这些内容文件按流行程度降序排列，而所请求文件的流行程度分布建模为 Zipf 分布，并假设在所有 BS 中的分布都相同。因此，用户请求内容文件的概率 $f_v = \dfrac{\frac{1}{v^{\varphi}}}{\sum_{v'=1}^{V} \frac{1}{v'^{\varphi}}}$，$1 \leqslant v \leqslant V$，$\varphi$ 是用来控制视频文件受欢迎程度分布的参数。在 HetCNets 中，假设 MBS 内存足够大，可缓存所有文件；而 SBS 只可缓存部分请求文件。假设每个 SBS 的缓存容量为 C_s，其中 $C_s \ll V$，这意味着由于缓存容量的限制，SBS 无法缓存所有文件。因此，内容缓存策略的优化对于系统性能至关重要，它会决定哪些文件缓存在哪个 SBS 中。

根据上述分析，如果用户请求的文件由在服务区域中的 SBS 缓存，则将根据提出的功率感知的用户关联策略从 SBS 中获得该文件；如果 SBS 没有缓存用户所请求的文件，则用户可以从 MBS 或远程文件服务器中获得所需文件。由于 BS 在文件传输过程中会消耗大量能源，因此有必要尽可能地确保文件传输成功以减少能源消耗。

4.3　问题形成

在本节中，首先分析支持缓存的 HetCNets 场景下的文件传输时延和能源消耗（能耗），然后推导内容传输成功概率以获得 SBS 的最佳传输范围。时延与能源消耗的优化问题形成过程如下。

4.3.1 时延与能耗分析

假设在一个文件传输周期 T （如 $T=24\text{h}$ ）内，每个用户只能关联到一个 SBS，但一个 SBS 可以同时为多个用户传输其所需的文件。T_{delay} 表示内容请求者通过关联到 SBS 产生的文件传输时延；$x_{i,s}^{\text{SBS}}\in\{0,1\}$ 为是否关联到 SBS 的二进制变量，$x_{i,s}^{\text{SBS}}=1$ 表示内容请求者关联到 SBS，否则 $x_{i,s}^{\text{SBS}}=0$。因此，当用户 u_i 从 f_s 请求内容时，T_{delay} 可以由下式给出。

$$T_{\text{delay}}=\sum_{s=1}^{S}\sum_{v=1}^{V}f_v x_{i,s}^{\text{SBS}}T_s \tag{4-5}$$

式中，T_s 是用户 u_i 关联到 f_s 的文件传输时延，由无线传输时延 $T_{i,s}^{\text{trans}}$ 、回程链路时延 T_m^{bh} 及排队等待时延 T_m^{que} 构成。T_m^{bh} 是一个服从指数分布的随机变量[10]，$T_m^{\text{que}}=\dfrac{1}{\mu-\lambda}$，$\mu$ 和 λ 分别表示服务速率和到达速率[11]。因此，T_s 由下式给出。

$$T_s=T_{i,s}^{\text{trans}}+(1-y_{v,s}^{\text{SBS}})(T_{s,m}^{\text{trans}}+T_m^{\text{bh}}+T_m^{\text{que}}) \tag{4-6}$$

式中，$y_{v,s}^{\text{SBS}}$ 是内容缓存的二进制变量，即如果内容文件 F_v 被 SBS 缓存，那么 $y_{v,s}^{\text{SBS}}=1$，否则 $y_{v,s}^{\text{SBS}}=0$；$T_{i,s}^{\text{trans}}=\dfrac{S_v}{r_{i,s}}$ 是用户 u_i 从 f_s 获取文件 F_v 时的无线传输时延；$T_{s,m}^{\text{trans}}=\dfrac{S_v}{r_{i,m}}$ 是用户 u_i 从 f_0 获取文件 F_v 的无线传输时延。

因此，优化问题的目标之一是最大限度地减少用户 u_i 关联到所有可能 SBS 产生的文件传输时延，由下式给出。

$$\min\ T_{\text{delay}}=\sum_{s=1}^{S}\sum_{v=1}^{V}f_v x_{i,s}^{\text{SBS}}(T_{i,s}^{\text{trans}}+(1-y_{v,s}^{\text{SBS}})(T_{s,m}^{\text{trans}}+T_m^{\text{bh}}+T_m^{\text{que}})) \tag{4-7}$$

优化问题的另一个目标就是最大限度地减少所有用户在 f_s 处消耗的能源，一般情况下，由于 SBS 的静态运行成本非常低，静态能源消耗对于整体能源消耗没有影响[12]，因此只考虑 SBS 传输数据时所产生的发送能源消耗，即 $p_s x_{i,s}^{\text{SBS}}$ （J/bit）。数据传输产生的能源消耗主要取决于功率和内容传输时长，因此总能源消耗的表达式由下式给出。

$$\min\ E_{\mathrm{con}} = \sum_{u=1}^{\mathcal{U}} p_s x_{i,s}^{\mathrm{SBS}} T_{i,s}^{\mathrm{trans}} \tag{4-8}$$

4.3.2 时延与能耗的最优折中

由于联合优化文件传输时延和能耗是一个多目标优化问题，所以采用基于时延与能耗加权总和的效用函数[13]，在满足内容成功传输的约束下，形成一个关于所有用户关联到所有 SBS 可能产生的时延与能耗优化问题，表达式如下。

$$\begin{cases} \mathrm{P1}: & \min\limits_{x,y,p}\ F(x,y,p) = \alpha\sum\limits_{s=1}^{S} E_{\mathrm{con}} + (1-\alpha)\sum\limits_{u=1}^{\mathcal{U}} T_{\mathrm{delay}} \\ \mathrm{s.t.} & C_1:\ \gamma_{i,s} > \gamma_{\mathrm{th}}, \quad \forall i \in \mathcal{U},\ \forall s \in \mathcal{S} \\ & C_2:\ \sum\limits_{s=1}^{S} x_{i,s}^{\mathrm{SBS}} r_{i,s} \geqslant R_{\mathrm{th}}, \quad \forall i \in \mathcal{U} \\ & C_3:\ 0 < \sum\limits_{s=1}^{S} p_s x_{i,s}^{\mathrm{SBS}} \leqslant P_s^{\max}, \quad \forall i \in \mathcal{U} \\ & C_4:\ \sum\limits_{s=1}^{S} x_{i,s}^{\mathrm{SBS}} = 1,\ x_{i,s}^{\mathrm{SBS}} \in \{0,1\}, \quad \forall i \in \mathcal{U} \\ & C_5:\ y_{v,s}^{\mathrm{SBS}} \in \{0,1\}, \quad \forall v \in V,\ \forall s \in \mathcal{S} \\ & C_6:\ \sum\limits_{v=1}^{V} y_{v,s}^{\mathrm{SBS}} S_v \leqslant C_s, \quad \forall s \in \mathcal{S} \end{cases} \tag{4-9}$$

式中，$\alpha \in [0,1]$ 代表不同的加权因子。当 α 较大时，表示文件传输时延会增加，同时能耗会降低。相反，当 α 较小时，以能耗为代价的同时将减少文件传输时延。γ_{th} 是 SBS 的 SINR 阈值。约束 C_1 满足内容成功传输时可以获得最佳传输范围来研究优化问题的要求。同时，C_2 保证了视频文件传输时 QoS 所需的速率阈值 R_{th}。C_3 表示 SBS 可以提供给所有用户的总发射功率不能超过每个 SBS 的最大可用功率 $P_s^{\max}$。C_4 表示每个用户最多可以通过一种关联模式来获取所需内容文件。每个关联模式都是一个二进制变量。C_5 表示每个内容缓存策略也是一个二进制变量。C_6 说明预存储在 SBS f_s 中的内容容量不得超过其本身最大缓存存储量 C_s。

综上所述，时延与能耗的权衡问题是一个具有三个耦合变量的混合整数规划问题（Mixed Integer Programming，MIP），即离散型用户关联变量和内容缓存变量，以及连续型功率分配，其最优解难以直接求出。一般来说，该优化问题也是 NP 困难的，引理 4-1 给出证明。

引理 4-1：优化问题 P1 是 NP 困难的。

证明：根据文献[11]，考虑一种特殊情况，即每个 SBS 都可以缓存所有内容：$y_{v,s}^{\text{SBS}}=1$。同时，用于 SBS f_s 中存储的内容的最小缓存存储不能超过平均缓存存储约束：C_s/V，并且传输成功概率的阈值也可以被限制为零，即 $\gamma_{\text{th}}=0$。类似地，SBS 的平均发射功率都在约束条件 C_3 下。因此，去除约束 $C_1\sim C_3$ 和 $C_5\sim C_6$，可以用 C_4 简化原始优化问题的约束。简化的优化问题是经典的分配问题，已在文献[14]中证明是 NP 困难问题。由于该问题是原始问题 P1 的特例，因此原始优化问题更加复杂，由此原始优化问题也是 NP 困难的，证明完毕。

为了保证文件的 QoS 要求，首先求出内容成功传输的概率，其次将优化问题转换成对等的子问题对，并用 GBD 分解。通过将原始问题分解成两个较小的问题并迭代优化两个子问题，GBD 是解决 MIP 问题有效而强大的方法[15]。

内容成功传输概率被定义为：当接收方的 SINR 超过 SINR 阈值时，用户的接收方可以成功解码的概率。为了简化分析，我们将重点放在干扰上，因为在人口稠密的城市场景中，它是影响用户性能的主要因素。

使用 SBS 传输模式时内容成功传输概率可以表示为

$$\begin{aligned}P_{\text{succ}}^{i,s}&=E[P\{\gamma_{i,s}>\gamma_{\text{th}}\}]\\&=\int_0^{R_s}P\left\{\frac{p_s\left|h_{s,i}\right|^2d_{s,i}^{-\alpha}}{I_{m,i}+I_{s',i}+I_{s,i'}}>\gamma_{\text{th}}\right\}f_A(r)\,\mathrm{d}r\\&=\int_0^{R_s}\mathcal{L}_{I_{m,i}}(z)\mathcal{L}_{s',i}(z)\mathcal{L}_{I_{s,i'}}(z)f_A(r)\mathrm{d}r\end{aligned}\tag{4-10}$$

式中，$z=\dfrac{\gamma_{\text{th}}d_{s,i}^{\alpha}}{p_s}$；$\mathcal{L}_{I_{m,i}}(z)$、$\mathcal{L}_{s',i}(z)$ 和 $\mathcal{L}_{I_{s,i'}}(z)$ 分别表示 $I_{m,i}$、$I_{s',i}$ 和 $I_{s,i'}$ 的拉普拉斯变换。

根据所提模型中用户与 SBS 之间的距离关系，可以得到 $f_A(r)=\dfrac{r}{2\sigma_a^2}\exp\left(-\dfrac{r^2}{4\sigma_a^2}\right)$，$r>0$。

所有干扰的拉普拉斯变换由下式计算

$$\begin{aligned}\mathcal{L}_{I_{s,i}}(z) &= \mathcal{L}_{I_{m,i}}(z)\mathcal{L}_{s',i}(z)\mathcal{L}_{s,i'}(z)\\ &= \frac{1}{1+zp_m d_{m,i}^{-\alpha}}\cdot\exp\left(-\pi\left(\frac{\bar{m}-1}{4\pi\sigma_a^2}+\lambda_s\bar{m}\right)(zp_s)^{2/\alpha}\frac{2\pi/\alpha}{\sin(2\pi/\alpha)}\right)\end{aligned} \tag{4-11}$$

当 α=4 时，内容成功传输概率由下式给出

$$P_{\text{succ}}^{i,s}=\frac{1}{2\sigma_a^2}\int_0^{R_s}\frac{p_s d_{m,i}^4}{p_s d_{m,i}^4+\gamma_{\text{th}}r^4 p_m}\cdot\exp(-Ar^2)r\text{d}r \tag{4-12}$$

式中，$A=\left(\frac{\bar{m}-1}{4\pi\sigma_a^2}+\lambda_s\bar{m}\right)(\gamma_{\text{th}})^{\frac{1}{2}}\frac{\pi^2}{2}+\frac{1}{4\sigma_a^2}$。

4.4　联合功率感知的用户关联与内容缓存方案

在本节中，通过 GBD 分解优化问题，其中首要问题 $F_1(x,p)$ 与功率感知的用户关联有关，而主要问题 $F_2(y)$ 与内容缓存有关。利用拉格朗日对偶方法来获得最佳的功率控制解决方案，并提出了功率感知的用户关联来关联适当的 BS 进行文件传输，再将内容缓存分别放置不同的 SBS 中，形成最优缓存策略，从而降低了能耗和传输时延。

4.4.1　功率感知的用户关联

根据 GBD，可以从原始问题 P1 得出功率感知的用户关联问题为

$$\begin{cases}\text{P2:}\quad F_1(x,p)=\alpha\sum_{s=1}^{S}\sum_{i=1}^{U}p_s x_{i,s}^{\text{SBS}}T_{i,s}^{\text{trans}}+(1-\alpha)\sum_{i=1}^{U}\sum_{s=1}^{S}\sum_{v=1}^{V}f_v x_{i,s}^{\text{SBS}}T_{i,s}^{\text{trans}}\\ \text{s.t.}\quad C_2:\quad \sum_{s=1}^{S}x_{i,s}^{\text{SBS}}r_{i,s}\geqslant R_{\text{th}},\quad \forall i\in\mathcal{U}\\ \qquad C_3:\quad 0<\sum_{s=1}^{S}p_s x_{i,s}^{\text{SBS}}\leqslant P_s^{\max},\quad \forall i\in\mathcal{U}\\ \qquad C_4:\quad \sum_{s=1}^{S}x_{i,s}^{\text{SBS}}=1,\ x_{i,s}^{\text{SBS}}\in\{0,1\},\quad \forall i\in\mathcal{U}\end{cases} \tag{4-13}$$

由于$T_{i,s}^{\text{trans}}$的非凸性以及用户关联的不连续性，优化问题 P2 利用用户关联变量$x_{i,s}^{\text{SBS}}$放松转化为凸问题，也就是使用近似放松方法将$x_{i,s}^{\text{SBS}}$放松为[0,1]范围内的连续变量[16,17]。因此，SBS 的发射功率表示为$\tilde{p}_s = p_s x_{i,s}^{\text{SBS}}$。利用下界$\alpha\log_2\gamma + \beta \leqslant \log_2(1+\gamma)$，当常数满足$\alpha = \dfrac{\gamma_0}{1+\gamma_0}$和$b = \log_2(1+\gamma_0) - \alpha\log_2\gamma_0$时，在$\gamma = \gamma_0$处可得到严格的结果。基于以上近似值，$r_{i,s}$和$\gamma_{i,s}$分别可以重写为

$$\tilde{r}_{i,s} = W(\alpha_{i,s}\log_2(\tilde{\gamma}_{i,s}) + \beta_{i,s}) \tag{4-14}$$

$$\tilde{\gamma}_{i,s} = \frac{\tilde{p}_s \left|h_{s,i}\right|^2 d_{s,i}^{-\alpha}}{I_{m,i} + \sum\limits_{i'\neq i}^{\mathcal{U}}\sum\limits_{s'\neq s}^{S} \tilde{p}_{s'}\left|h_{s',i'}\right|^2 d_{s',i'}^{-\alpha} + \sum\limits_{i'\neq i}^{\mathcal{U}} \tilde{p}_s \left|h_{s,i'}\right|^2 d_{s,i'}^{-\alpha}} \tag{4-15}$$

式中，$\alpha_{i,s} = \dfrac{\tilde{\gamma}_{i,s}}{1+\tilde{\gamma}_{i,s}}$；$\beta_{i,s} = \log_2(1+\tilde{\gamma}_{i,s}) - \alpha_{i,s}\log_2(\tilde{\gamma}_{i,s})$。

因此，问题 P2 又可以写为

$$\begin{cases} \text{P2}': F_1(x,\tilde{p}) = \alpha\sum\limits_{s=1}^{S}\sum\limits_{i=1}^{\mathcal{U}} \tilde{p}_s \tilde{T}_{i,s}^{\text{trans}} + (1-\alpha)\sum\limits_{i=1}^{\mathcal{U}}\sum\limits_{s=1}^{S}\sum\limits_{v=1}^{V} f_v x_{i,s}^{\text{SBS}} \tilde{T}_{i,s}^{\text{trans}} \\ \text{s.t.} \quad C_2': \quad \sum\limits_{s=1}^{S} x_{i,s}^{\text{SBS}} \tilde{r}_{i,s} \geqslant R_{\text{th}}, \quad \forall i \in \mathcal{U} \\ \qquad C_3: \quad 0 < \sum\limits_{s=1}^{S} \tilde{p}_s \leqslant P_s^{\max}, \quad \forall i \in \mathcal{U} \\ \qquad C_4: \quad \sum\limits_{s=1}^{S} x_{i,s}^{\text{SBS}} = 1, \ 0 \leqslant x_{i,s}^{\text{SBS}} \leqslant 1, \quad \forall i \in \mathcal{U} \end{cases} \tag{4-16}$$

从问题 P2′ 中可以看出，等式约束都是仿射的，而不等式约束是凸的。因此，P2′ 是一个凸优化问题，可以使用拉格朗日对偶方法有效解决[17]。

问题 P2′ 的拉格朗日函数由下式给出。

$$\begin{aligned} &L(x,\tilde{p},\chi,\eta,\beta,\gamma) \\ &= \alpha\sum_{s=1}^{S}\sum_{i=1}^{\mathcal{U}} \tilde{p}_s \tilde{T}_{i,s}^{\text{trans}} + (1-\alpha)\sum_{i=1}^{\mathcal{U}}\sum_{s=1}^{S}\sum_{v=1}^{V} f_v x_{i,s}^{\text{SBS}} \tilde{T}_{i,s}^{\text{trans}} - \chi(R_{\text{th}} - \sum_{s=1}^{S} x_{i,s}^{\text{SBS}} r_{i,s}) - \\ &\quad \eta(\sum_{s=1}^{S}\tilde{p}_s - P_s^{\max}) - \beta\sum_{s=1}^{S}\tilde{p}_s - \gamma(\sum_{s=1}^{S} x_{i,s}^{\text{SBS}} - 1) \end{aligned} \tag{4-17}$$

式中，χ、η、β 和 γ 都是拉格朗日乘子。并且，$\tilde{T}_{i,s}^{\text{trans}}=\dfrac{s}{W\log_2(1+\tilde{\gamma}_{i,s})}$，

$$\tilde{\gamma}_{i,s}=\frac{\tilde{p}_s\left|h_{s,i}\right|^2 d_{s,i}^{-\alpha}}{I_{m,i}+\sum\limits_{i'\neq i}^{U}\sum\limits_{s'\neq s}^{S}\tilde{p}_{s'}\left|h_{s',i}\right|^2 d_{s',i}^{-\alpha}+\sum\limits_{i'\neq i}^{U}\tilde{p}_s\left|h_{s,i}\right|d_{s,i}^{-\alpha}}$$ 。

对偶优化问题为

$$\begin{aligned}&\max_{\chi,\eta,\lambda,\gamma}\ g(\chi,\eta,\lambda,\gamma)=\max_{\chi,\eta,\lambda,\gamma}\ \min_{x,p}\ L(x,\tilde{p},\chi,\eta,\beta,\gamma)\\&\text{s.t.}\quad \chi\geqslant 0,\eta\geqslant 0,\beta\geqslant 0,\gamma\geqslant 0\end{aligned}\tag{4-18}$$

可以看出，所有约束条件都与对偶变量耦合在一起。因此，根据 KKT 条件，重新定义 p_s^* 为最佳功率分配，p_s^* 由下式给出

$$p_s^*=\frac{s\alpha_{i,s}(\alpha-1)f_i}{\alpha s[(\alpha_{i,s}\log_2(\tilde{\gamma}_{i,s})+\beta_{i,s})]\ln 2+\alpha s\alpha_{i,s}+(\eta+\lambda)w[(\alpha_{i,s}\log_2(\tilde{\gamma}_{i,s})+\beta_{i,s})]^2\ln 2}\tag{4-19}$$

将式（4-19）代入式（4-17），得到

$$L(x,p_s^*,\chi,\eta,\beta,\gamma)=\min_{\boldsymbol{x}}\ \{x_{i,s}^{\text{SBS}}H_{i,s}\}\tag{4-20}$$

其中

$$\begin{aligned}H_{i,s}=&\alpha\sum_{s=1}^{S}\sum_{i=1}^{U}p_s^*\tilde{T}_{i,s}^{\text{trans}}+(1-\alpha)\sum_{i=1}^{U}\sum_{s=1}^{S}\sum_{v=1}^{V}f_v\tilde{T}_{i,s}^{\text{trans}}+\chi(R_{\text{th}}-\sum_{s=1}^{S}r_{i,s})+\\&\eta(\sum_{s=1}^{S}p_s^*-P_s^{\max})+\beta\sum_{s=1}^{S}p_s^*-\gamma\end{aligned}\tag{4-21}$$

因此，功率感知的用户关联为

$$x_{i,s}^{*\text{SBS}}=\begin{cases}1, & (i^*,s^*)=\underset{i,s}{\operatorname{argmin}}\ H_{i,s}\\0, & \text{其他}\end{cases}\tag{4-22}$$

使用次梯度法分别更新对偶变量 χ、η、β 和 γ

$$\chi(t+1)=[\chi(t)-\theta_1^{(t)}(R_{\text{th}}-\sum_{s=1}^{S}x_{i,s}^{\text{SBS}}r_{i,s})]^+\tag{4-23}$$

$$\eta(t+1)=[\eta(t)-\theta_2^{(t)}(\sum_{s=1}^{S}\tilde{p}_s-P_s^{\max})]^+\tag{4-24}$$

$$\beta(t+1)=[\beta(t)-\theta_3^{(t)}\sum_{s=1}^{S}\tilde{p}_s]^+ \tag{4-25}$$

$$\gamma(t+1)=[\gamma(t)-\theta_4^{(t)}(\sum_{s=1}^{S}x_{i,s}^{\mathrm{SBS}}-1)]^+ \tag{4-26}$$

式中，$\theta_1^{(t)}$、$\theta_2^{(t)}$、$\theta_3^{(t)}$和$\theta_4^{(t)}$是迭代步长，可以确保所提出的算法是收敛的。此外，对偶问题的解是原始问题的下限，因此，最优解x、p和对偶解χ、η、β、γ将用于形成主要问题P3。

综上所述，得到功率感知的用户关联策略，首先每个用户通过广播消息接收所有 SBS 的信道消息，由式（4-19）得到最佳的功率分配方法；在满足用户接收功率的约束下，根据最小能耗的原则，用户将关联带有最小发送功率的SBS，否则用户将从 MBS 处获取所需内容文件。功率感知的用户关联算法的具体过程如算法 4-1 所示。

算法 4-1　功率感知的用户关联算法

步骤 1　最大迭代次数$T_{\max}$，初始化迭代次数$t=1$，最大误差w

步骤 2　每个用户通过广播消息接收所有 SBS 的信道消息

步骤 3　初始化用户关联x，内容缓存y并计算$F_1(x,p)$

步骤 4　while　$F_1^{(t)}(x,p)-F_1^{(t-1)}(x,p)<w$，$t\leqslant T_{\max}$　do

步骤 5　　初始化功率$\tilde{p}_s=p_s x_{i,s}^{\mathrm{sbs}}$，拉格朗日乘子$\chi$、$\eta$、$\beta$和$\gamma$

步骤 6　　for　$s=1:S$　do

步骤 7　　　for　$u_i=1:U$　do

步骤 8　　　　根据式（4-19）和式（4-22）分别更新功率及功率感知的用户关联

步骤 9　　根据式（4-23）、式（4-24）、式（4-25）和式（4-26）更新拉格朗日乘子

步骤 10　　　end for

步骤 11　end for

步骤 12　迭代次数$t=t+1$

步骤 13 直到获得最优功率感知的用户关联

步骤 14 end while

4.4.2 最佳内容缓存策略

根据文献[15]和文献[16]，利用问题 P2 的解构造主要问题的约束条件。引入了一个辅助变量 ϕ，即 $L(x,p_s^*,\chi,\eta,\beta,\gamma)$ 的最大值。注意，我们只考虑问题 P1 是可行的情况[16]。因此，ϕ 为原问题 P1 提供了最优目标值的下界。给定功率感知的用户关联策略，可以得到从问题 P1 分解的内容缓存问题，即

$$\begin{cases} \text{P3:} \quad F_2(y)=(1-\alpha)\sum_{i=1}^{U}\sum_{s=1}^{S}\sum_{i=1}^{V} f_i x_{i,s}^{\text{SBS}}(1-y_{v,s}^{\text{SBS}})(T_{s,m}^{\text{trans}}+T_m^{\text{bh}}+T_m^{\text{que}}) \\ \text{s.t.} \quad C_5: \ y_{v,s}^{\text{SBS}} \in \{0,1\} \qquad \forall v \in V, \ \forall s \in \mathcal{S} \\ \qquad C_6: \ \sum_{v=1}^{V} y_{v,s}^{\text{SBS}} S_v \leqslant C_s, \quad \forall s \in \mathcal{S} \\ \qquad C_7: \ \phi \geqslant L(x,p_s^*,\chi,\eta,\beta,\gamma) \end{cases} \tag{4-27}$$

子问题 $F_2(y)$ 仅涉及内容缓存变量 y，该变量在各个 SBS 的每次迭代中都是独立的，并且可以进一步分解为一维背包问题。因此，利用有效的贪婪算法独立解决每个问题。对于 SBS，文件 F_v 放置的权值可以表示为

$$\tau_{s,v}=\frac{f_v S_v}{C_s} \tag{4-28}$$

为方便起见，$\tau_{s,v}$ 降序排列。此外，将 τ_{s,v_1} 定义为 $\tau_{s,v}$ 的最大权值，从而可以得到 $\tau_{s,v_1}>\tau_{s,v_2}>\cdots>\tau_{s,v_V}$，其中 v_j 表示内容文件的索引，$1\leqslant j\leqslant V$。

由于贪心算法适合解决 0-1 背包问题，所以将文件内容连续放置 SBS 中，直到所有内容文件都找到合适的 SBS 放置，或者 SBS 没有可用空间来存储内容文件。因此，可以获得内容缓存问题的最佳解决方案，即

$$y_{v,s}^{\text{SBS}}=\begin{cases}1, \ s\in[1,[C_s/S_v]] \\ 0, \ s\in\left([C_s/S_v],|\mathcal{F}|\right]\end{cases} \tag{4-29}$$

基于贪婪算法的内容缓存策略算法的具体过程如算法 4-2 所示。

算法 4-2　基于贪婪算法的内容缓存策略算法

步骤 1　输入文件大小 S_v，SBS 的缓存容量 C_s、$\tau_{s,v}$、f_v

步骤 2　初始化当前容量 $\overline{C_s} = C_s$，当前权值 $w_n = 0$，$v^* = v_1$

步骤 3　for　$j = 1:V$　do

步骤 4　　判断 $S_{v_j} > C_s$ 是否成立，如果成立就执行步骤 5；否则执行步骤 6

步骤 5　$y_{v_j,s}^{\text{SBS}} = 0$

步骤 6　$y_{v_j,s}^{\text{SBS}} = 1$，$\overline{C_s} = \overline{C_s} - S_{v_j}$，$w_n = w_n + \tau_{s,v_j} S_{v_j}$

步骤 7　判断 $\tau_{s,v_j} S_{v_j} > \tau_{s,v^*} S_{v^*}$ 是否成立，如果成立就执行步骤 8；否则执行步骤 10

步骤 8　$v^* = v_j$

步骤 9　end for

步骤 10 判断 $\tau_{s,v^*} S_{v^*} > w_n$，$S_{v^*} < C_s$ 是否成立，如果成立就执行步骤 11；否则结束循环

步骤 11　$y_{v,s}^{\text{SBS}} = 1$，$y_{v_j,s}^{\text{SBS}} = 0$，$1 \leqslant j \leqslant V$，$v_j \neq v^*$

步骤 12 输出最优内容缓存解 $y_{v,s}^{\text{SBS}}$

4.4.3　迭代功率感知的用户关联与内容缓存算法

通过解决子问题 P2 和 P3 分别获得 p、x 和 y 的解，当迭代执行联合功率感知的用户关联和内容缓存时，可以获得问题 P1 的最优解，也就是所提出目标函数的最优解。迭代功率感知的用户关联和内容缓存（PAUA-CC）算法的具体过程如算法 4-3 所示。迭代地重复上述过程，直到保证迭代 PAUA-CC 算法的收敛。

计算复杂度：迭代执行 PAUA-CC 算法来求解问题 P1，其中优化问题 P1 的计算复杂度是求解 P2 和 P3 的复杂度之和。根据算法 4-3 的步骤 5 到步骤

8，问题 P2 的最优解是通过具有功率感知的用户关联获得的，其计算复杂度为 $O(|U|\cdot|S|)$，其中 U 代表用户总数，S 是 SBS 的数量。由于主要问题 P3 由 $|S|$ 个一维背包问题组成，每个问题的复杂度为 $O(|U|)$，所以根据算法 4-3 的步骤 9 到步骤 14，算法 4-2 的计算复杂度为 $O(|S|\cdot|U|)$。因此，PAUA-CC 算法 4-3 的计算复杂度为 $O(|U|^2|S|^2)$。

算法 4-3　迭代功率感知的用户关联和内容缓存算法

步骤 1　最大迭代次数 $T_{\max}$，初始化迭代次数 $t=1$，最大误差 w

步骤 2　初始化功率控制 p，用户关联 x，内容缓存 y

步骤 3　while　$F_1^{(t)}(x,p)-F_1^{(t-1)}(x,p)<w$，$t\leqslant T_{\max}$　do

步骤 4　求解首要问题 P2，并找到 p 和 x 的最优解

步骤 5　判断 P2 是否有界，如果有界就执行步骤 6；否则执行步骤 7

步骤 6　根据算法 4-1 求解最优 p 和 x，更新功率感知的用户关联

步骤 7　计算 P2 的下界：$\mathrm{LB}=\phi+F_2(\boldsymbol{y})$

步骤 8　求解主要问题 P3，并找到 y 的最优解

步骤 9　添加约束条件：$\phi\geqslant L(x,p_s^*,\chi,\eta,\beta,\gamma)$

步骤 10 根据算法 4-2 求解最优 y，更新内容缓存策略

步骤 11 计算目标函数 P1，$F^{(t+1)}$，$t=t+1$

步骤 12 直到得到目标函数的最优解

步骤 13　end while

步骤 14 输出最优解 p^*、x^* 和 y^*

4.5　仿真结果与性能分析

本节提供数值模拟结果以评估所提出的 PAUA-CC 算法的性能。首先，提供详细的仿真参数；其次，数值模拟仿真验证传输成功概率找到最佳传输范围，以及所提出的 PAUA-CC 算法的收敛性和最优性；最后，分析不同参数对

时延与能源消耗（能耗）的影响，并在支持缓存的 HetCNets 场景下获得了所需的时延与能耗折中。

在支持缓存的 HetCNets 下行链路场景下，半径为 350 m 的 MBS 位于圆形区域中心，半径为 70 m 的 SBS 根据 PPP 以密度 λ_s=0.0001 分布在宏小区中。所有用户在以 SBS 为父节点的区域内服从方差 σ^2=0 的正态分布。内容文件库中视频文件的总数为 1000，其大小遵循 7～10 Mbit 间隔内的均匀分布，并且存储容量为 80 Mbit [12]。选择回程传输时延的平均范围为 $T_{\mathrm{MBS}}^{\mathrm{bh}}$=[0,3] [11]。每个用户从文件库中随机请求一些内容，其中内容的流行程度在一个时间段内遵循参数 β=0.56 的 Zipf 分布[11]。除另有说明外，数值模拟参数设置为：$p_m = 40\mathrm{W}$，$p_{s'} = 2\mathrm{W}$，$p_s = 2\mathrm{W}$，噪声功率为−174 dBm/Hz，路径损耗指数为−4[18]。场景中有 10 个 SBS，50 个用户，总带宽资源为 20 MHz，用户最小通信速率为 100 kbps。仿真结果是平均超过 10 000 个独立的基于蒙特卡罗自适应过程。

图 4-4（a）所示为 SBS 传输半径与内容成功传输概率。从图中可以看到，随着传输区域半径的增大，内容成功传输概率也随之增大。这是因为随着距离的增加，SBS 向用户传输文件的时间也会增加，因此内容成功传输概率也会相应增加。

图 4-4（b）所示为 SBS 密度与内容成功传输概率。在不同 SBS 密度下，根据不同 SINR 阈值变化内容成功传输概率。一方面，内容成功传输概率随着 SINR 阈值的增大而减小；另一方面，内容成功传输概率随着 SBS 密度的增加而增加。这是因为随着 SINR 阈值的增加，在文件传输过程中需要满足的 QoS 要求也会增加。如果功率控制不能适当执行，用户不能与适当的 BS 相关联，则内容成功传输概率会降低。同时，随着 SBS 密度的增加，请求用户将有更大的机会获得所需的文件并与适当的 SBS 关联，因此内容成功传输概率将增加。此外，可以看到理论分析和仿真曲线基本一致，这也验证了内容成功传输概率的理论分析。

图 4-5 所示为优化问题的最优值的迭代次数，以验证所提出的 PAUA-CC 算法的收敛性。从图中可以看到，所提出的 PAUA-CC 算法的最优值会在有限迭代次数的情况下逐渐收敛到穷举搜索算法得到的最优值。同时，从子图中可以看到，经过有限次迭代后，能源消耗也会收敛到最小值。这是因为我们提出的 PAUA-CC 算法能够有效地感知功率变化，从而针对不同的用户请求将其与不同的 BS 相关联。在这种情况下，调整所需的发射功率将减少能源消耗。

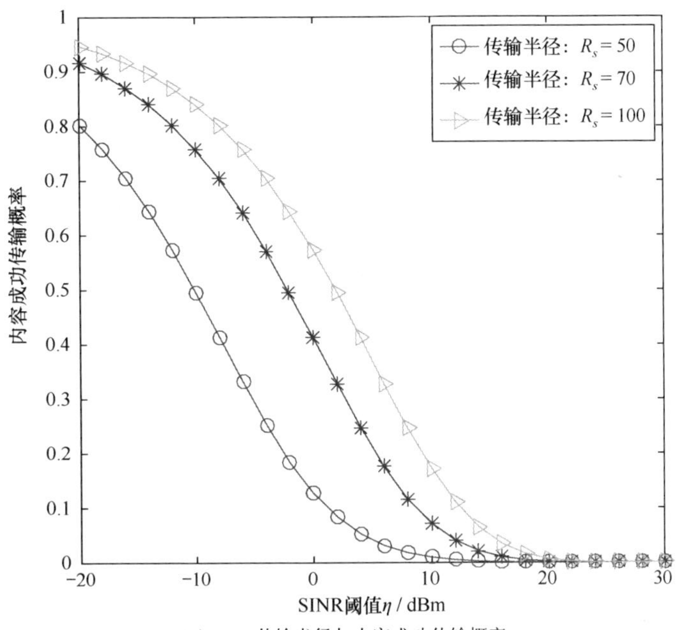

（a）SBS 传输半径与内容成功传输概率

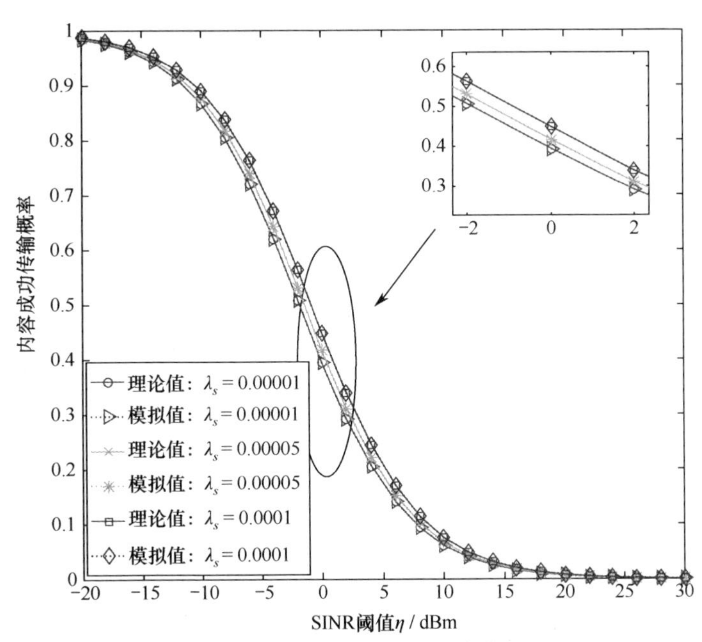

（b）SBS 密度与内容成功传输概率

图 4-4　内容成功传输概率

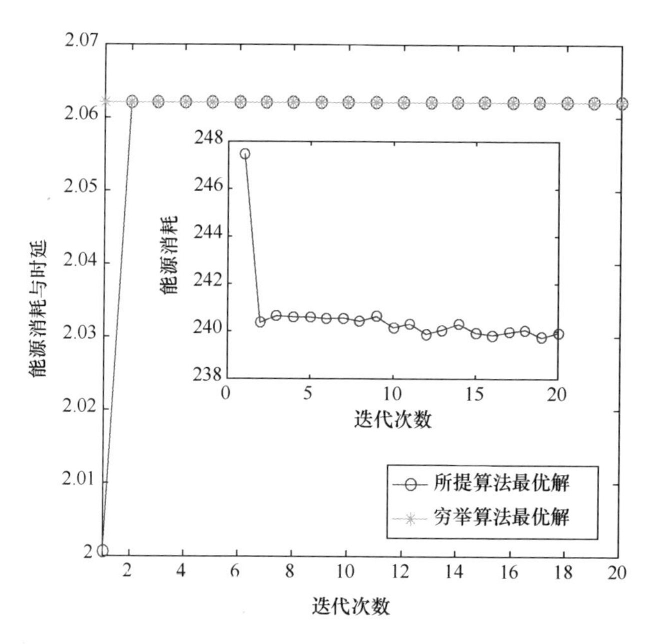

图 4-5　PAUA-CC 算法的收敛性

图 4-6 所示为不同缓存容量下的时延-能源权衡。当给定用户数目为 50 时，通过调整参数α得到在不同缓存容量下时延与能耗折中特性。当平均缓存容量足够大时，能耗和文件传输时延逐渐减小。这是因为只要有一个足够大的容量提供文件缓存，SBS 就有足够的缓存容量缓存大多数经常下载的文件；同时提出 PAUA-CC 算法可以感知功率变化，帮助用户适当地选择带有足够的缓存容量的 SBS 关联，可以节省大量的能耗和减小时延。

图 4-7 所示为不同用户数目下的时延-能源权衡。当给定缓存容量为 80 时，在不同用户数目的情况下时延与能耗折中。从图中可以看到，对于给定的用户数目，能耗呈下降趋势［见图 4-7（a)］，而文件传输时延则呈上升趋势［见图 4-7（b)］。当α增加时，不管文件请求如何，都有更多的用户被迫与邻近的 SBS 关联。同时，所提出的 PAUA-CC 算法可以帮助用户选择合适的 BS 关联，用户有更多机会关联更邻近的 SBS，从而实现更低的能耗。

为了证实和评估所提出的 PAUA-CC 算法的优点，图 4-8 和图 4-9 分别给出了四种不同方案在不同的平均缓存容量和 SBS 数目的情况下的性能比较，即 Max-SINR 用户关联和最受欢迎的缓存策略（MA-MC）[19]，所提出的 PAUA-CC 算法和最受欢迎的缓存策略（PAUA-MC），Max-SINR 用户关联和所提出的内容缓存策略（MA-CC），以及所提出的 PAUA-CC 算法。

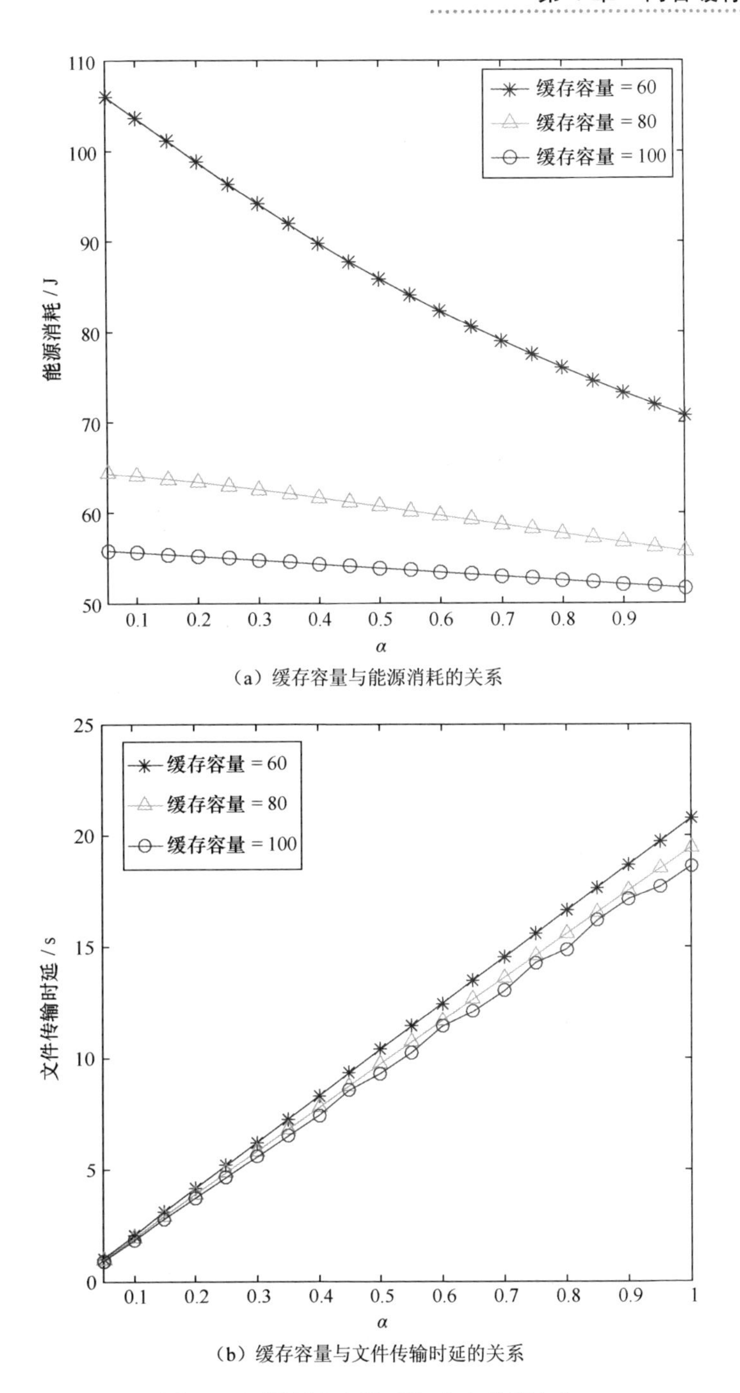

（a）缓存容量与能源消耗的关系

（b）缓存容量与文件传输时延的关系

图 4-6　不同缓存容量下的时延-能源权衡

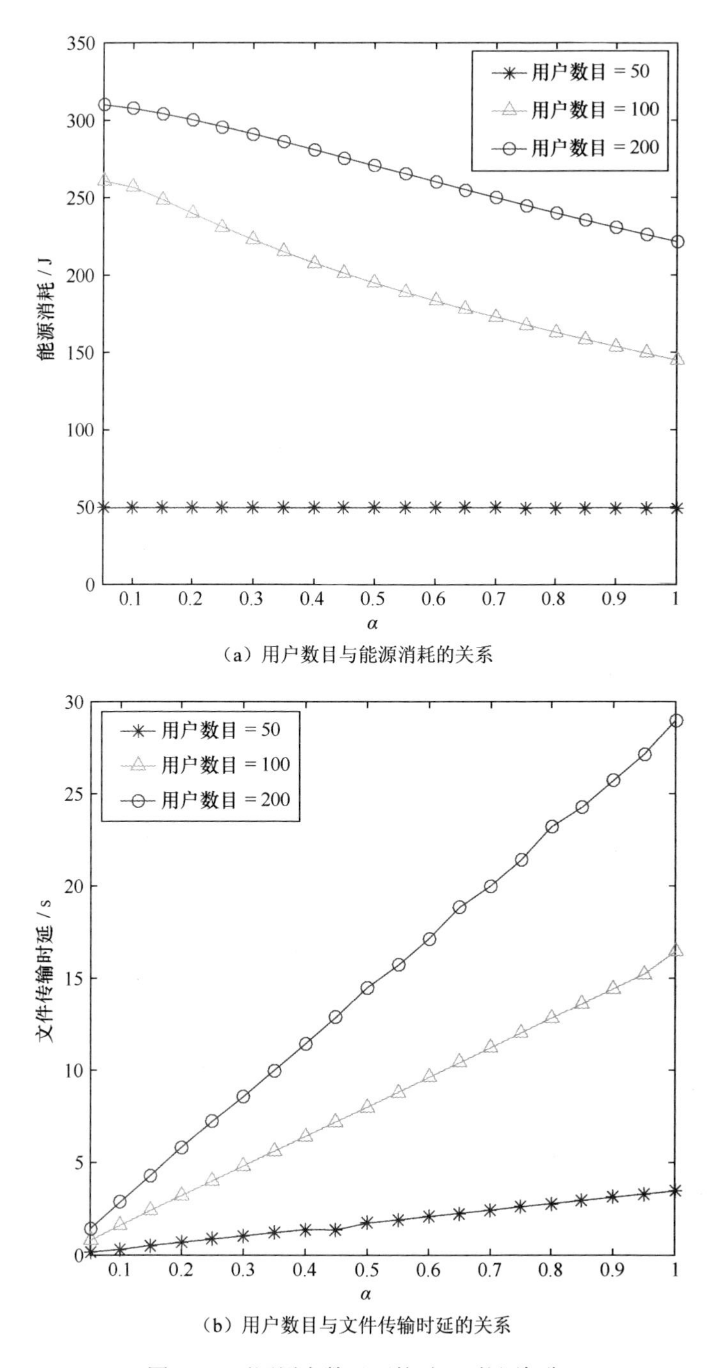

（a）用户数目与能源消耗的关系

（b）用户数目与文件传输时延的关系

图 4-7　不同用户数目下的时延-能源权衡

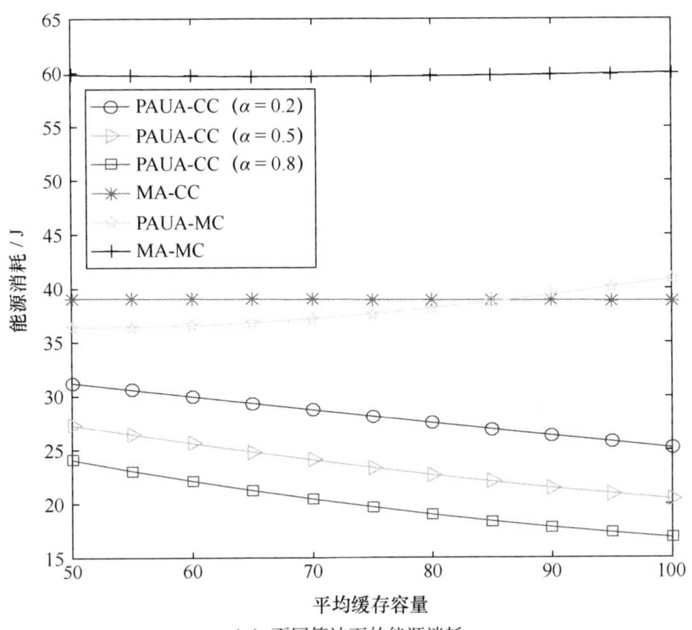

（a）不同算法下的能源消耗

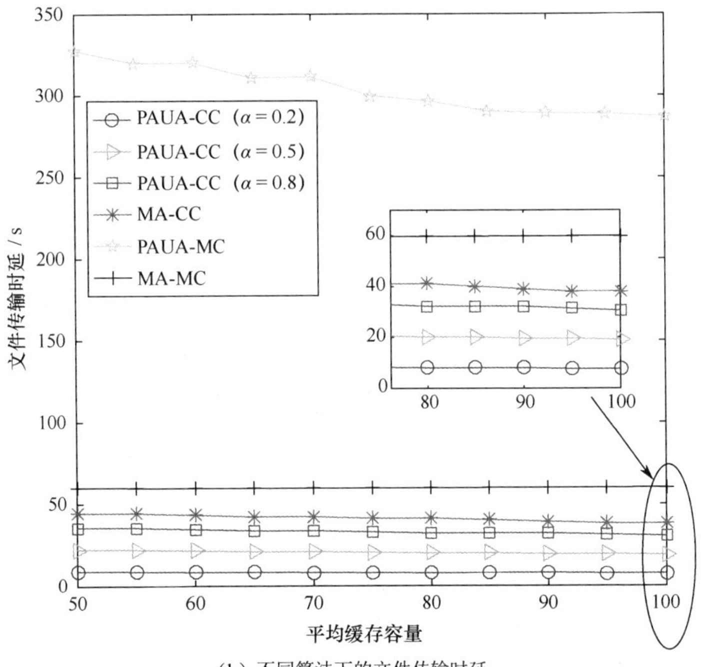

（b）不同算法下的文件传输时延

图 4-8　平均缓存容量下不同算法的时延–能源权衡

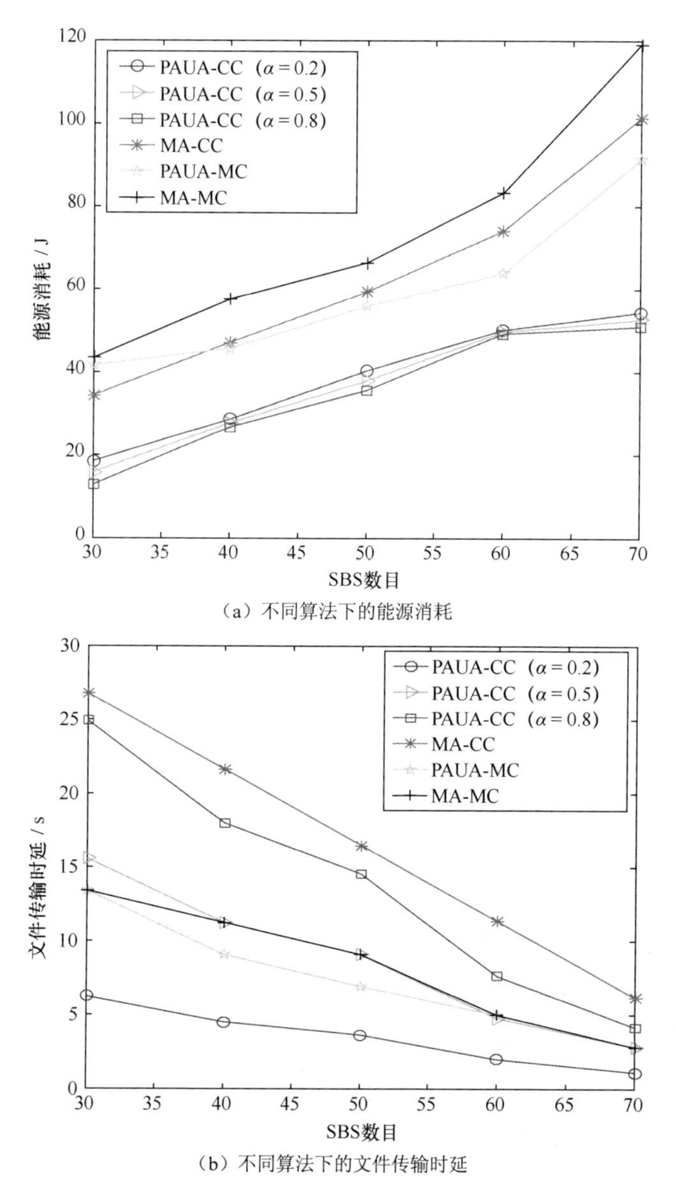

（a）不同算法下的能源消耗

（b）不同算法下的文件传输时延

图 4-9 不同 SBS 数目下不同算法的时延-能源权衡

如图 4-8 所示，通过调整平均缓存容量，比较了四种不同算法在能耗和文件传输时延方面的差异。由 MA-MC 得到，当平均缓存容量从 50 逐渐变化到 100 时，能耗和传输时延几乎是不变的。其原因是，对于 MA-MC 算法，每个用户只与 SINR 最大的 SBS 关联。它不考虑所需要的文件是否缓存在

SBS 中，并且 SBS 在发送文件时不考虑传输功率，从而导致较高的能耗和发送时延。与 MA-MC 不同的是，MA-CC 利用所构建的内容缓存策略在每个 SBS 中合理地缓存文件，以便根据文件的流行程度降低能耗和文件传输时延。PAUA-MC 算法更注重降低能耗，但没有对时延进行优化，所以导致文件传输时延增加。PAUA-CC 与 PAUA-MC 相比，该方案的能耗更低，且不牺牲文件传输时延。这是因为所提出的 PAUA-CC 算法可以感知功率变化，并帮助用户选择具有足够缓存容量的 SBS 进行关联。在调整参数α后，可以得到一个最优的时延–能源折中。此外，从图 4-8 中可以观察到，当α较小时，能够实现更低的能耗和传输时延。与此相反，当α较大时，与其他算法相比，PAUA-CC 算法的传输时延也可以最小化，并减少能耗。这也说明了所提出的 PAUA-CC 算法的有效性和优越性。

图 4-9 给出了不同 SBS 数目下的 PAUA-CC、MA-CC、PAUA-MC 和 MA-MC 算法的性能，并比较了所提出的 PAUA-CC 算法在不同α值下的性能，即 0.2、0.5 和 0.8。其中，PAUA-CC（α=0.2）的重点是优化文件传输时延，而 PAUA-CC（α=0.8）的目标是最小化能源消耗。与此同时，PAUA-CC（α=0.5）被设定为达到权衡。正如预期的那样，在图 4-9（a）和图 4-9（b）中，PAUA-CC（α=0.8）和 PAUA-CC （α=0.2）分别实现了最小的能耗和最小的文件传输时延。对于 MA-MC 算法，在文件传输过程中，BS 不能动态调整传输功率，当 SBS 数目增加时，会比其他算法消耗更多的能源。PAUA-MC 算法可以利用功率感知的用户关联的特点，将用户关联到不同的 BS 以降低能耗。随着 SBS 数目的增加，其影响是显著的。但是，由于未考虑 SBS 上的文件缓存，时延优化效果并不明显。所提出的 PAUA-CC（α=0.5）算法充分利用了功率感知的用户关联，这将导致更多的用户关联选择，并允许在 SBS 数目增加时灵活地进行内容缓存。

4.6 本章小结

本章针对文件传输在回程链路带来的高时延压力，以及密集部署 SBS 带来的能源消耗的问题，提出了一种迭代功率感知的用户关联与内容缓存（PAUA-CC）算法[20]。其中，利用功率感知的用户关联来动态地连接到不同的 BS，并采用最优内容缓存策略，根据用户请求的文件内容流行度，将文件分别放置在不同的 SBS 上，有效降低文件传输中的时延及能耗问题。此外，为了对时延-能耗折中问题进行优化，本章采用基于能耗与时延加权总和的效用函数，并提出了一种由功率控制、用户关联和内容缓存联合执行的机制。数值分析结果表明，在获得最优传输范围的条件下，与传统的用户关联与内容缓存策略相比，所提出的 PAUA-CC 算法可以在文件传输时延和能耗之间实现最佳权衡。

参 考 文 献

[1] ZAHED M I A, AHMAD I, HABIBI D, et al. A Cooperative Green Content Caching Technique for Next Generation Communication Networks [J]. IEEE Transactions on Network and Service Management, 2020, 17(1): 375-388.

[2] GOIAN H S , AL-JARRAH O Y, MUHAIDAT S , et al. Popularity-Based Video Caching Techniques for Cache-Enabled Networks: A Survey[J]. IEEE Access, 2019, 7: 27699-27719.

[3] ZAIDI S A R , GHOGHO M, MCLERNON D. Information centric modeling for two-tier cache enabled cellular networks[C]//IEEE International Conference on Communication Workshop. IEEE, 2015: 80-86.

[4] LIU X, ZHAO N, YU F R, et al. Cooperative Video Transmission Strategies via Caching in Small-Cell Networks[J]. IEEE Transactions on Vehicular Technology, 2018, 67(12): 12204-12217.

[5] DONG X, ZHENG F C, ZHU X, et al. On the Local Delay and Energy Efficiency of Clustered HetNets [J]. IEEE Transactions on Vehicular Technology, 2019, 68(3): 2987-2999.

[6] DHILLON H, GANTI R, BACCELLI F, at al. Modeling and analysis of K-tier downlink heterogeneous cellular networks[J]. IEEE Journal on Selected Areas in Communications, 2012, 30(3): 550–560.

[7] CHUN J, HASNA M, GHRAYEB A. Modeling Heterogeneous Cellular Networks Interference Using Poisson Cluster Processes [J]. IEEE Journal on Selected Areas in Communications, 2015, 33(10): 2182-2195.

[8] ZHAO N, LIU X, CHEN Y, et al. Caching D2D Connections in Small-Cell Networks[J]. IEEE Transactions on Vehicular Technology, 2018, 67(12): 12326-12338.

[9] 孙瑞锦. 基于携能和边缘缓存的无线通信系统传输技术研究[D]. 北京：北京邮电大学，2019.

[10] JIANG W, FENG G, QIN S. Optimal Cooperative Content Caching and Delivery Policy for Heterogeneous Cellular Networks [J]. IEEE Transactions on Mobile Computing, 2017, 16(5):

1382-1393.

[11] CHAI R, LI Y, CHEN Q. Joint Cache Partitioning, Content Placement, and User Association for D2D-Enabled Heterogeneous Cellular Networks [J]. IEEE Access, 2019, 7: 56642-56655.

[12] 孙毅. 移动边缘网络中缓存策略与用户请求预测算法研究[D]. 南京：南京邮电大学，2019.

[13] MARLER R T, ARORA J S. Survey of multi-objective optimization methods for engineering [J]. Structural & Multidisciplinary Optimization, 2004, 26(6): 369-395.

[14] LORENA L A N, NARCISO M G. Relaxation heuristics for a generalized assignment problem [J]. European Journal of Operational Research, 2007, 91(3): 600-610.

[15] SONG J, RENZO M D, ZAPPONE A, et al. System-Level Optimization in Poisson Cellular Networks: An Approach Based on the Generalized Benders Decomposition[J]. IEEE Wireless Communication Letters, 2020, 9(10): 1773-1777.

[16] WU H, LU H. Delay and Power Tradeoff with Consideration of Caching Capabilities in Dense Wireless Networks [J]. IEEE Transactions on Wireless Communications, 2019, 18(10): 5011-5025.

[17] WANG M, GAO H, SU X , et al. Joint channel allocation, mode selection and power control in D2D-enabled femtocells[C]//2016 IEEE Military Communications Conference (MILCOM). IEEE, 2016: 454-459.

[18] 3GPP TR 36.819 V11.0.0, Coordinated Multi-point Operation for LTE Physical Layer Aspects [J]. 3GPP TSG RAN WG1, 2011.

[19] TENG W, SHENG M, GUO K, et al. Content Placement and User Association for Delay Minimization in Small Cell Networks [J]. IEEE Transactions on Vehicular Technology, 2019, 68(10): 10201-10215.

[20] XIAO H, LIU X, CHRONOPOULOS A T, et al. Power-aware user association and content caching for delay-energy tradeoff in cache-enabled heterogeneous cellular networks [J]. IEEE Transactions on Vehicle Technology, Submitted Paper.

[21] AFSHANG M, DHILLON H S, CHONG P H J. Modeling and Performance Analysis of Clustered Device-to-Device Networks [J]. IEEE Transactions on Wireless Communications, 2015, 15(7): 4957-4972.

[22] AFSHANG M, DHILLON H S, CHONG P H J. Fundamentals of Cluster-Centric Content Placement in Cache-Enabled Device-to-Device Networks [J]. IEEE Transactions on Communications, 2016, 64(6): 2511-2526.

[23] GANTI R K, HAENGGI M. Interference and Outage in Clustered Wireless Ad Hoc Networks [J]. IEEE Transactions on Information Theory, 2009, 55(9): 4067-4086.

第5章 能效优化的功率分配技术

随着新一代无线设备带来移动互联网流量的指数级增长，未来的蜂窝网络面临着巨大的挑战。更高的数据速率需求和不断增长的无线用户数目导致了蜂窝网络的电力消耗和运营成本的迅速增加。解决这些问题的一个有效的方案是用宏蜂窝网络覆盖小蜂窝网络，以提供更高的网络容量和更大的覆盖范围。然而，目前小蜂窝的密集和随机部署及其不协调的运行对多层 HetCNets 中的能源效率（Energy Efficiency，EE）产生了严重的影响。

能源效率是指系统的总收益与所消耗的能源成本之比，它已经成为衡量 HetCNets 性能的主要指标之一。通常，电信系统根据能源效率应用领域的不同将度量指标大致分为设备级、器件级和网络级。其中，网络级能源效率通过考虑网络容量和覆盖范围等相关特性，对获得的服务相对于消耗的能源进行评估。对于不同的级别，相应的有不同的能源效率度量标准。根据能源效率度量标准，网络级能源效率是不同链路的所有收益之和与网络中消耗的总功率之比，它代表了每焦耳能量用来传递信息的效率，并依赖于通信链路的信干噪比（SINR）。一般常用的能源效率度量是通过 bit/J 来衡量的。因此，通信链路的能源效率可以具体表示为[1]

$$\mathrm{EE}=\frac{f(\gamma)}{\lambda p+P_c} \tag{5-1}$$

式中，$f(\gamma)$ 为系统效益，它是根据特定的系统来优化的；p 为移动节点的发射功率；γ 为信干噪比；λ 为功率放大器的放大系数；P_c 为移动节点电路系统所消耗的总功率。在极限 $P_c >> p$ 时，分母近似为常数，能源效率最大化变为分子的最大化。

5.1 引言

如今，能源危机和全球变暖是现代社会的两个主要问题。随着移动用户数目的爆炸性增长，需要高数据速率来保证通信质量，并且近年来无线通信中的能耗急剧增加[1]。对此，异构蜂窝网络（HetCNets）已被广泛研究，以减轻数据流量并降低网络功耗[2]。在 HetCNets 中，通过在宏蜂窝中部署小型小区，运营商可以扩大覆盖范围并提高系统容量。小区边缘用户可与宏小区基站或小型小区基站相关联，从而带来不同的用户体验。注意，宏基站的发射功率高于小基站的发射功率，因此，当用户与宏基站相关联时，接入网络能源消耗通常更高。因此，用户关联是异构蜂窝网络中至关重要的问题。

文献[3]提出了一种可感知信道访问的用户关联方案，以提高频谱效率并实现流量负载平衡。在 HetCNets 中，文献[4]研究了一种联合小区关联和的带宽分配方案，以最大限度地提高网络总对数率以实现比例公平。文献[5]提出了一种具有双重连接和受限回程的新型用户关联模型。文献[6]提出了基于 Voronoi 的用户关联方案，以最大限度地增加允许的用户数目。现有的有关 HetCNets 中用户关联的大多数研究都集中在速率最大化上，其中通过共同优化用户关联和对每层的频谱分配，使覆盖范围和速率实用性最大化[7]。但是，当在 HetCNets 的宏小区中部署小型小区时，能耗可能会导致大量的运营支出。因此，能源效率对于 HetCNets 中的未来绿色通信变得越来越重要。

此外，功率控制是资源管理的重要内容，它能够减少小区间的相互干扰，提高异构蜂窝网络的通信质量与容量，具有一定的现实意义。最近，功率分配是用于研究系统 EE 最大化的方法。文献[8]在特定服务质量（Quality of Service，QoS）的约束下，提出一种节能的功率分配和无线回程带宽分配方法，最大化下行 HetCNets 的系统 EE。文献[9]提出了基于梯度的迭代算法来进行功率分配，最大化系统 EE。文献[10]考虑功率和速率限制，研究了 HetCNets 系统 EE 的加权总和。

综上所述，本章在满足用户最低速率要求和下行链路最大发射功率限制的条件下，研究了 HetCNets 中用户关联和功率分配问题，以最大化系统 EE。首先提出一种人工鱼群算法进行用户关联，通过将用户关联变量映射为人工鱼的位置，系统能效转化为人工鱼在某一位置的食物浓度进行迭代寻优，以确定最优的用户关联方案。然后，在此基础上，通过增广拉格朗日交替方向乘子法（Alternating Direction Method of Multiplier，ADMM）解决小用户设备（Small User Equipment，SUE）的功率分配问题。

5.2 系统模型及问题形成

5.2.1 系统模型

异构蜂窝网络模型如图 5-1 所示，该系统含有宏基站（Macro Base Station，MBS）和 s 个小基站（Small Base Station，SBS），即 $s \in \{1,2,\cdots,S\}$ 。MBS 为 M 个宏用户设备（Macrocell User Equipment，MUE）提供服务，SBS 服务于 J 个小用户设备（Small User Equipment，SUE），$\mathcal{K} = \{1,2,\cdots,K\}$ 为子信道集合。MBS 通过 K 个子信道向 MUE 发送信号，每个小小区仅占用一个子信道。因此，小小区之间的干扰可以被忽略。SBS 的最大发射功率为 $P_{\max}$ 。

根据相关研究表明，考虑无线信道模型为服从瑞利分布的小尺度衰落。系统中的信道增益为 $\left|h_{x,y}\right|^2 d_{x,y}^{-\alpha}$ ，d 为用户到基站间的距离，α 是路径损耗因子，则第 s 个小小区中 SUE j 的信干噪比可以表示为

$$\gamma_{s,j} = \frac{p_{s,j}\left|h_{s,j}\right|^2 d_{s,j}^{-\alpha}}{\sum_{m=1}^{M} p_m \left|h_{m,j}\right|^2 d_{m,j}^{-\alpha} + \sigma^2} \tag{5-2}$$

式中，$p_{s,j}$ 为第 s 个 SBS 发送给 SUE j 的发射功率；$h_{s,j}$ 为信道衰落系数；$d_{s,j}$ 为第 s 个 SBS 到 SUE j 之间的距离；p_m 为 MBS 的发射功率；$d_{m,j}$ 为 MBS 到 SUE j 的距离；σ^2 为加性高斯白噪声功率。

根据香农定理公式，第 s 个小小区中 SUE j 的数据速率可以表示为

$$R_{s,j} = w\log_2(1+\gamma_{s,j}) \tag{5-3}$$

式中，w 为每个子信道的带宽。当 j 个 SUE 用户关联到第 s 个 SBS 时，第 s 个 SBS 总的发送功率可以表示为

$$P_{s,t} = \sum_{j=1}^{J} \rho_{s,j} p_{s,j} \tag{5-4}$$

式中，$\rho_{s,j}$ 是用户关联的二进制指示变量；$\rho_{s,j} = 1$ 表示第 j 个 SUE 与第 s 个 SBS 关联，否则，$\rho_{s,j} = 0$ 。因此，SBS 总的功率消耗可以表示为

$$P_{\text{total}} = \Delta p P_{s,t} + P_c \tag{5-5}$$

式中，Δp 为功率放大器的效率；P_c 为电路功耗。

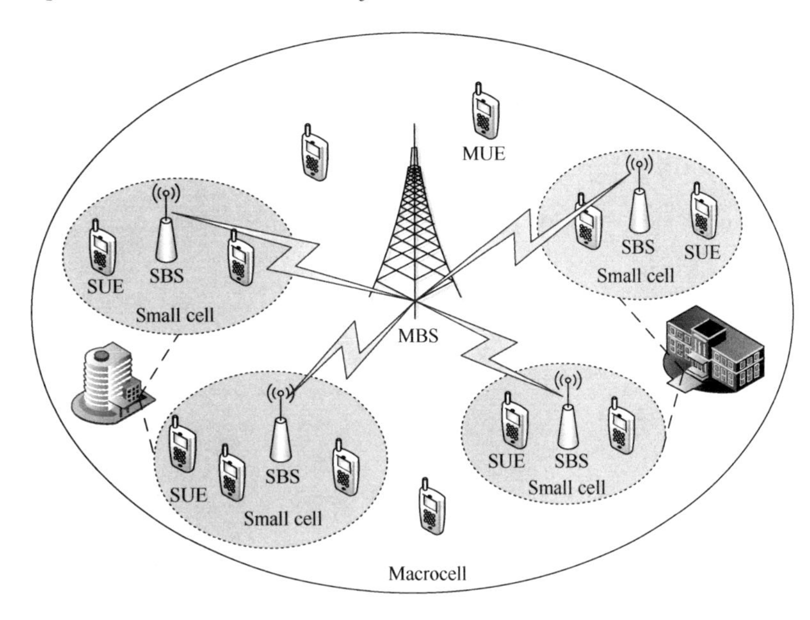

图 5-1　异构蜂窝网络模型

5.2.2　优化问题形成

本小节在保证 SUE 的最小数据速率下，最大化小小区能源效率 EE。这里，小小区的EE可以表示为

$$\mathrm{EE}=\frac{\sum_{s=1}^{S}\sum_{j=1}^{J}\rho_{s,j}R_{s,j}}{\sum_{s=1}^{S}P_s^{\mathrm{total}}} \tag{5-6}$$

$$\text{s.t. } 0\leqslant\sum_{j=1}^{J}\rho_{s,j}p_{s,j}\leqslant P_{\max},\forall s\in S \tag{5-6a}$$

$$\rho_{s,j}\in\{0,1\},\forall j\in J \tag{5-6b}$$

$$\sum_{s=1}^{S}\rho_{s,j}=1,\forall j\in J \tag{5-6c}$$

$$\sum_{j=1}^{J}\rho_{s,j}=L_s,\forall s\in S \tag{5-6d}$$

$$\sum_{s=1}^{S}\rho_{s,j}R_{s,j} \geqslant R_{\min},\forall j \in J \tag{5-6e}$$

式（5-6a）表示 SBS 发送给 SUE 的总发射功率不能大于 SBS 最大发射功率的限制；式（5-6b）表示用户关联的二进制指示变量；式（5-6c）保证每个用户只与一个 SBS 关联；式（5-6d）表示 SBS 服务于 L_s 个用户；式（5-6e）为 SUE 可实现的最低速率限制，确保 SUE 能正确解码。

5.3 用户关联策略

5.3.1 用户关联

在 HetCNets 中，小区边缘用户可能与宏基站关联也可能与小基站关联，从而带来不同的用户体验[11]。在数据传输开始之前，需要一种用户关联机制来确定用户是否与特定的基站（BS）关联。因此，用户关联是异构蜂窝网络中一个非常重要的问题。用户关联，即将用户与特定服务的基站（BS）相关联，它在增强网络的负载平衡、频谱效率和能效方面起着关键的作用。下面将从用户关联的适用范围、模型描述、控制机制三个方面系统地介绍现有 5G 网络用户关联的相关内容。

1．适用范围

用户关联算法主要适用于异构蜂窝网络（HetCNets）、大规模 MIMO 网络（Massive MIMO Networks）、毫米波网络（mmWave Networks）、能量收集网络（Energy Harvesting Networks）等其他 5G 候选技术。

2．模型描述

通常，用户关联中的效用可由频谱效率、能源效率、QoS 等组成。假设这些效用使用线性效用函数，结合基于效用的设计，组合优化是解决用户关联问题的普遍方法。在资源限制下效用最大化是 5G 网络中用户关联的通用建模方法，其公式为

$$\max_{\boldsymbol{x}} \mathcal{U} = \sum_{m=1}^{M}\sum_{n=1}^{N} x_{mn}\mu_{mn} \tag{5-7}$$

$$\text{s.t.} \quad f_i(\boldsymbol{x}) \leqslant c_i,\ i = 1,2,\cdots,p \tag{5-7a}$$

式中，$\boldsymbol{x}=[x_{mn}]$ 是用户关联矩阵，如果用户 n 与 BS m 相关联，则 $x_{mn}=1$，否则 $x_{mn}=0$；$\mathcal{U}$ 是整个网络效用；当用户 n 与 BS m 相关联时，μ_{mn} 是用户 n 的效用；$f_i(\boldsymbol{x})\leqslant c_i$ 表示资源限制，如频谱限制、功率限制、QoS 要求等。由于通常假设特定用户在任何时候都只能与一个 BS 关联，因此 $x_{mn}=\{0,1\}$。组合优化问题通常是 NP 困难问题，对于中型网络，利用穷举搜索以最佳地解决此问题的复杂度很高。因此，解决此问题的一种常用方法是通过将用户关联矩阵从 $x_{mn}=\{0,1\}$ 转换成 $x_{mn}=[0,1]$，转化优化问题为凸问题，通过拉格朗日对偶方法求解。然后，从最佳对偶问题中恢复原始用户关联矩阵 $\boldsymbol{x}$。

3．控制机制

集中控制：在集中控制中，网络包含执行资源分配的单个中央实体。该中央实体收集所有用户的信息，如信道质量和资源需求。根据获得的信息，中央实体决定哪个特定的 BS 服务于哪个用户[12]。集中控制能够为整个网络提供最佳的资源分配，并且表现出快速的收敛性，但是对于中型到大型网络，所需的信令量可能过大。

分布式控制：根据定义，分布式控制不需要中央实体，并且允许 BS 和用户通过它们之间的交互自行做出自主的用户关联决策。因此，分布式控制由于其实现复杂度低和信令开销低而具有很大的实用性。它特别适用于大型网络，尤其适用于与许多毫微微小区相关的 HetCNets[13]。然而，对于分布式控制，用户或基站以分布式方式做出自主决策，其中多个人为了自己的利益独立行动，最终阻塞了有限的共享资源，这样不符合人们的长远利益。

混合控制：混合控制依靠折中方法，结合了集中控制和分布式控制的优点。例如，BS 处的功率控制可能依赖于使用分布式方法，而整个网络上的负载平衡可以以集中方式实现。

5.3.2　基于人工鱼群算法的用户关联策略

由于上述优化问题含有二进制变量，可以看出它是一个非线性约束规划问题，求解复杂度较高，因此，本小节将式（5-6）优化问题转换为最优的用户关联策略和功率分配两个子问题，从而求得次优解。本小节的优化目标是关联到 SBS 的用户在等功率分配下，利用人工鱼群算法（Artificial Fish Swarm Algorithm，AFSA）找到最优的用户关联矩阵，以最大化小小区能源效率。因

此，可建立用户关联子问题为

$$\text{P1: EE} = \frac{\sum_{s=1}^{S}\sum_{j=1}^{J}\rho_{s,j}R_{s,j}}{\sum_{s=1}^{S}P_s^{\text{total}}} \tag{5-8}$$

$$\text{s.t.}\quad \rho_{s,j} \in \{0,1\}, \forall j \in J \tag{5-8a}$$

$$\sum_{s=1}^{S}\rho_{s,j} = 1, \forall j \in J \tag{5-8b}$$

$$\sum_{j=1}^{J}\rho_{s,j} = L_s, \forall s \in S \tag{5-8c}$$

子问题P1的目标是求解有效的用户关联矩阵$\boldsymbol{A}$，由于关联矩阵$\boldsymbol{A}$受约束条件式（5-8a）至式（5-8c）的约束，所以产生的关联矩阵必须满足约束条件。首先若对整个$\boldsymbol{A}$进行求解，求解维数为$S \times J$，求解维数过高降低了求解速度。为了降低求解复杂度，本小节采用文献[14]提出的编码方式作为人工鱼的位置编码方式。人工鱼的编解码结构如图 5-2 所示。构造一个$S=5$、$J=8$的用户关联模型。$\boldsymbol{L}$中有 10 个值为 1 的元素，检查$\boldsymbol{L}$的第i行n列，以及$\boldsymbol{L}$的第c行n列元素是否有多个 1 元素。如果是，则随机将其中为 1 的元素置 0，仅保留一个为 1 的元素，形成$\boldsymbol{L}_1$。然后按先行后列的顺序抽取对应$\boldsymbol{L}_1$中值为 1 的元素位置的$\boldsymbol{A}$中元素进行编码，得到编码解行向量$\boldsymbol{X}(x_i \in \{0,1\})$，使用编码解行向量$\boldsymbol{X}$进行优化。优化完毕后，再将优化后的$\boldsymbol{X}$按照$\boldsymbol{L}_1$中先行后列的抽取顺序还原成用户关联矩阵$\boldsymbol{A}$。

用户关联矩阵$\boldsymbol{A}$所对应的解的优化长度为D，由$\boldsymbol{L}_1$中 1 的元素个数决定。人工鱼的种群数目为P，每条人工鱼分布在一个D维空间中。每条人工鱼表示优化问题的一个解，人工鱼的位置对应一种用户关联方案，以$\boldsymbol{X}_i = (x_{i_1}, x_{i_2}, \cdots, x_{i_D})$代表第$i$条人工鱼的当前位置。该人工鱼在某一位置的食物浓度就是优化目标函数，在寻优过程中，找到某一位置食物浓度最大的人工鱼，则该位置所对应的解为最优的用户关联方案。

基于人工鱼群算法求解$\rho_{s,j}$的步骤如下。

（1）初始化参数。人工鱼的种群大小P，感知范围v，拥挤度因子d，迭代次数m，移动步长st，人工鱼觅食时的最大试探次数t。

$$L=\begin{bmatrix}\underline{1}&0&0&\underline{1}&0&\underline{1}&0&0\\0&0&0&0&\underline{1}&0&0&0\\\underline{1}&0&0&\underline{1}&0&0&\underline{1}&0\\0&\underline{1}&\underline{1}&0&0&0&0&0\\0&0&0&0&0&0&0&\underline{1}\end{bmatrix}\quad\boxed{1\,|\,1\,|\,1\,|\,1\,|\,0\,|\,0\,|\,1\,|\,1\,|\,1\,|\,1\,|\,1}\Rightarrow$$

$$L_1=\begin{bmatrix}\underline{1}&0&0&\underline{1}&0&\underline{1}&0&0\\0&0&0&0&\underline{1}&0&0&0\\\underline{0}&0&0&\underline{0}&0&0&\underline{1}&0\\0&\underline{1}&\underline{1}&0&0&0&0&0\\0&0&0&0&0&0&0&\underline{1}\end{bmatrix}\Rightarrow\qquad X=[x_1,x_2,x_3,x_4,x_5,x_6,x_7,x_8]\Rightarrow$$

$$A=\begin{bmatrix}x_1&0&0&x_2&0&x_3&0&0\\0&0&0&0&x_4&0&0&0\\0&0&0&0&0&0&x_5&0\\0&x_6&x_7&0&0&0&0&0\\0&0&0&0&0&0&0&x_8\end{bmatrix}$$

图 5-2　人工鱼的编解码结构

（2）根据人工鱼的编码结构，产生可用用户关联矩阵 $\boldsymbol{L}_1$ 来确定优化维数 D，然后随机产生人工鱼向量 $\boldsymbol{X}_i=(x_{i_1},x_{i_2},\cdots,x_{i_D})$，$i=1,2,\cdots,P$。

（3）根据式（5-8）计算每条人工鱼的食物浓度 Y_i，即系统总能效。每次迭代后，选出最大的食物浓度值 $Y_{\max}$，其对应的人工鱼位置为当前最优人工鱼位置，并将最优的人工鱼位置 **BX** 及其值赋予公告板。

（4）对人工鱼个体 $\boldsymbol{X}_i$ 分别进行以下操作，通过行为评价，选择执行食物浓度较大的行为。

觅食行为：在人工鱼 $\boldsymbol{X}_i$ 的可视域内随机选择一个状态 $\boldsymbol{X}_j$，见式（5-9），记录其食物浓度为 Y_j。若 $Y_i<Y_j$，则采用式（5-10）进一步搜索；若执行 t 次后 $Y_i>Y_j$，则采用式（5-11）进行随机搜索。

$$\boldsymbol{X}_j=\boldsymbol{X}_i+v\cdot\text{rand}(\ )\tag{5-9}$$

$$\boldsymbol{X}_{\text{next}}=\boldsymbol{X}_i+\frac{\boldsymbol{X}_j-\boldsymbol{X}_i}{\left\|\boldsymbol{X}_j-\boldsymbol{X}_i\right\|}\cdot\text{st}\cdot\text{rand}(\ )\tag{5-10}$$

$$\boldsymbol{X}_{\text{next}}=\boldsymbol{X}_i+\text{st}\cdot\text{rand}(\ )\tag{5-11}$$

聚群行为：对人工鱼 $\boldsymbol{X}_i$ 的有效区域进行搜索，记录其邻居的其他人工鱼 $\boldsymbol{X}_j$

个数 n_f。若 $n_f>0$，则计算有效搜索区域内的中心位置为 $\boldsymbol{X}_c$，见式（5-12），计算食物浓度 Y_c，见式（5-14）。若 $Y_c/n_f>dY_i$，则人工鱼向 $Y_{\max}$ 的位置移动，执行式（5-14）；否则执行觅食行为。

$$\boldsymbol{X}_c=\sum_{j=1}^{n_f}X_j/n_f \tag{5-12}$$

$$\boldsymbol{X}_{\text{next}}=\boldsymbol{X}_i+\frac{\boldsymbol{X}_c-\boldsymbol{X}_i}{\|\boldsymbol{X}_c-\boldsymbol{X}_i\|}\cdot\text{st}\cdot\text{rand}(\ ) \tag{5-13}$$

$$Y_c=\frac{\sum_{s=1}^{S}\sum_{j=1}^{J}\rho_{s,j}R_{s,j}}{\sum_{s=1}^{S}P_s^{\text{total}}} \tag{5-14}$$

追尾行为：对人工鱼 $\boldsymbol{X}_i$ 的有效区域进行搜索，记录其邻居的其他人工鱼 $\boldsymbol{X}_i$ 个数 n_f。若 $n_f>0$，则找到其中食物浓度最大的人工鱼 $\boldsymbol{X}_{\max}$，计算 $Y_{\max}$。若 $Y_{\max}/n_f>dY_i$，则人工鱼向 $Y_{\max}$ 位置移动，执行式（5-15）；否则执行觅食行为。

$$\boldsymbol{X}_{\text{next}}=\boldsymbol{X}_i+\frac{\boldsymbol{X}_{\max}-\boldsymbol{X}_i}{\|\boldsymbol{X}_{\max}-\boldsymbol{X}_i\|}\cdot\text{st}\cdot\text{rand}(\ ) \tag{5-15}$$

（5）通过择优后得到人工鱼向量 $\boldsymbol{X}_i$，并且将公告牌更新为该个体 **BX**。

（6）如果达到最大迭代次数 m 或找到最优解，则算法结束，由 **BX** 逆映射回 $\rho_{s,j}$；否则转到步骤（4）继续进行。

若小小区用户直接与小基站关联求解目标函数，则计算复杂度为 $\mathcal{O}(|S|^J)$，通过对所有种组合情况进行分析，找到最优解，随着小小区用户规模增大，其复杂度呈指数增长，复杂度较高。在人工鱼群算法中，每条人工鱼在执行一次觅食、聚群、追尾行为时最多计算 t 次能效，则算法的计算复杂度为 $\mathcal{O}(3\times P\times m\times t)$，复杂度较低。与前一种通过用户关联最大化系统能源效率的方案相比，本节所采用的人工鱼群算法复杂度较低。

5.4 基于 ADMM 的功率分配算法

通过 5.3 节的最优用户关联策略，可得到用户关联矩阵系数 $\rho_{s,j}$。为了更进一步提高系统能源效率（能效），本节采用 ADMM 算法对关联到基站的用户进行功率分配，从而解决非凸优化问题，并且在小小区用户达到最小数据速率约束的情况下，使小小区能源效率最大化。此时，构建功率分配子问题为

$$\text{P2：}\ \mathrm{EE}=\frac{\sum_{s=1}^{S}\sum_{j=1}^{J}R_{s,j}}{\sum_{s=1}^{S}P_s^{\mathrm{total}}} \tag{5-16}$$

$$\text{s.t.}\ 0\leqslant\sum_{j=1}^{J}p_{s,j}\leqslant P_{\max},\forall s\in S \tag{5-16a}$$

$$\sum_{s=1}^{S}R_{s,j}\geqslant R_{\min},\forall j\in J \tag{5-16b}$$

可以看出，子问题 P2 的目标函数是非凸的，因此不能利用凸优化理论来解决。观察约束条件可以看出，式（5-16a）是线性的，因此，式（5-16a）是凸的。式（5-16a）中含有对数函数，对数函数是凹的，则式（5-16a）是非凸的。将约束条件进行等价转换

$$\sum_{s=1}^{S}p_{s,j}\frac{\left|h_{s,j}\right|^2 d_{s,j}^{-\alpha}}{\sum_{m=1}^{M}p_m\left|h_{m,j}\right|^2 d_{m,j}^{-\alpha}+\sigma^2}\geqslant\lambda,\forall j\in J \tag{5-17}$$

式中，$\lambda=2^{\frac{R_{\min}}{w}}-1$。至此，子问题 P2 的可行解变为凸集合。之后，将优化目标函数转化成凸问题。由于透视函数转化的保凸性质能有效地将目标函数转化成凸的，因此本节将利用此性质将子问题 P2 转化为凸函数，并利用 ADMM 算法解决此优化问题。

首先引入变量 τ 将子问题 P2 中的 $p_{s,j}$ 进行变换，令 $p_{s,j}=\frac{p'_{s,j}}{\tau}$，则子问题 P2 可做如下变换

$$\max_{p'_{s,j},\tau}\frac{\sum_{s=1}^{S}\sum_{j=1}^{J}w\log_2\left(1+\frac{p'_{s,j}}{\tau}\cdot\frac{\left|h_{s,j}\right|^2 d_{s,j}^{-\alpha}}{\sum_{m=1}^{M}p_m\left|h_{m,j}\right|^2 d_{m,j}^{-\alpha}+\sigma^2}\right)}{\sum_{s=1}^{S}\Delta p\sum_{j=1}^{J}\frac{p'_{s,j}}{\tau}+P_c} \tag{5-18}$$

$$\text{s.t. } \tau > 0 \tag{5-18a}$$

$$\sum_{j=1}^{J} \frac{p'_{s,j}}{\tau} - P_{\max} \leqslant 0, \forall s \in S \tag{5-18b}$$

$$\frac{p'_{s,j}}{\tau} \geqslant 0, \forall s \in S, j \in J \tag{5-18c}$$

$$\sum_{s=1}^{S} \frac{p'_{s,j}}{\tau} \cdot \frac{\left|h_{s,j}\right|^2 d_{s,j}^{-\alpha}}{\sum_{m=1}^{M} p_m \left|h_{m,j}\right|^2 d_{m,j}^{-\alpha} + \sigma^2} - \lambda \geqslant 0, \forall j \in J \tag{5-18d}$$

然后对式（5-18）的分子分母同乘以τ可得

$$\max_{p'_{s,j},\tau} \frac{\tau \sum_{s=1}^{S} \sum_{j=1}^{J} w \log_2 \left(1 + \frac{p'_{s,j}}{\tau} \cdot \frac{\left|h_{s,j}\right|^2 d_{s,j}^{-\alpha}}{\sum_{m=1}^{M} p_m \left|h_{m,j}\right|^2 d_{m,j}^{-\alpha} + \sigma^2} \right)}{\tau \left(\sum_{s=1}^{S} \Delta p \sum_{j=1}^{J} \frac{p'_{s,j}}{\tau} + P_c \right)} \tag{5-19}$$

s.t.式（5-18a）至式（5-18d）　　（5-19a）

根据式（5-18a）可知，τ为正实数。为了方便计算，将优化函数的分母设为常数 1，即$\tau \left(\sum_{s=1}^{S} \Delta p \sum_{j=1}^{J} \frac{p'_{s,j}}{\tau} + P_c \right) = 1$，将其转化为约束条件，此时，式（5-19）可转化变形为

$$\max_{p'_{s,j},\tau} \tau \sum_{s=1}^{S} \sum_{j=1}^{J} w \log_2 \left(1 + \frac{p'_{s,j}}{\tau} \cdot \frac{\left|h_{s,j}\right|^2 d_{s,j}^{-\alpha}}{\sum_{m=1}^{M} p_m \left|h_{m,j}\right|^2 d_{m,j}^{-\alpha} + \sigma^2} \right) \tag{5-20}$$

从式（5-20）中可以看出，其函数形式与透视函数相同，因此，可通过透视函数的保凸性对式（5-20）中函数的凹凸性进行证明，式（5-20）中的函数

$$f(p'_{s,j}) = \max_{p'_{s,j}} \sum_{s=1}^{S} \sum_{j=1}^{J} w \log_2 \left(1 + \frac{p'_{s,j} \left|h_{s,j}\right|^2 d_{s,j}^{-\alpha}}{\sum_{m=1}^{M} p_m \left|h_{m,j}\right|^2 d_{m,j}^{-\alpha} + \sigma^2} \right) \tag{5-21}$$

为凸函数（二阶导数小于 0），则其透视函数为

$$f(p'_{s,j},\tau)=\max_{p'_{s,j},\tau}\tau\sum_{s=1}^{S}\sum_{j=1}^{J}w\log_2\left(1+\frac{p'_{s,j}}{\tau}\cdot\frac{\left|h_{s,j}\right|^2 d_{s,j}^{-\alpha}}{\sum_{m=1}^{M}p_m\left|h_{m,j}\right|^2 d_{m,j}^{-\alpha}+\sigma^2}\right) \tag{5-22}$$

可以看出，式（5-22）中的函数为凸函数。因此，子问题 P2 可进一步转化为

$$\max_{p'_{s,j},\tau}\tau\sum_{s=1}^{S}\sum_{j=1}^{J}w\log_2\left(1+\frac{p'_{s,j}}{\tau}\cdot\frac{\left|h_{s,j}\right|^2 d_{s,j}^{-\alpha}}{\sum_{m=1}^{M}p_m\left|h_{m,j}\right|^2 d_{m,j}^{-\alpha}+\sigma^2}\right) \tag{5-23}$$

$$\text{s.t. } \tau>0 \tag{5-23a}$$

$$\sum_{j=1}^{J}p'_{s,j}-\tau P_{\max}\leqslant 0,\forall s\in S \tag{5-23b}$$

$$p'_{s,j}\geqslant 0,\forall s\in S,j\in J \tag{5-23c}$$

$$\sum_{s=1}^{S}p'_{s,j}\cdot\frac{\left|h_{s,j}\right|^2 d_{s,j}^{-\alpha}}{\sum_{m=1}^{M}p_m\left|h_{m,j}\right|^2 d_{m,j}^{-\alpha}+\sigma^2}-\tau\lambda\geqslant 0,\forall j\in J \tag{5-23d}$$

$$\sum_{s=1}^{S}\Delta p\sum_{j=1}^{J}p'_{s,j}+\tau P_c-1=0 \tag{5-23e}$$

综合上述，式（5-16）及其约束条件转化成了凸函数，因此为凸优化问题。然后，将式（5-23）的凸优化问题转换成 ADMM 形式，即

$$\max L\left(\xi;p'_{s,j},\tau\right)=\tau\sum_{s=1}^{S}\sum_{j=1}^{J}w\log_2\left(1+\frac{p'_{s,j}}{\tau}\cdot\frac{\left|h_{s,j}\right|^2 d_{s,j}^{-\alpha}}{\sum_{m=1}^{M}p_m\left|h_{m,j}\right|^2 d_{m,j}^{-\alpha}+\sigma^2}\right)+ \\ \xi\left(\sum_{s=1}^{S}\Delta p\sum_{j=1}^{J}p'_{s,j}+\tau P_c-1\right)+\frac{\ell}{2}\left\|\sum_{s=1}^{S}\Delta p\sum_{j=1}^{J}p'_{s,j}+\tau P_c-1\right\|^2 \tag{5-24}$$

$$\text{s.t.式（5-23a）至式（5-23d）} \tag{5-24a}$$

式中，ξ 是对偶变量；ℓ 为惩罚因子。然后，利用对偶分解法得出式（5-24）

的对偶函数

$$F(\xi;p'_{s,j},\tau;\psi,\chi)=L(\xi;p'_{s,j},\tau)+\sum_{s=1}^{S}\psi_s(\tau P_{\max}-\sum_{j=1}^{J}p'_{s,j})+$$
$$\sum_{j=1}^{J}\chi_j\left(\sum_{s=1}^{S}p'_{s,j}\cdot\frac{\left|h_{s,j}\right|^2 d_{s,j}^{-\alpha}}{\sum_{m=1}^{M}p_m\left|h_{m,j}\right|^2 d_{m,j}^{-\alpha}+\sigma^2}-\tau\lambda\right) \tag{5-25}$$

式中，ψ 为 $1\times N$ 阶向量；χ 为 $1\times J$ 阶向量。对偶问题可以表示为

$$\min_{\psi,\chi}\ \max_{\xi,p'_{s,j},\tau} F\left(\xi;p'_{s,j},\tau;\psi,\chi\right) \tag{5-26}$$

通过对式（5-25）分别关于 $p'_{s,j}$ 和 τ 求一阶偏导数

$$\frac{\partial F(\xi;p'_{s,j},\tau;\psi,\chi)}{\partial p'_{s,j}}=\frac{\partial L(\xi;p'_{s,j},\tau)}{\partial p'_{s,j}}-\psi_s+\chi_j \tag{5-27}$$

$$\frac{\partial F(\xi;p'_{s,j},\tau;\psi,\chi)}{\partial \tau}=\frac{\partial L(\xi;p'_{s,j},\tau)}{\partial \tau}+\sum_{s=1}^{S}\psi_s P_{\max}-\sum_{j=1}^{J}\chi_j\lambda \tag{5-28}$$

其中

$$\frac{\partial L(\xi;p'_{s,j},\tau)}{\partial p'_{s,j}}=\frac{w}{\ln 2}\cdot\frac{\tau\left|h_{s,j}\right|^2 d_{s,j}^{-\alpha}}{\tau(\sum_{m=1}^{M}p_m\left|h_{m,j}\right|^2 d_{m,j}^{-\alpha}+\sigma^2)+p'_{s,j}\left|h_{s,j}\right|^2 d_{s,j}^{-\alpha}}+$$
$$\xi\Delta p+\ell\Delta p(\sum_{s=1}^{S}\Delta p\sum_{j=1}^{J}p'_{s,j}+\tau P_c-1) \tag{5-29}$$

$$\frac{\partial L(\xi;p'_{s,j},\tau)}{\partial \tau}=\sum_{s=1}^{S}\sum_{j=1}^{J}w\log_2\left(1+\frac{p'_{s,j}}{\tau}\cdot\frac{\left|h_{s,j}\right|^2 d_{s,j}^{-\alpha}}{\sum_{m=1}^{M}p_m\left|h_{m,j}\right|^2 d_{m,j}^{-\alpha}+\sigma^2}\right)-$$
$$\frac{w}{\ln 2}\cdot\frac{p'_{s,j}\left|h_{s,j}\right|^2 d_{s,j}^{-\alpha}}{\tau(\sum_{m=1}^{M}p_m\left|h_{m,j}\right|^2 d_{m,j}^{-\alpha}+\sigma^2)+p'_{s,j}\left|h_{s,j}\right|^2 d_{s,j}^{-\alpha}}+\xi P_c+$$
$$\ell P_c(\sum_{s=1}^{S}\Delta p\sum_{j=1}^{J}p'_{s,j}+\tau P_c-1) \tag{5-30}$$

通过迭代更新下面的变量，从而实现最优的功率分配方案。

$$p'_{s,j}\left(t+1\right)=\arg\left(\frac{\partial F\left(\xi\left(t\right);p'_{s,j},\tau\left(t\right);\psi,\chi\right)}{\partial p'_{s,j}}=0\right) \tag{5-31}$$

$$\tau\left(t+1\right)=\arg\left(\frac{\partial F\left(\xi\left(t\right);p'_{s,j}\left(t+1\right),\tau;\psi,\chi\right)}{\partial \tau}=0\right) \tag{5-32}$$

$$\xi(t+1)=\xi(t)-\ell(\sum_{s=1}^{S}\Delta p\sum_{j=1}^{J}p'_{s,j}(t+1)+\tau(t+1)P_c-1) \tag{5-33}$$

$$\psi_s(t+1)=\psi_s(t)-\beta(t)(\sum_{j=1}^{J}p'_{s,j}-\tau P_{\max}) \tag{5-34}$$

$$\chi_j(t+1)=\chi_j(t)-\beta(t)\left(\sum_{s=1}^{S}p'_{s,j}\cdot\frac{\left|h_{s,j}\right|^2 d_{s,j}^{-\alpha}}{\sum_{m=1}^{M}p_m\left|h_{m,j}\right|^2 d_{m,j}^{-\alpha}+\sigma^2}-\tau\lambda\right) \tag{5-35}$$

基于 ADMM 算法功率分配的具体步骤如下。

（1）初始化迭代次数 I，常量惩罚因子 $\ell>0$，初始化对偶变量 ξ、ψ_s 和 χ_j。

（2）初始化 $p'_{s,j}$、τ。

（3）如果在迭代次数范围内，则根据式（5-31）和式（5-32）计算 $p'_{s,j}$ 和 τ。

（4）根据式（5-33）至式（5-35）更新对偶变量 ξ、ψ_s 和 χ_j。

（5）通过式（5-23）计算能源效率。

（6）更新迭代次数 $I=I+1$。

（7）当达到最大迭代次数或找到最优解时，算法停止。

5.5 仿真结果与性能分析

本节通过 MATLAB 仿真，考虑一个两层异构蜂窝网络场景，用户随机分布在 300 m×300 m 的小区范围内。设置人工鱼种群各参数分别为 $P=50$，$m=100$，$v=7$，$d=2$，$t=10$，$\mathrm{st}=a\times v$，$a\in(0,1)$ 为视步系数[15]，仿真参数如表 5-1 所示。

表 5-1　仿真参数

参 数 名	设 定 值
宏小区半径/m	300
小小区半径/m	30
子信道带宽（w）/kHz	25
噪声谱密度/（dBm/Hz）	−174
路径损耗因子（α）	−4
宏基站的发射功率（p_m）/dBm	46
小基站的发射功率（p_s）/dBm	23
小基站最大发射功率（$P_{\max}$）/dBm	30
静态电路消耗（p_c）/dBm	10
功率放大器效率（Δp）	4
用户的最小速率（$R_{\min}$）/(bps/Hz)	1

图 5-3 显示了当 $S=5$、$J=8$ 时，AFSA 用户关联方案的收敛曲线。分别考虑 $P=20$、$P=40$ 和 $P=60$ 三种情况下，AFSA 用户关联方案的收敛性。从图中可以看出，人工鱼群数量 $P=20$ 时，由于种群数的多样性较低，且迭代次数有限，人工鱼群位置更新的次数较少，因此得到的解与最优解存在一定的偏

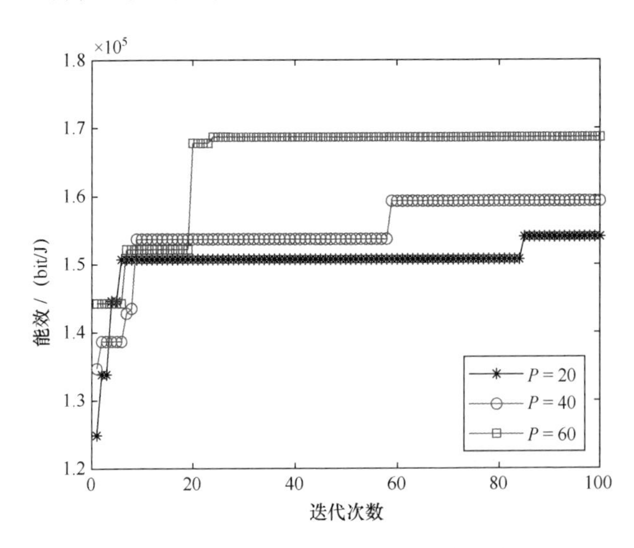

图 5-3　AFSA 用户关联方案收敛曲线

差。然而，随着人工鱼群数量的增加，种群多样性提高，人工鱼群位置更新的次数增多，得到的解会更接近最优解。当$P=60$时，AFSA 算法在 25 次迭代中达到收敛，验证了算法的有效性。

图 5-4 显示了小小区数量从 3 增加到 8 时的能效变化。从图中可以看出，当在宏小区中部署更多的小小区时，AFSA 算法得到最优的用户关联方案，提高系统能效。另外，与固定关联用户数目（每个 SBS 关联 5 个用户）相比，随着小小区数量的增加，AFSA 算法的系统能效高于固定关联用户数目方案。这是因为 MBS 关联的用户被卸载到 SBS 中，使基站间的负载达到均衡，每个 SBS 充分提供了其关联的用户所需的资源，在一定程度上提高了资源利用率，从而有效地提高了系统能效。

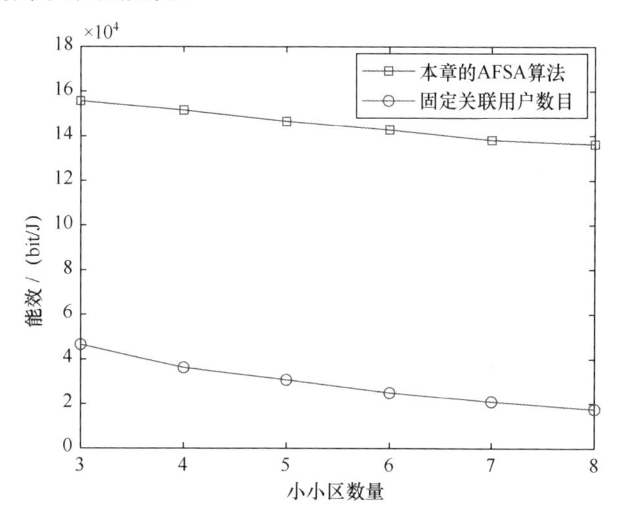

图 5-4　不同小小区数量的能效变化

图 5-5 显示了 ADMM 算法的收敛性。当$S=5$，$J=8$时，从图中可以看出，在有限次迭代内，随着迭代次数的增加，能效优化问题逐渐收敛。同时，本章提出的 ADMM 算法进行功率分配可以在 10 次迭代内找到最优解，这证明了该算法的有效性。

图 5-6 所示为小小区能效与小小区数量的对比，显示了三种功率分配方案下的最优 EE。这三种方案分别是本章所提出的 ADMM 算法，文献[16]中的等功率分配算法，文献[17]中的随机功率分配算法。在这三种方案中，随着小小区数量的增加，本章所提出的方案比其他两种方案具有最优的 EE。这是因为对 SUE 进行合理的功率分配方案可以减小 SBS 的功耗和降低对 MUE 的干扰，从而提高小小区能效，达到绿色通信的目的。

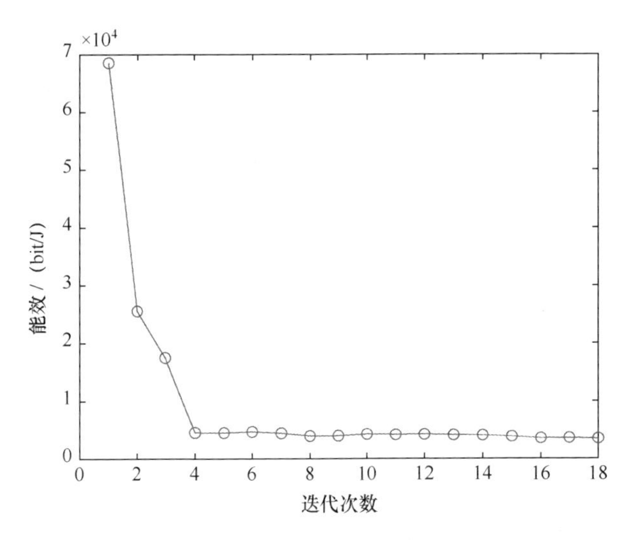

图 5-5　ADMM 算法的收敛性

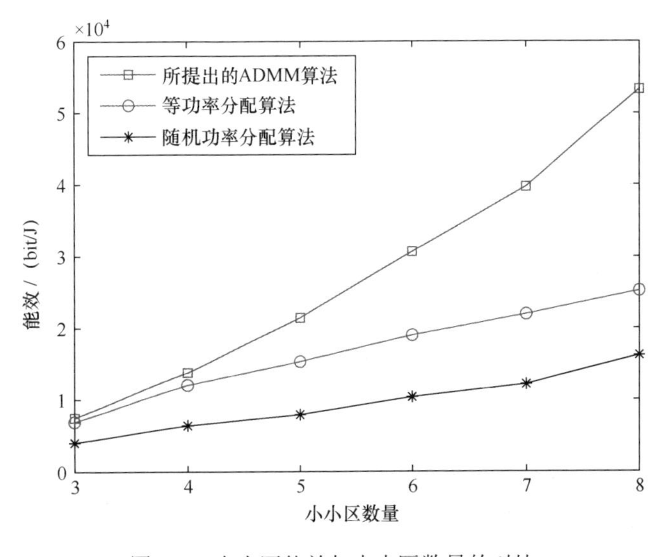

图 5-6　小小区能效与小小区数量的对比

5.6　本章小结

本章研究了异构蜂窝网络中的能效最大化问题，在满足用户服务质量要求和最大功率约束的条件下，提出了一种用户关联和小小区用户功率分配的方案。该方案将用户关联变量映射为人工鱼的位置，系统能效转化为人工鱼在某一位置的食物浓度，采用人工鱼群算法实现用户关联[18]。采用 MATLAB 仿真分析了基于人工鱼群算法的用户关联方案与固定用户关联数目方案对能效的影响，从仿真结果可以看出，基于人工鱼群算法的用户关联方案的能效明显优于固定用户关联数目方案。此外，通过交替方向乘子法 ADMM 对 SUE 进行功率分配。数值仿真结果表明，所提出的方案在 10 次迭代内收敛，并且与等功率分配和随机功率分配方案相比，所提出的方案可以显著提高能效。

参 考 文 献

[1] ZHANG S, WU Q, XU S, et al. Fundamental Green Tradeoffs: Progresses, Challenges, and Impacts on 5G Networks[J]. IEEE Communications Surveys Tutorials, 2017, 19(1): 33-56.

[2] ZHANG H, JIANG C, BEAULIEU N, et al. Resource Allocation in Spectrum-Sharing OFDMA Femtocells with Heterogeneous Services[J]. IEEE Transactions on Communications, 2014, 62(7): 2366-2377.

[3] SIDDIQUE U, TABASSUM H, HOSSAIN E, et al. Channel-Access Aware User Association with Interference Coordination in Two-Tier Downlink Cellular Networks[J]. IEEE Transactions on Vehicular Technology, 2016, 65(7): 5579-5594.

[4] WANG N, HOSSAIN E, BHARGAVA V K. Joint Downlink Cell Association and Bandwidth Allocation for Wireless Backhauling in Two-Tier HetNets with Large-Scale Antenna Arrays[J]. IEEE Transactions on Wireless Communications, 2016, 15(5): 3251-3268.

[5] WU Z, XIE W, YANG F, et al. User Association in Heterogeneous Network with Dual Connectivity and Constrained Backhaul[J]. China Communications, 2016, 13(2): 11-20.

[6] BENMIMOUNE A, KHASAWNEH F, KADOCH M. User Association for HetNet Small Cell Networks[C]//2015 3rd International Conference on Future Internet of Things and Cloud, 2015: 113-117.

[7] HATTAB G, CABRIC D. Coverage and Rate Maximization via User Association in Multi-Antenna HetNets[J]. IEEE Transactions on Wireless Communications, 2018, 17(11): 7441-7455.

[8] ZHANG H, LIU H, CHENG J, et al. Downlink Energy Efficiency of Power Allocation and Wireless Backhaul Bandwidth Allocation in Heterogeneous Small Cell Networks[J]. IEEE Transactions on Communications, 2018, 66(4): 1705-1716.

[9] QIU Y, ZHANG H, LONG K, et al. Energy-Efficient Power Allocation with Interference

Mitigation in Mmwave-Based Fog Radio Access Networks[J]. IEEE Wireless Communications, 2018, 25(4): 25-31.

[10] EFREM C, PANAGOPOULOS A. A Framework for Weighted-Sum Energy Efficiency Maximization in Wireless Networks[J]. IEEE Wireless Communications Letters, 2019, 8(1): 153-156.

[11] FANG F, YE G, ZHANG H, et al. Energy-Efficient Joint User Association and Power Allocation in a Heterogeneous Network[J]. IEEE Transactions on Wireless Communications, 2020, 19(11): 7008-7020.

[12] GHIMIRE J, ROSENBERG C. Resource Allocation, Transmission Coordination and User Association in Heterogeneous Networks: A Flow-Based Unified Approach[J]. IEEE Transactions on Wireless Communications, 2013, 12(3): 1340-1351.

[13] SHEN K, YU W. Distributed Pricing-Based User Association for Downlink Heterogeneous Cellular Networks[J]. IEEE Journal on Selected Areas in Communications, 2014, 32(6): 1100-1113.

[14] ZHAO Z J, PENG Z, ZHENG S L, et al. Cognitive Radio Spectrum Allocation Using Evolutionary Algorithms[J]. IEEE Transactions on Wireless Communications, 2009, 8(9): 2267-2277.

[15] 刘东林, 李乐乐. 一种新颖的改进人工鱼群算法[J]. 计算机科学, 2017, 44(4): 281-287.

[16] BASH B, GOECKEL D, TOWSLEY D. Asymptotic Optimality of Equal Power Allocation for Linear Estimation of WSS Random Processes[J]. IEEE Wireless Communications Letters, 2013, 2(3): 247-250.

[17] LEE H, MODIANO E, LE L. Distributed Throughput Maximization in Wireless Networks via Random Power Allocation[J]. IEEE Transactions on Mobile Computing, 2012, 11(4): 577-590.

[18] 张文倩, 倪菊, 刘小兰, 等. 5G 通信组播传输分组策略与资源分配算法研究[J]. 计算机应用与软件, 2020.

第 6 章 NOMA 资源管理技术

资源管理是将网络资源分配给无线通信的过程，最大限度地向网络中的用户成功传输信息。无线资源管理方案中广泛使用的方法是实现灵活的资源分配。在具有多个无线接入技术的 HetCNets 中，设计有效的无线资源分配技术至关重要。由于来自不同层的小区具有不同的发射功率，通常彼此之间非常接近，所以从一个设备发送的信号可能会干扰附近正在使用同一频带进行通信的其他设备，产生复杂的干扰场景。不同网络层中的用户之间发生的干扰，如宏小区和毫微微小区之间的干扰，同一网络层中用户之间的干扰，这些干扰的产生对整个系统性能产生很大的影响。为了减轻干扰，可以利用有效的资源分配技术来优化整个系统的性能。通常，衡量一个系统的性能指标有系统吞吐量、能效、频谱效率和 QoS。图 6-1 所示为无线资源管理技术分类。

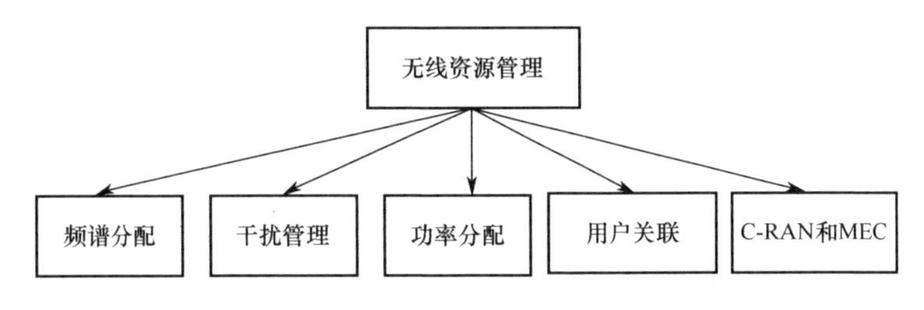

图 6-1 无线资源管理技术分类

随着绿色通信的日益普及，异构蜂窝网络中的能效问题成为当前的研究热点，一般常用的能效优化资源分配技术有功率分配、用户关联和频谱分配等。

6.1 引言

随着移动互联网服务的普及，无线网络上的多媒体服务几乎已经部署到生活的所有场景中。多媒体数据业务在无线网络中爆炸性地增长[1]。这意味着无线网络将需要利用所有可用频谱并使用大规模连接。近年来，异构蜂窝网络（HetCNets）和非正交多址接入（Non-Orthogonal Multiple Access，NOMA）技术受到了广泛的关注[2]。可以预见，HetCNets 和 NOMA 的联合可以结合它们各自的优势，增强未来移动网络中的能量和带宽。但在这种情况下，大量设备的接入和小蜂窝之间的干扰将使 NOMA HetCNets 中的能耗问题更加严重。因此，在移动网络中设计有效的子信道和功率分配方案对实现绿色通信至关重要[3]。

文献[4]提出了一种多对一匹配算法来处理下行链路 NOMA 网络中的子信道分配问题。但是，在匹配过程中，双方都有固定的偏好列表，这不利于找到稳定的匹配方案。文献[5]提出了一种基于匹配理论的次优求解算法，用于 NOMA HetCNets 中的子信道分配。但是，这种算法固定了复用每个子信道的小小区数量，不能有效地利用频谱资源。上述研究很少考虑使用动态匹配方法来处理子信道分配问题。这将忽略小小区之间的同层干扰和对宏小区用户（Macro Cell User，MCU）的跨层干扰。因此，这些方法无法有效地减少干扰，减弱了 NOMA HetCNets 中小小区用户（Small Cell User，SCU）通信的性能。

除此之外，将大量移动设备连接到 SBS 导致 SBS 的功耗较高。在这种情况下，应该考虑将功率分配作为优化能源效率（Energy Efficiency，EE）的关键因素。文献[6]提出了一种功率分配算法来优化 EE，并被证明其优于正交频分多址接入（Orthogonal Frequency Division Multiple Access，OFDMA）方案。文献[7]在 NOMA 系统中研究了一种节能的资源分配方法。在实际情况下，SBS 节点的可用能量是有限的[8]。但是，上述所有研究都没有考虑在 SBS 上利用能量收集（Energy Harvesting，EH）单元来减少网络的能量消耗。文献[9]研究了子信道分配和功率优化，通过考虑 EH 和跨层干扰来最大化小小区的总 EE。然而，这忽略了复用相同子信道的小小区之间的同层干扰。如果这种干扰不能很好地消除，则将增加 SBS 的能耗[10]。文献[11]在跨层/同层干扰约束、EH 约束和不完美的信道状态信息下研究了功率分配和子信道分配。但在这些研究中，没有考虑 SBS 的可用能量约束，确保 SBS 能够获取所需的最小能量来改善系统 EE [12]。

基于以上研究，本章在 NOMA HetCNets 中，考虑 SBS 的 EH 约束及跨层和同层干扰的同时，提出了一种联合子信道和功率分配方案，解决了带有 EH 约束的 NOMA HetCNets 中小小区的 EE 最大化问题。首先，提出一种基于干扰超图改进的盖尔沙普利（Gale-Shapley）匹配算法用于子信道分配，求出子信道分配矩阵。然后，利用拉格朗日对偶方法优化 SCU 的功率分配。最后，联合子信道和功率分配算法来迭代更新系统能效。

6.2　系统模型及问题形成

6.2.1　系统模型

考虑一个两层的下行链路 NOMA 异构蜂窝网络模型，如图 6-2 所示，该模型包含一个 MBS 和一组 SBS。小小区和 MCU 的集合分别表示为 $\mathcal{S}=\{1,2,\cdots,S\}$ 和 $\mathcal{M}=\{1,2,\cdots,M\}$。$\mathcal{N}=\{1,2,\cdots,N\}$ 为子信道的集合，每个子信道相互正交，并且每个 MCU m 仅分配一个子信道。同时，子信道的带宽为 w。$\mathcal{K}=\{1,2,\cdots,K\}$ 为 SCU 的集合，在每个小小区中，SBS 通过 NOMA 协议服务 K 个 SCU。小小区的最大传输功率表示为 $P_{\max}^{S}$。假设每个 SBS s 仅占用一个子信道，并且每个用户只有一个天线[13]。

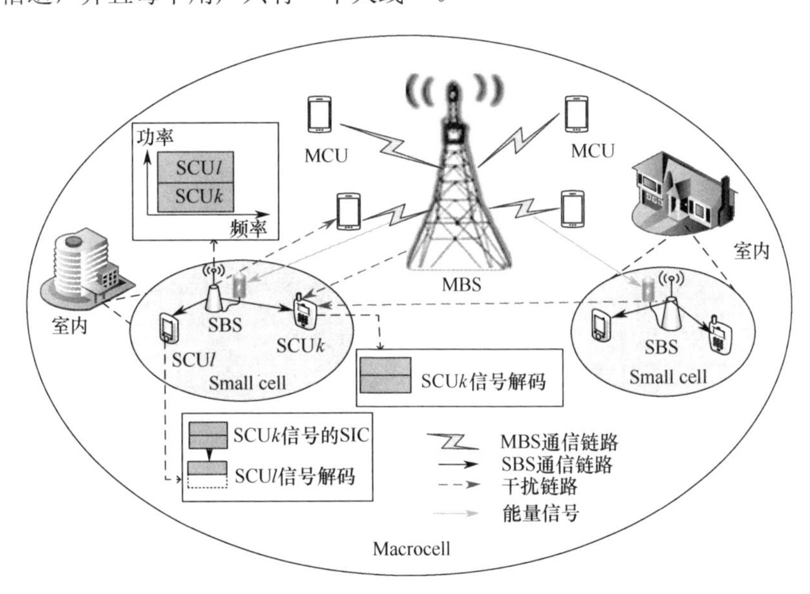

图 6-2　下行链路 NOMA 异构蜂窝网络模型

在本章中，一个子信道可以被多个 SBS 复用。系统的信道模型由大规模的路径损耗和小规模的瑞利衰落组成[14]，信道增益可表示为 $G_{i,j}=|h_{i,j}^{n}|^{2}\cdot d_{i,j}^{-\alpha}$，其中 $h_{i,j}^{n}$ 是瑞利衰落系数，$d_{i,j}$ 是第 i 个基站到第 j 个用户的距离，α 是路径损耗指数。SBS 采用叠加编码技术，利用连续干扰消除（Successive Interference

Cancellation，SIC）技术消除信道增益较小的 SCU 对小小区中其他 SCU 的干扰。SBS 发送叠加信号 $\sum_{k=1}^{K} a_{s,k}^{n} s_{s,k}^{n}$ 到终端，其中，$s_{s,k}^{n}$ 是 SCU k 的信号，$a_{s,k}^{n}$ 为功率分配系数。通常，假设将 SCU 的信道增益按 $G_{s,1}^{n} \leqslant \cdots \leqslant G_{s,K}^{n}$ 进行排序。因此，第 k 个 SCU 接收的信号为

$$y_{s,k}^{n} = h_{s,k}^{n} \sqrt{a_{s,k}^{n} p_s d_{s,k}^{-\alpha}} s_{s,k}^{n} + h_{s,k}^{n} \sum_{l=k+1}^{K} \sqrt{a_{s,l}^{n} p_s d_{s,k}^{-\alpha}} s_{s,l}^{n} + \sum_{m=1}^{M} \beta_{n,s}^{m} h_{\mathrm{ms},k}^{n} \sqrt{p_m d_{\mathrm{ms},k}^{-\alpha}} x_m + \sum_{s^* \neq s} \beta_{s^*,s} h_{s^*,k}^{n} \sqrt{p_s d_{s^*,k}^{-\alpha}} s_{s^*} + \zeta_{s,k}^{n} \tag{6-1}$$

式（6-1）的每项分别是 SBS 发送给 SCU 的信号，相同小小区中的 SCU 的共信道干扰，宏小区的跨层干扰，其他小小区的同层干扰，以及遵循 $\mathcal{CN}(0,\delta^2)$ 分布的加性高斯白噪声。其中，x_m 和 s_{s^*} 分别表示从 MBS 传输到 MCU m 的信号，以及从 SBS s^* 传输到 SCU k 的信号；$h_{s,k}^{n}$、$h_{\mathrm{ms},k}^{n}$ 和 $h_{s^*,k}^{n}$ 分别表示从 SBS s 到 SCU k 的信道系数，从 MBS 到 SCU k 的信道系数，以及从其他 SBS s^* 到 SCU k 的信道系数。p_s 和 p_m 为 SBS 和 MBS 的发射功率；$\beta_{n,s}^{m}$ 为子信道分配的指示变量，如果子信道 n 分配给小小区 s，则 $\beta_{n,s}^{m}=1$，否则，$\beta_{n,s}^{m}=0$；$\beta_{s^*,s}$ 为二进制分配变量，如果小小区 s^* 和 s 复用相同的子信道，则 $\beta_{s^*,s}=1$，否则，$\beta_{s^*,s}=0$。

根据式（6-1），SCU k 通过将其余 SCU 的信号视为干扰来对信号进行解码。因此，由 SCU k 接收到的 SINR 可以表示为

$$\gamma_{s,k}^{n} = \frac{a_{s,k}^{n} p_s |h_{s,k}^{n}|^2 d_{s,k}^{-\alpha}}{|h_{s,k}^{n}|^2 d_{s,k}^{-\alpha} \sum_{l=k+1}^{K} p_s a_{s,l}^{n} + I_{\mathrm{ms},k} + I_{s^*,k} + \delta^2} \tag{6-2}$$

式中，$I_{\mathrm{ms},k} = \sum_{m=1}^{M} \beta_{n,s}^{m} p_m |h_{\mathrm{ms},k}^{n}|^2 d_{\mathrm{ms},k}^{-\alpha}$ 表示 MBS 到 SCU k 的跨层干扰；$I_{s^*,k} = \sum_{s^* \neq s} \beta_{s^*,s} p_s |h_{s^*,k}^{n}|^2 d_{s^*,k}^{-\alpha}$ 表示复用同一子信道的其他小小区之间产生的同层干扰。根据式（6-2），小小区 s 中 SCU k 的数据速率为

$$R_{s,k}^{n} = w \log_2(1+\gamma_{s,k}^{n}) \tag{6-3}$$

此外，为了满足 MCU 的通信需求，设置底层链路对 MCU 的干扰阈值。因

此，跨层干扰可以表示为

$$I_{m,n}=\sum_{s=1}^{S}\beta_{n,s}^{m}p_{s}\,|\,h_{s,m}^{n}\,|^{2}\,d_{s,m}^{-\alpha} \tag{6-4}$$

当大规模用户设备接入小小区时，需要考虑 SBS 的功耗问题。假设每个 SBS 都配备一个 EH 单元，可以使用接收的能量来补充 SBS 消耗的能量[15]。假定 SBS 的 EH 来自射频（Radio Frequency，RF），因此 RF 能量传输时不需要配备任何昂贵的组件[16]。在实际的无线网络中，采用同时无线信息和功率传输（Simultaneous Wireless Information and Power Transmission，SWIPT）技术，SBS 接收 MBS 发送的无线信号。与此同时，SBS 从接收的 RF 信号中收集能量延长电池寿命和提高网络能效。在这种情况下，SBS 收集的能量可表示为

$$E_{s}=\xi\sum_{s=1}^{S}\sum_{n=1}^{N}\sum_{k=1}^{K}\beta_{n,s}^{m}a_{s,k}^{n}p_{s}\,|\,\nu_{s,k}\,|^{2} \tag{6-5}$$

式中，ξ 是能量转换效率；$\nu_{s,k}$ 是 RF 波束成形信号[17]。因此，总功耗可以表示为

$$P_{\mathrm{ST}}=p_{c}+\sum_{s=1}^{S}\sum_{n=1}^{N}\sum_{k=1}^{K}\beta_{n,s}^{m}a_{s,k}^{n}p_{s}-\xi\sum_{s=1}^{S}\sum_{n=1}^{N}\sum_{k=1}^{K}\beta_{n,s}^{m}a_{s,k}^{n}p_{s}\,|\,\nu_{s,k}\,|^{2} \tag{6-6}$$

式中，p_c 是总的静态电路功耗；$\sum_{s=1}^{S}\sum_{n=1}^{N}\sum_{k=1}^{K}\beta_{n,s}^{m}a_{s,k}^{n}p_{s}$ 是 SBS 消耗的发射功率。

6.2.2　问题形成

本章的优化目标是在满足 MCU 干扰限制的同时，最大化小小区的能效（EE）。定义子信道和功率分配矩阵分别为 $\boldsymbol{\beta}=[\beta_{n,s}^{m}]_{N\times S}$ 和 $\boldsymbol{\alpha}=[\alpha_{s,k}^{n}]_{S\times K}$。因此，EE 优化问题可以由式（6-7）表示。

$$\max_{\boldsymbol{\beta},\boldsymbol{a}}(\mathrm{EE})=\frac{\sum_{s=1}^{S}\sum_{n=1}^{N}\sum_{k=1}^{K}\beta_{n,s}^{m}R_{s,k}^{n}}{P_{\mathrm{ST}}} \tag{6-7}$$

$$\text{s.t.}\sum_{s=1}^{S}\sum_{n=1}^{N}\sum_{k=1}^{K}\beta_{n,s}^{m}a_{s,k}^{n}p_{s}\leqslant P_{\max}^{S} \tag{6-7a}$$

$$E_{s}\geqslant e_{s},\forall s \tag{6-7b}$$

$$\gamma_{s,k}^{n} \geqslant \gamma_{s,k}^{\text{th}}, \forall s,k \tag{6-7c}$$

$$\sum_{s=1}^{S} \beta_{n,s}^{m} p_s \mid g_{s,m}^{n} \mid^2 d_{s,m}^{-\alpha} \leqslant I_{m,n}^{\text{th}}, \forall m,n \tag{6-7d}$$

$$\beta_{n,s}^{m} \in \{0,1\}, \forall s,n \tag{6-7e}$$

$$\sum_{n} \beta_{n,s}^{m} \leqslant 1, \forall s \tag{6-7f}$$

$$a_{s,k}^{n} \geqslant 0, \forall s,k \tag{6-7g}$$

$$\sum_{k=1}^{K} a_{s,k}^{n} \leqslant 1, \forall s \tag{6-7h}$$

其中，式（6-7a）为 SBS 的发射功率限制，式（6-7b）是 EH 阈值，式（6-7c）为 SCU 的 SINR 阈值，式（6-7d）是确保 MCU 的通信质量，式（6-7e）和式（6-7f）保证每个子小小区最多可以分配一个子信道，式（6-7g）和式（6-7h）为功率分配系数的约束。由于式（6-7）中子信道分配的离散性，所以此问题是一个非凸问题，求解复杂度较高。

6.3 联合子信道和功率分配方案

为了降低计算复杂度，将非凸问题分解为子信道匹配和功率分配问题。因此，本节提出一种联合子信道和功率分配方案，实现最大化小小区的 EE。

6.3.1 基于干扰超图的子信道分配

本小节首先解决子信道分配问题，假设每个 SCU 分配相等的功率，通过基于干扰超图改进的 Gale-Shapley 匹配算法进行子信道分配。因此，子信道分配的子问题可以表示为

$$\max_{\beta} \text{EE} = \frac{\sum_{s=1}^{S}\sum_{n=1}^{N}\sum_{k=1}^{K} \beta_{n,s}^{m} R_{s,k}^{n}}{P_{\text{ST}}} \tag{6-8}$$

$$\text{s.t. 式（6-7d）至式（6-7f）} \tag{6-8a}$$

通常可以使用匹配理论来有效地解决子信道分配问题 [18]。小小区和子信道被视为自私和理性的参与者，它们相互作用最大化自身利益实现最佳匹配。因此，本小节提出一种基于干扰超图改进的 Gale-Shapley 匹配算法，以解决子信道分配问题。下面具体描述子信道匹配过程。

假设 SBS 和子信道具有彼此完整的信息[19]，其彼此可以相互交换信息。基于 SINR 反馈和干扰超图集合的限制，SBS 可以形成联盟来减少同层干扰。此外，如果将小小区 s 分配给子信道 n，则 s 和 n 彼此匹配构成联盟。为了研究此匹配问题，做如下定义。

定义 6-1：给定小小区集合 $\mathcal{S}=\{1,2,\cdots,S\}$ 和子信道集合 $\mathcal{N}=\{1,2,\cdots,N\}$，匹配状态被定义为集合 $\mathcal{S}\cup\mathcal{N}$，其满足条件 $n\in\mathcal{N}$ 和 $s\in\mathcal{S}$：

（1）$\left|\psi\left(s\right)\right|\leqslant 1$ 和 $\psi(s)\in\mathcal{N}\cup\varnothing$；

（2）如果 $s\in\psi(n)$，则 $\psi(s)=n$。

其中，$\left|\psi(\cdot)\right|$ 表示匹配结果 $\psi(\cdot)$ 的基数。条件（1）表示由式（6-7f）给出的约束。条件（2）表示小小区 s 和子信道 n 彼此匹配。

为了描述匹配过程，将小小区和子信道建立的首选项列表按降序排列，并计算可实现的效用。每个小小区 s 的偏好函数可以描述为

$$U_s(n,\psi)=\frac{\sum_{k=1}^{K}R_{s,k}^{n}}{P_{\mathrm{ST}}} \tag{6-9}$$

不失一般性，将任意一个小小区 s 在子信道 $\mathcal{N}$ 集合上的偏好关系表示为 $\succ_s$。根据小小区 s 的效用函数定义，对于任意两个子信道 $n,n'\in\mathcal{N}$，两个匹配状态 ψ 和 ψ'，有 $n\in\psi(s)$，$n'\in\psi'(s)$，则小小区在不同匹配状态下子信道上的偏好关系可以表示为

$$(n,\psi)\succ_s(n',\psi')\Leftrightarrow U_s(n,\psi)>U_s(n',\psi') \tag{6-10}$$

式（6-10）表示当小小区 s 复用子信道 n 比复用子信道 n' 获得更高的效用时，小小区 s 更偏好在子信道 n 中的匹配状态 ψ。类似地，每个子信道 n 建立其偏好函数为

$$U_n(s,\psi)=\frac{\sum_{s=1}^{S}\beta_{n,s}^{m}\sum_{k=1}^{K}R_{s,k}^{n}}{P_{\mathrm{ST}}} \tag{6-11}$$

对于任意一个子信道n，其在小小区集合$\mathcal{S}$上的偏好关系为$\succ_n$。具体地说，对于任意两个小小区的子集$s,s'\in\mathcal{S}$，$s\neq s'$，并且$s=\psi(n)$，$s'=\psi'(n)$，即

$$(s,\psi)\succ_n(s',\psi')\Leftrightarrow U_n(s,\psi)>U_n(s',\psi') \tag{6-12}$$

式（6-12）表示当子信道n选择小小区s比s'获得更高的效用时，子信道n会优先选择小小区s而不选择s'。

定义匹配规则和偏好列表后，本小节的目标是找到一个稳定的匹配方案。如果多个小小区复用同一子信道，则会对 MCU 和相邻小小区造成干扰。因此，玩家可以根据其他玩家的动作来改变其在给定子信道上的偏好顺序。玩家彼此交换偏好，以实现稳定的匹配。这种相互依赖的关系在匹配理论中被称为外部性[20]。如果不能很好地处理外部性，则将无法实现最终稳定的子信道分配。在本小节中，通过一种基于干扰超图改进的 Gale-Shapley 匹配算法来处理这种外部性，其没有限制复用小小区的最大数量，而是通过干扰超图集合和 MCU 的干扰阈值间接限制复用小小区的数量，动态地改变复用同一子信道小小区的数量。

在匹配交换操作之前，首先处理由相邻小小区引起的外部性，将初始网络表示为干扰超图。在所定义的干扰超图中，小小区s被定义为通信组，并通过普边（所有强独立干扰连接起来的边）将小小区s与满足式（6-13）的所有其他顶点连接。在这种情况下，满足式（6-13）的顶点对小小区s有很强的独立干扰。强独立干扰和累积弱干扰示意图如图 6-3 所示，深色表示一组具有强独立干扰的小小区。因此，小小区s的强独立干扰可以定义为[21]

$$\frac{G_{s,i}p_s}{G_{s^*,i}p_{s^*}}\leqslant\xi_i \tag{6-13}$$

式中，ξ_i为强独立干扰阈值。此外，将小小区s与满足式（6-14）且没有与普边连接的其余顶点连接在一起形成超边。超边表示多个小小区间的累积弱干扰。如图 6-3 所示，浅色表示一组具有累积弱干扰的小小区。类似地，小小区s的累积弱干扰为[22]

$$\frac{G_{s,i}p_s}{\sum_{s^*}^{\varepsilon-1}G_{s^*,i}p_{s^*}}\leqslant\xi_c \tag{6-14}$$

式中，ε 是构建超边时小小区的最大数量；ξ_c 是累积弱干扰阈值。小小区的冲突域 Ω_{s_i} 和 Ω_{s_c} 可以表示为

$$\Omega_{s_i}=\left\{s'\in\mathcal{S}:\frac{G_{s,i}p_s}{G_{s^*,i}p_{s^*}}\leqslant\xi_i\right\} \tag{6-15}$$

$$\Omega_{s_c}=\left\{s'\in\mathcal{S}:\frac{G_{s,i}p_s}{\sum_{s^*}^{\varepsilon-1}G_{s^*,i}p_{s^*}}\leqslant\xi_c\right\} \tag{6-16}$$

普边集合 Ω_{s_i} 中的小小区 s 不能与 s' 复用同一子信道，并且超边集合 Ω_{s_c} 中小小区的干扰也不能大于累积弱干扰阈值 ξ_c。这意味着具有强干扰的小小区不能复用同一子信道，并且复用同一子信道的小小区的累积弱干扰不能超过累积弱干扰阈值 ξ_c。因此，可以通过构造干扰冲突集合来动态调整复用同一子信道的小小区的数量，消除同层干扰，并且使系统达到稳定的匹配。

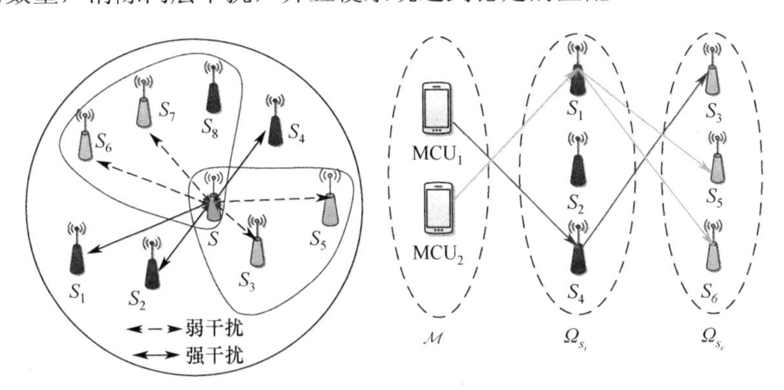

图 6-3 强独立干扰和累积弱干扰示意图

在开始匹配交换操作时，任意两个小小区之间的交换操作都在其匹配的子信道上进行。作为自私的参与者，小小区首先选择信道条件较好的子信道进行匹配。如果在小小区交换之后，同一子信道上的小小区处于强干扰冲突集合中，则它们之间不会发生交换。如果复用该子信道的小小区之间的累积弱干扰在累积弱干扰阈值的范围内，则这些小小区可以同时复用同一子信道。当小小区已经与子信道匹配时，该子信道将拒绝其他小小区发送的请求。此时，被拒绝的小小区将重新发送请求给新的子信道，并且不会选择该子信道。当所有小小区都与子信道匹配时，即可实现匹配过程。

在交换操作之后，每个子信道上匹配的小小区集合应不包含强干扰小小

区。因此，交换匹配可以定义为

$$\psi_s^{s'} = \psi \setminus \{(s,\psi(s)),(s',\psi(s'))\} \cup \{(s,\psi(s')),(s',\psi(s))\}，\psi(n) \notin \Omega_{s_i}，\psi(n) \in \Omega_{s_c} \tag{6-17}$$

其中，小小区 s 和 s' 的交换需要确保其他小小区和子信道的匹配不改变。在交换匹配期间，允许某个小小区不匹配子信道。根据上面对交换匹配的描述，交换阻塞对可以被定义如下。

定义 6-2：在匹配状态 ψ 中，小小区 (s, s') 为交换阻塞对时，需满足如下两个条件：

（1）$\forall j \in \{s,s',\psi(s),\psi(s')\}, U_j(\psi_s^{s'}) \geqslant U_j(\psi)$ 并且 $\psi(n) \notin \Omega_{s_i}$，$\psi(n) \in \Omega_{s_c}$；

（2）$\exists j \in \{s,s',\psi(s),\psi(s')\}, U_j(\psi_s^{s'}) > U_j(\psi)$ 并且 $\psi(n) \notin \Omega_{s_i}$，$\psi(n) \in \Omega_{s_c}$。

注意，该定义显示，如果任意两个小小区在两个子信道之间交换偏好，则每个子信道上匹配的小小区必须不包含具有强干扰的小小区，否则不允许它们相互交换。同时，所有相关参与者的效用在交换操作后不会减少。此外，如果没有交换阻塞对，则会实现稳定的匹配。

基于以上分析，基于干扰超图改进的 Gale-Shapley 匹配算法（MGSIH）的具体步骤如下。

（1）初始化首选项列表 U_s、U_n，冲突集 Ω_{s_i}、Ω_{s_c} 和交换请求的次数 $b=0$，将偏好列表按降序排列。

（2）构造初始匹配集合 M，匹配标记 $\mathrm{M\_sg}$ 和没有匹配的小小区集合 F。

（3）如果 $\sum \mathrm{M\_sg} > 0$ 且 $I < I_{m,n}^{\mathrm{th}}$，则继续执行。

（4）如果 $F \neq \varnothing$，$\forall s \in F$，则小小区 s 向其偏好的子信道 n 发送请求，子信道 n 接收其偏好的小小区 s，并且设置初始匹配的对应位置 $M=1$。

（5）对于 $\forall n \in N$，如果 $\exists (s,s') \in \Omega_{s_i}$，则子信道 n 拒绝小小区 s 继续搜索其他小小区的请求，更新当前匹配集 M，设置匹配标记的对应位置 $\mathrm{M\_sg}=0$，从 F 中删除已匹配的小小区。

（6）请求次数 $b=b+1$。

（7）如果 $\exists (s,s') \in \Omega_{s_i}$ 且 $\xi_{\Omega_{s_c}} \leqslant \xi_c$，则子信道 n 接收所有请求的小小区，

并且保持当前匹配状态。

（8）直到形成稳定匹配 M，算法结束。

该算法首先建立小小区和子信道的优先级列表，以降序排列它们的优先级列表，并且初始化冲突集合。F 表示与子信道不匹配的小小区的集合，初始匹配状态设置为 M。在匹配过程中，小小区将请求发送给其首选的子信道，然后该子信道接收该小小区的请求并拒绝其他小小区的请求。当匹配的小小区为空时，算法终止。此外，不同的小小区执行交换操作。每个小小区搜索其他小小区以形成交换阻塞对，然后在批准的情况下执行交换匹配并更新当前匹配。在执行交换操作之后，具有强干扰的小小区不能复用同一子信道，并且同一子信道上的小小区的累积弱干扰不能超过累积弱干扰阈值 ξ_c，其可以有效减少交换次数并消除同层干扰。因此，动态匹配算法的总开销相对较低。另外，当不满足 MCU 的干扰约束，并且没有小小区可以形成新的交换阻塞对来确定稳定的匹配状态时，交换操作停止。

在匹配模型中，分配给每个子信道的小小区的最大数量受到干扰超图集合和 MCU 的干扰阈值限制，这表明匹配的数量是有限的。在每次匹配之后，子信道和 SBS 具有对应的匹配状态。根据弱的帕累托的最优定义可以看出所得稳定匹配状态是最佳的[23]。如果没有其他匹配状态 $\psi_s^{s'}$ 来实现更高的效用，则匹配状态 ψ 是弱的帕累托最优值，即 $U_n(\psi_s^{s'}) \geqslant U_n(\psi)$。换句话说，稳定匹配的实现是匹配后不存在交换阻塞对。由于 MCU 的干扰阈值、强独立干扰阈值和累积弱干扰阈值，所以系统 EE 具有上限。当系统 EE 饱和时，匹配过程停止。

在初始化阶段，算法的复杂度不仅取决于首选项列表，还取决于干扰超图的构建。因此，所有小小区和子信道都将基于初始匹配建立其优先级列表，其复杂度为 $O(2SN)$，构造干扰超图的复杂度取决于小小区的数量 $O(S)$。在匹配阶段，所有小小区和子信道根据它们自己的偏好列表和干扰超图集合约束进行匹配，复杂度为 $O(SN\log_2(SN))$。因此，MGSIH 算法的总体计算复杂度为 $O(2SN+S+SN\log_2(SN))$。

6.3.2　基于拉格朗日的功率分配

根据以上分析，每个小小区以相等的功率分配实现了初始子信道匹配。但是，对 SCU 是分配相等的功率。本小节对 SCU 进行功率分配，以进一步优化 EE。式（6-7）中描述的优化问题可以简化为

$$\max_{\boldsymbol{a}} \frac{\sum_{s=1}^{S}\sum_{n=1}^{N}\sum_{k=1}^{K}\beta_{n,s}^{m}R_{s,k}^{n}}{P_{\mathrm{ST}}} \tag{6-18}$$

s.t. 式（6-7a）至式（6-7c），式（6-7g）至式（6-7h）（6-18a）

可以看出，优化式（6-18）是求解 $\boldsymbol{a}$ 的非凸问题。由于非凸问题是通过求解一系列凸问题来近似的[24]，因此首先将目标函数转换为凸问题。凸优化的局部最优解是全局最优解，它可以确保获得的功率分配因子是全局最优的[25]。

由于式（6-18）是分数非线性规划，因此可以通过非线性分数规划理论将问题转换为相应的减法形式，其表示为

$$\max_{\boldsymbol{a}} \sum_{s=1}^{S}\sum_{n=1}^{N}\sum_{k=1}^{K}\beta_{n,s}^{m}R_{s,k}^{n} - \eta\left(p_c + \sum_{s=1}^{S}\sum_{n=1}^{N}\sum_{k=1}^{K}\beta_{n,s}^{m}a_{s,k}^{n}p_s - \xi\sum_{s=1}^{S}\sum_{n=1}^{N}\sum_{k=1}^{K}\beta_{n,s}^{m}a_{s,k}^{n}p_s|\nu_{s,k}|^2\right) \tag{6-19}$$

s.t. 式（6-7a）至式（6-7c），式（6-7g）至式（6-7h）（6-19a）

当 f 和 g 连续且 M 为紧集时，F 存在且连续，优化问题通过 Dinkelbach 算法可以表示为 $F(\lambda)=\max\limits_{m\in M}\{f(x)-\lambda g(x)\}$。在这种情况下，得到以下结果[26]。

命题 6-1：考虑 $x^* \in M$ 并且 $\lambda^* = f(x^*)/g(x^*)$，当且仅当 $x^* = \arg\max\limits_{x\in M}\{f(x) - \lambda^* g(x)\}$ 时，x^* 是分数规划问题的解决方案。

根据命题 6-1，解决分数规划问题等于找到 $F(\lambda)$ 的唯一零点。因此，当且仅当 $\eta = \dfrac{R_S(\boldsymbol{a})}{P_{\mathrm{ST}}(\boldsymbol{a})}$ 时，才能实现小小区的能效最大，其中 $R_S(\boldsymbol{a})$ 和 $P_{\mathrm{ST}}(\boldsymbol{a})$ 分别表示为

$$R_S(\boldsymbol{a}) = \sum_{s=1}^{S}\sum_{n=1}^{N}\sum_{k=1}^{K}\beta_{n,s}^{m}R_{s,k}^{n} \tag{6-20}$$

$$P_{\mathrm{ST}}(\boldsymbol{a}) = p_c + \sum_{s=1}^{S}\sum_{n=1}^{N}\sum_{k=1}^{K}\beta_{n,s}^{m}a_{s,k}^{n}p_s - \xi\sum_{s=1}^{S}\sum_{n=1}^{N}\sum_{k=1}^{K}\beta_{n,s}^{m}a_{s,k}^{n}p_s|\nu_{s,k}|^2 \tag{6-21}$$

为了解决这个问题，令 $p_{s,k}^{n} = \beta_{n,s}^{m}a_{s,k}^{n}p_s$。同时，$R_{s,k}^{n}$ 利用不等式 $\log_2(1+\gamma) \geqslant c\log_2\gamma + b$，$\forall\gamma' \geqslant 0$ 去转化，其中 $c = \dfrac{\gamma'}{1+\gamma'}$，$b = \log_2(1+\gamma') - c\log_2\gamma'$ [27]。因

此，$R_{s,k}^{n}$ 可以重新被转化为

$$\tilde{R}_{s,k}^{n}=w\theta_{s,k}^{n}\log_2(\tilde{\gamma}_{s,k}^{n})+\varepsilon_{s,k}^{n} \tag{6-22}$$

$$\tilde{\gamma}_{s,k}^{n}=\frac{p_{s,k}^{n}\,|h_{s,k}^{n}|^2\,d_{s,k}^{-\alpha}}{|h_{s,k}^{n}|^2\,d_{s,k}^{-\alpha}\sum\limits_{l=k+1}^{K}p_{s,l}^{n}+I_{ms,k}+I_{s^*,k}+\delta^2} \tag{6-23}$$

式中，$\theta_{s,k}^{n}$ 和 $\varepsilon_{s,k}^{n}$ 表示为

$$\theta_{s,k}^{n}=\frac{\hat{\gamma}_{s,k}^{n}}{1+\hat{\gamma}_{s,k}^{n}} \tag{6-24}$$

$$\varepsilon_{s,k}^{n}=\log_2(1+\hat{\gamma}_{s,k}^{n})-\frac{\hat{\gamma}_{s,k}^{n}}{1+\hat{\gamma}_{s,k}^{n}}\log_2\hat{\gamma}_{s,k}^{n} \tag{6-25}$$

当 $\tilde{\gamma}_{s,k}^{n}=\hat{\gamma}_{s,k}^{n}$ 时，下界有限。$\hat{\gamma}_{s,k}^{n}$ 是 SINR 的最后一次迭代的值[76]。在这种情况下，式（6-19）可以重写为

$$\max_{\boldsymbol{p}}\sum_{s=1}^{S}\sum_{n=1}^{N}\sum_{k=1}^{K}\beta_{n,s}^{m}\tilde{R}_{s,k}^{n}-\eta\left(p_c+\sum_{s=1}^{S}\sum_{n=1}^{N}\sum_{k=1}^{K}p_{s,k}^{n}-\xi\sum_{s=1}^{S}\sum_{n=1}^{N}\sum_{k=1}^{K}p_{s,k}^{n}\,|\nu_{s,k}|^2\right) \tag{6-26}$$

s.t. 式（4-7a）至式（4-7c） （6-26a）

$$\frac{p_{s,k}^{n}}{\beta_{n,s}^{m}p_s}\geqslant 0,\forall s \tag{6-26b}$$

$$\sum_{k=1}^{K}p_{s,k}^{n}\leqslant\beta_{n,s}^{m}p_s,\forall s \tag{6-26c}$$

引理 6-1：目标函数是凹的。

证明：从式（6-26）目标函数的形式可以看出，式（6-26）的第二项是 $p_{s,k}^{n}$ 的加权线性组合。仿射函数既是凸的也是凹的。因此，可以得出 $\eta\left(p_c+\sum_{s=1}^{S}\sum_{n=1}^{N}\sum_{k=1}^{K}p_{s,k}^{n}-\xi\sum_{s=1}^{S}\sum_{n=1}^{N}\sum_{k=1}^{K}p_{s,k}^{n}\,|\nu_{s,k}|^2\right)$ 是关于 $p_{s,k}^{n}$ 的凸函数。由于负的凸函数是凹函数[28]，因此 $-\eta\left(p_c+\sum_{s=1}^{S}\sum_{n=1}^{N}\sum_{k=1}^{K}p_{s,k}^{n}-\xi\sum_{s=1}^{S}\sum_{n=1}^{N}\sum_{k=1}^{K}p_{s,k}^{n}\,|\nu_{s,k}|^2\right)$ 是一个标

准的凹函数。式（6-26）中的第一项可以表示为

$$\begin{aligned}\tilde{R} &= \beta_{n,s}^{m}\tilde{R}_{s,k}^{n} = \beta_{n,s}^{m} w\theta_{s,k}^{n}\log_2(\tilde{\gamma}_{s,k}^{n}) + \varepsilon_{s,k}^{n} \\ &= w\theta_{s,k}^{n}\beta_{n,s}^{m}\log_2\left(\frac{p_{s,k}^{n}\,|h_{s,k}^{n}|^2\,d_{s,k}^{-\alpha}}{|h_{s,k}^{n}|^2\,d_{s,k}^{-\alpha}\sum_{l=k+1}^{K}p_{s,l}^{n} + \beta_{n,s}^{m}(I_{\mathrm{ms},k} + I_{s^*,k} + \sigma^2)}\right) + \varepsilon_{s,k}^{n}\end{aligned} \tag{6-27}$$

为了符号简化，做如下定义

$$B = |h_{s,k}^{n}|^2\,d_{s,k}^{-\alpha}\sum_{l=k+1}^{K}p_{s,l}^{n} \tag{6-28}$$

$$C = I_{\mathrm{ms},k} + I_{s^*,k} + \sigma^2 \tag{6-29}$$

因此，$\tilde{R}$ 可以被重新表示为

$$\begin{aligned}\tilde{R} &= w\theta_{s,k}^{n}\beta_{n,s}^{m}[\log_2(p_{s,k}^{n}G_{s,k}) - \log_2(B + \beta_{n,s}^{m}C)] + \varepsilon_{s,k}^{n} \\ &= w\theta_{s,k}^{n}\beta_{n,s}^{m}\log_2(p_{s,k}^{n}G_{s,k}) - w\theta_{s,k}^{n}\beta_{n,s}^{m}\log_2(B + \beta_{n,s}^{m}C) + \varepsilon_{s,k}^{n}\end{aligned} \tag{6-30}$$

此外，由于对数是一个凹函数，则式（6-30）的第一项是关于 $p_{s,k}^{n}$ 的凹函数。$\varepsilon_{s,k}^{n}$ 是一个常数项。然后，在式（6-30）的第二项中关于 $p_{s,l}^{n}$ 的二阶导数推导为

$$\frac{\partial\tilde{R}}{\partial^2 p_{s,l}^{n}} = \frac{w\cdot\theta_{s,k}^{n}\beta_{n,s}^{m}G^2}{B^2} \geqslant 0 \tag{6-31}$$

根据式（6-31）的推导，式（6-30）的第二项是凹的。考虑以上所有内容，式（6-26）的第一项是一个凹函数。

由于式（6-26）是凹函数减去仿射函数，因此，根据仿射函数和复合函数的凹凸性原理，可以得出式（6-26）是凹函数。引理 6-1 证明完毕。此外，式（6-26）中的约束是凸的。至此，式（6-26）的优化问题已经转化为凸优化问题。对于具有约束的凸问题，采用拉格朗日对偶方法来放松式（6-26a）至式（6-26c）的约束，其拉格朗日对偶函数为

$$
\begin{aligned}
&L\left(\{p_{s,k}^{n}\},\eta,\lambda_s,\mu_s,\tau_{s,k}^{n},\vartheta_s^{n}\right)=\sum_{s=1}^{S}\sum_{n=1}^{N}\sum_{k=1}^{K}\beta_{n,s}^{m}\tilde{R}_{s,k}^{n}-\\
&\eta\left(p_c+\sum_{s=1}^{S}\sum_{n=1}^{N}\sum_{k=1}^{K}p_{s,k}^{n}-\xi\sum_{s=1}^{S}\sum_{n=1}^{N}\sum_{k=1}^{K}p_{s,k}^{n}\,|\,v_{s,k}\,|^2\right)+\\
&\lambda_s\left(P_{\max}^{S}-\sum_{s=1}^{S}\sum_{n=1}^{N}\sum_{k=1}^{K}p_{s,k}^{n}\right)+\mu_s\left(\sum_{s=1}^{S}E_s-e_s\right)+\tau_{s,k}^{n}\left(\sum_{s=1}^{S}\sum_{k=1}^{K}\tilde{\gamma}_{s,k}^{n}-\gamma_{s,k}^{\text{th}}\right)+\\
&\vartheta_s^{n}\left(\sum_{s=1}^{S}\sum_{k=1}^{K}\beta_{n,s}^{m}p_s-p_{s,k}^{n}\right)
\end{aligned}
\tag{6-32}
$$

式中，λ_s、μ_s、$\tau_{s,k}^{n}$和ϑ_s^{n}是拉格朗日乘子。另外，对偶函数还可表示为

$$
F(\lambda_s,\mu_s,\tau_{s,k}^{n},\vartheta_s^{n})=\begin{cases}\max\limits_{p_{s,k}^{n}} L(\{p_{s,k}^{n}\},\eta,\lambda_s,\mu_s,\tau_{s,k}^{n},\vartheta_s^{n})\\ \text{s.t. } p_{s,k}^{n}\geqslant 0\end{cases}
\tag{6-33}
$$

式（6-33）的对偶问题可以表示为

$$
\min_{\lambda_s,\mu_s,\tau_{s,k}^{n},\vartheta_s^{n}} F(\lambda_s,\mu_s,\tau_{s,k}^{n},\vartheta_s^{n})
\tag{6-34}
$$

可以看出，式（6-33）和式（6-34）分别是涉及$\{p_{s,k}^{n}\}$和$\{\lambda_s,\mu_s,\tau_{s,k}^{n},\vartheta_s^{n}\}$的问题[15]。由于目标函数是可微的，因此功率分配的一阶偏导数可以表示为

$$
p_{s,k}^{n}=\frac{\beta_{n,s}^{m}w\theta_{s,k}^{n}+\tau_{s,k}^{n}\tilde{\gamma}_{s,k}^{n}\ln 2}{\ln 2[\eta(\xi\,|\,v_{s,k}\,|^2-1)-\mu_s\xi\,|\,v_{s,k}\,|^2+\lambda_s+\vartheta_s^{n}]+\sum\limits_{l=1}^{k-1}\dfrac{(\beta_{n,s}^{m}w\theta_{s,l}^{n}+\tau_{s,k}^{n}\ln 2)\tilde{\gamma}_{s,l}^{n}}{p_{s,l}^{n}}}
\tag{6-35}
$$

在每次内部迭代中，式（6-35）可作为确定最大能效的功率优化准则。因此，拉格朗日乘子可以通过如下公式进行更新。

$$
\lambda_s(i+1)=\left[\lambda_s(i)-\theta_1(i)\times\left(P_{\max}^{S}-\sum_{s=1}^{S}\sum_{n=1}^{N}\sum_{k=1}^{K}p_{s,k}^{n}\right)\right]^{+}
\tag{6-36}
$$

$$
\mu_s(i+1)=\left[\mu_s(i)-\theta_2(i)\times\left(\sum_{s=1}^{S}E_s-e_s\right)\right]^{+}
\tag{6-37}
$$

$$
\tau_{s,k}^{n}(i+1)=\left[\tau_{s,k}^{n}(i)-\theta_3(i)\times\left(\sum_{s=1}^{S}\sum_{k=1}^{K}\tilde{\gamma}_{s,k}^{n}-\gamma_{s,k}^{\text{th}}\right)\right]^{+}
\tag{6-38}
$$

$$\vartheta_s^n(i+1)=\left[\vartheta_s^n(i)-\theta_4(i)\times\left(\sum_{s=1}^{S}\sum_{k=1}^{K}\beta_{n,s}^m p_s-p_{s,k}^n\right)\right]^+ \tag{6-39}$$

式中，i 是迭代次数，$\theta_1(i)$、$\theta_2(i)$、$\theta_3(i)$ 和 $\theta_4(i)$ 是步长。当 $\lambda_s(i)$、$\mu_s(i)$、$\tau_{s,k}^n(i)$ 和 $\vartheta_s^n(i)$ 通过式（6-36）至式（6-39）收敛时，对偶问题将达到最优解。

通过以上讨论，利用迭代的功率分配算法（PAIA）来获得 SCU 的功率分配系数。功率分配算法的具体步骤如下。

（1）初始化能效 η，迭代次数 $i=0$，最大的迭代次数 $N_{\max}$，最大容限 ℓ。

（2）在等功率分配下，初始化 $p_{s,k}^n$ 和 $\beta_{n,s}^m$。

（3）如果 $\eta>\ell$ 或 $i\leqslant N_{\max}$，则根据式（6-35）的功率分配准则更新 $p_{s,k}^n$，并且通过式（6-36）至式（6-39）更新拉格朗日乘子 λ_s，μ_s，$\tau_{s,k}^n$ 和 ϑ_s^n。

（4）迭代次数 $i=i+1$ 且 $\eta(i)=\dfrac{R_S(\boldsymbol{a}(i-1))}{P_{\mathrm{ST}}(\boldsymbol{a}(i-1))}$。

（5）直到能效 η 收敛或 $i=N_{\max}$，算法结束。

在式（6-36）至式（6-39）设置合理迭代步长的情况下，梯度算法的迭代复杂度为 $O(1/\sqrt{\upsilon})$，其中 υ 为梯度迭代收敛精度。因此，功率分配算法的计算复杂度可以表示为 $O(SK/\sqrt{\upsilon})$。

6.3.3 联合子信道和功率分配优化算法

通过以上两种算法，提出联合子信道和有 EH 的功率分配算法（JSPAEH 算法），以有效解决小小区能效的最大化问题。首先，假设为每个 SCU 分配了相等的功率，并且通过提出的 MGSIH 算法优化子信道分配。然后，给定子信道分配算法，通过 PAIA 算法更新功率分配。同时，在每次迭代中，子信道和功率分配将被迭代更新直到收敛。JSPAEH 算法的具体步骤如下。

（1）初始化迭代次数 $T_{\max}$，最大容限 ℓ，初始迭代次数 $t=0$。

（2）在等功率分配下，初始化 $p_{s,k}^n$。

（3）如果 $\eta^{(t)}-\eta^{(t-1)}>\ell$ 或 $t\leqslant T_{\max}$，则：根据给定的功率分配方案，通过利用动态匹配算法更新子信道分配矩阵 $\beta_{n,s}^m$；在获得子信道分配矩阵 $\beta_{n,s}^m$ 之

后，通过所提出的功率分配算法来更新功率分配向量以获得系统能效η。

（4）迭代次数$t=t+1$，并且计算$\eta^{(t+1)}$。

（5）直到达到最佳解决方案，算法结束。

6.4　仿真结果与性能分析

针对所提出的 JSPAEH 算法，利用 MATLAB 仿真并对结果进行分析。在仿真中，假设小小区中的 SCU 和宏单元中的 MCU 随机生成。此外，通过与其他算法比较来进行数值仿真，例如，文献[9]在 NOMA HetCNets 中无 EH 的 JSPA，文献[11]在 OFDMA 系统中有 EH 的 JSPA，文献[29]在 OFDMA 系统中无 EH 的 JSPA，来证明所提出的 JSPAEH 算法的性能。表 6-1 总结了数值模拟中使用的参数值[5,9,12]。

表 6-1　数值模拟中使用的参数值

参　数	值
系统带宽	10 MHz
宏小区半径	300 m
小小区半径	30 m
路径损耗指数	4
噪声功率	−98 dBm
宏基站发射功率	46 dBm
小基站发射功率	23 dBm
小基站最大发射功率	30 dBm
静态电路消耗	10 dBm
能量捕获效率	0.8
跨层干扰阈值	−102 dBm

图 6-4 显示了所提出的 MGSIH 算法在不同数量的子信道N和 SBS S情况下的收敛性。分别设置$N=5$、$S=5$、$S=7$和$S=9$，并且分配给每个 SCU 的功率相等。小小区的强干扰阈值和累积弱干扰阈值分别为 10 dBm 和 13 dBm。值得注意的是，MGSIH 算法可以迅速地收敛，这证明了该算法的有效性。同时，随着小小区的数量增加，小小区的总能效增加，这是由于该算法有效地减少了跨层干扰和同层干扰。

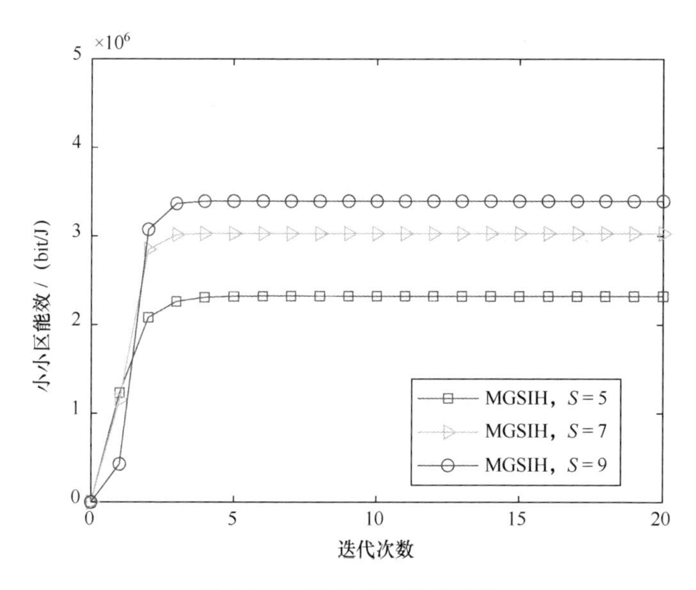

图 6-4　MGSIH 算法的收敛性

图 6-5 显示了 JSPAEH 算法的收敛性。可以看到，JSPAEH 算法将在 5 次迭代中达到稳定。通过设置 $P_{\max}^{S}=23\text{dBm}$ 并适当增加它来验证 JSPAEH 算法的收敛性。因此，这意味着所提出的 JSPAEH 算法可以有效地计算系统能效。

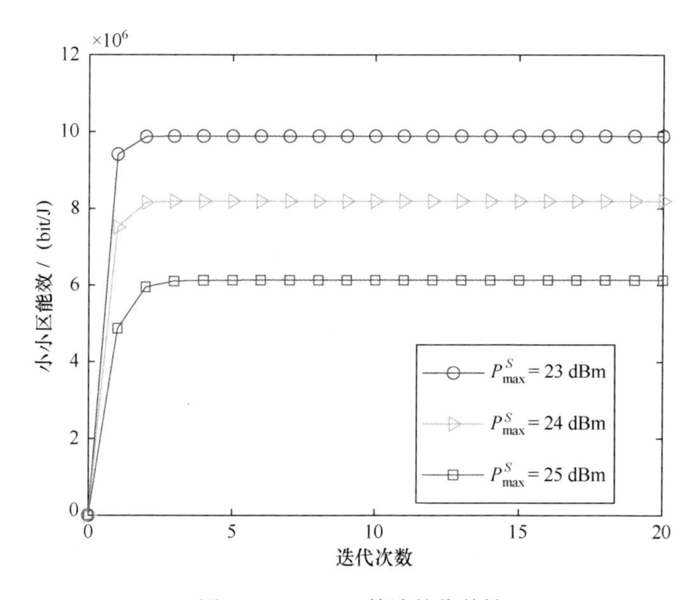

图 6-5　JSPAEH 算法的收敛性

图 6-6 显示了针对不同匹配算法的小小区能效与小小区数量的关系。仿真结果表明，在高负载系统中，随着小小区数量的增加，MGSIH 算法优于一对一匹配算法和 OFDMA。这是由于该算法通过干扰超图集合和 MCU 的干扰阈值来限制复用小小区的数量，动态确定同一子信道上小小区的数量。这意味着可以有效地减少同层干扰和跨层干扰。因此，当同层干扰很严重时，所提出的匹配算法的优点更加明显。同时，在 NOMA 方案下 MGSIH 算法比 OFDMA 方案具有更高的能效，这意味着 SBS 将充分利用 NOMA 方案中的频谱资源，而不仅仅是将一个子信道分配给一个用户。可以看出，所提出的匹配算法的性能优于其他算法。因此，通过适当的干扰管理方案，NOMA HetCNets 可以显著提高系统性能。

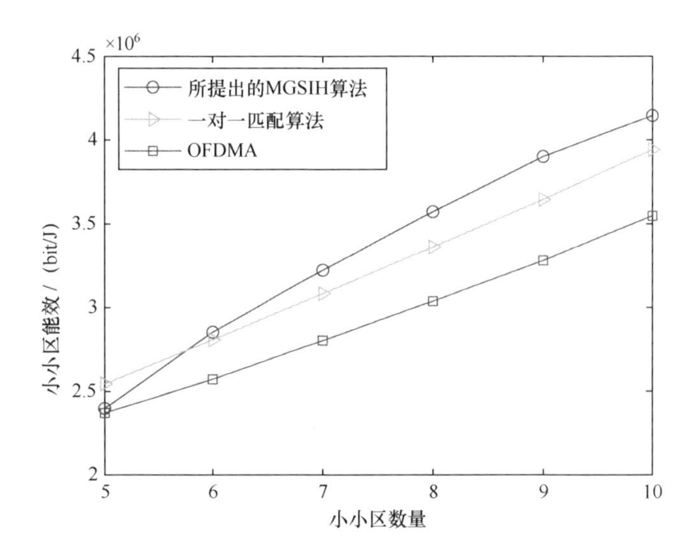

图 6-6　不同匹配算法的小小区能效与小小区数量的关系

图 6-7 显示了不同算法下小小区能效与小小区数量的关系，其中 $S=9$，$N=5$，$e_s=10^{-5}$。这些算法分别是在 NOMA HetCNets 中提出的 JSPAEH，在 NOMA HetCNets 中提出的无 EH 的 JSPA，在 OFDMA 系统中提出的有 EH 的 JSPA 以及在 OFDMA 系统中提出的无 EH 的 JSPA。可以看出，JSPAEH 算法的小小区能效远高于 NOMA HetCNets 中无 EH 的系统。这是因为具有 EH 的系统可以在传输过程中收集能量。同时，当 SBS 为多个 SCU 服务时，提供给 SBS 的收集能量也将增加，这使得两个系统的性能大不相同。另外，通过以下两种情况分析此结果。一方面，与具有 EH 的 OFDMA 系统相比，NOMA

HetCNets 中 JSPAEH 算法的能效增加了约 9%；另一方面，当小小区未配备 EH 时，NOMA HetCNets 比 OFDMA 系统更节能。这是因为 SIC 应用于 SCU，而强干扰的 SCU 可以消除弱 SCU 的干扰，从而更好地利用多用户分集。因此，所提出的 JSPAEH 算法与其他算法相比会进一步改善能效。

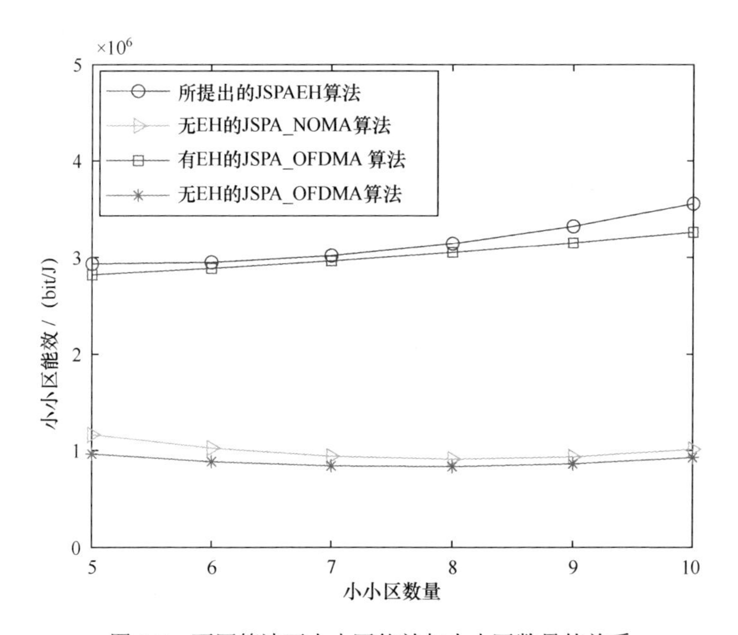

图 6-7　不同算法下小小区能效与小小区数量的关系

图 6-8 显示了小小区能效与 SBS 发射功率的关系。当 $\xi=0.4$、$\xi=0.6$ 和 $\xi=0.8$ 时，比较了小小区能效与 SBS 发射功率之间的关系。可以看出，小小区能效在下降。此外，能量捕获效率 $\xi=0.8$ 时，小小区能效比 $\xi=0.4$ 和 $\xi=0.6$ 时下降缓慢。其原因是，每个 SBS 配备了能量收集（EH）单元可以为 SBS 提供能量以补充能量消耗，这意味着 SBS 的能量消耗将大大降低。

图 6-9 显示了不同的独立干扰阈值和累积弱干扰阈值下小小区能效。结果表明，小小区能效随独立阈值的升高而降低。较高的独立干扰阈值将增加小小区之间的干扰，从而导致系统能效降低。此外，可以看出小小区能效随着累积弱干扰阈值的增加而增加。这是因为复用同一子信道的小小区的最大数量随着累积弱干扰阈值的增加而增加，从而提高资源利用率，改善系统能效。因此，合理选择干扰阈值对于提高通信系统的性能尤为重要。

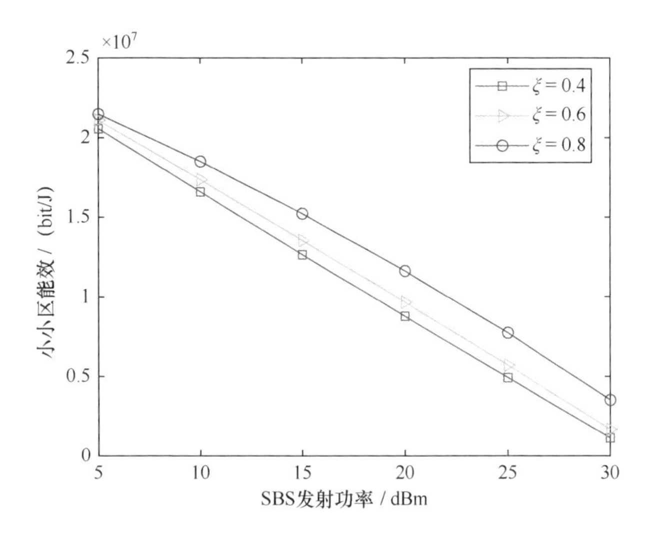

图 6-8　小小区能效与 SBS 发射功率的关系

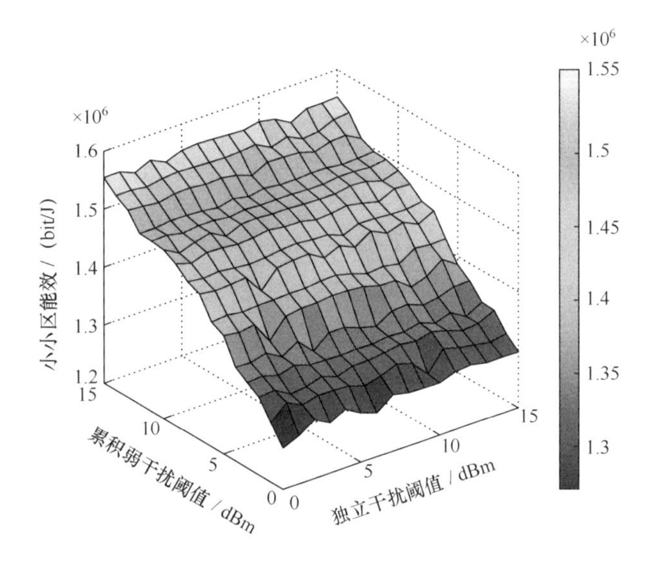

图 6-9　不同的独立干扰阈值和累积弱干扰阈值下小小区能效

图 6-10 显示了电路功耗 p_c 与小小区能效的关系。在这种情况下，设置 $N=5$ 、 $S=9$ 和 $P_{\max}^{S}=30\ \text{dBm}$ 。仿真结果表明，当电路功耗逐渐增大时，JSPAEH 算法的能效优于无 EH 的 JSPA_NOMA 和无 EH 的 JSPA_OFDMA。例如，当电路功耗为 0.06 W 时，所提出的 JSPAEH 算法的能效比无 EH 的 JSPA_NOMA 的能效高。同时，与无 EH 的 OFDMA 系统相比，NOMA 系统的能效增加了 27.7%。

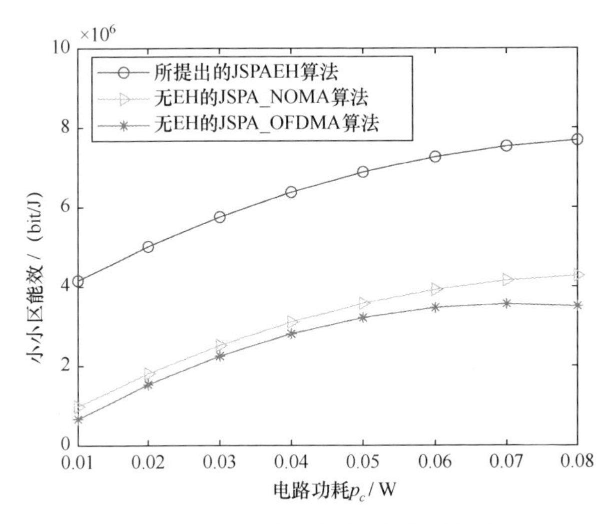

图 6-10　电路功耗 p_c 与小小区能效的关系

图 6-11 显示了小小区能效与不同小小区的 EH 阈值 e_s 的关系。从图中可以看到有一个临界点，能效不会随着 EH 阈值的增加而降低。在 SBS 的能量约束下，可以获得的最小 EH 阈值为-15 dBm。这意味着可以保证 SBS 收获所需的最低能量。此外，系统的能效随着 EH 阈值的增加而增加。其原因是，EH 目标在改善能效中起着关键的作用。另外，在相同的 EH 阈值点处，SCU 的 SINR 阈值越大，能效越低。其主要原因是，SCU 的 SINR 阈值越高，将消耗越多的 SBS 传输功率以满足 SCU 的 QoS。

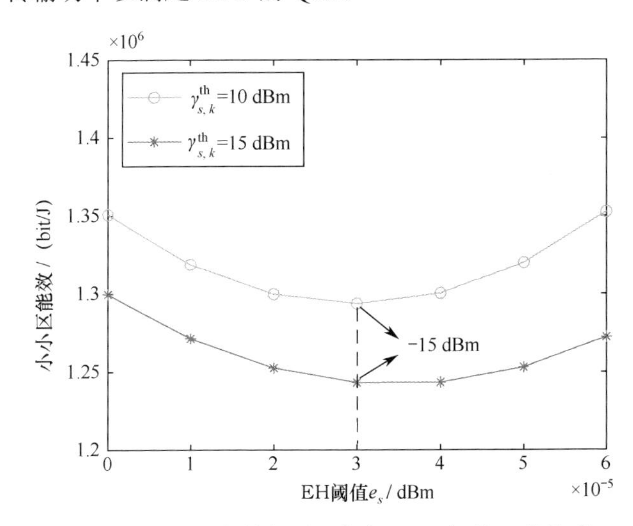

图 6-11　小小区能效与不同小小区 EH 阈值 e_s 的关系

6.5 本章小结

本章在考虑 EH 和减轻跨层/同层干扰的同时，研究了 NOMA HetCNets 中的 EE 优化问题，首先在每个 SCU 分配相同功率的情况下，提出基于干扰超图改进的 Gale-Shapley 匹配算法动态调整同一子信道上的小小区数量，以减少同层干扰并保证 MCU 的 QoS[30]。然后，利用拉格朗日对偶方法优化 SCU 的功率。最后，联合子信道和功率分配算法来迭代更新进一步提高 EE。数值仿真结果表明，所提出的 JSPAEH 算法在 6 代内达到收敛，证明了该算法的有效性。另外，与现有算法和 OFDMA 相比，本章所提出的 JSPAEH 算法的性能优于之前的算法。

参 考 文 献

[1] LU P, ZHANG L, LIU X, et al. Highly Efficient Data Migration and Backup for Big Data Applications in Elastic Optical Inter-Data-Center Networks[J]. IEEE Network, 2015, 29(5): 36-42.

[2] LIANG W, LI Z, XIAO P. Energy Efficient Resource Allocation in Hybrid Non-Orthogonal Multiple Access Systems[J]. IEEE Transactions on Communications, 2019, 67(5): 3496-3511.

[3] YUAN Q, DAI Y, ZHU B, et al. A Resource Allocation Method Based on Energy Efficiency in SCMA Systems[C]//2019 IEEE 2nd International Conference on Electronics Technology, 2019.

[4] YOUSSEF M, FARAH J, NOUR C, et al. Resource Allocation in NOMA Systems for Centralized and Distributed Antennas with Mixed Traffic Using Matching Theory[J]. IEEE Transactions on Communications, 2020, 68(1): 414-428.

[5] ZHAO J, LIU Y, CHAI K, et al. Spectrum Allocation and Power Control for Non-Orthogonal Multiple Access in HetNets[J]. IEEE Transactions on Wireless Communications, 2017, 16(9): 5825-5837.

[6] SONG X, WANG J, QIN L, et al. Energy Efficient Power Allocation for Downlink NOMA Heterogeneous Networks with Imperfect CSI[J]. IEEE Access, 2019, 7: 39329-39340.

[7] FANG F, ZHANG H, CHENG J, et al. Energy-Efficient Resource Allocation for Downlink Non-Orthogonal Multiple Access Network[J]. IEEE Transactions on Communications, 2016, 64(9): 3722-3732.

[8] ZHANG H, FENG M, LONG K, et al. Energy Efficient Resource Management in SWIPT

Enabled Heterogeneous Networks with NOMA[J]. IEEE Transactions on Wireless Communications, 2020, 19(2): 835-845.

[9] FANG F, CHENG J, DING Z. Joint Energy Efficient Subchannel and Power Optimization for a Downlink NOMA Heterogeneous Network[J]. IEEE Transactions on Vehicular Technology, 2019, 68(2): 1351-1364.

[10] LOHANI S, HOSSAIN E, BHARGAVA V, et al. On Downlink Resource Allocation for SWIPT in Small Cells in a Two-Tier HetNet[J]. IEEE Transactions on Wireless Communications, 2016, 15(11): 7709-7724.

[11] ZHANG H, DU J, CHENG J, et al. Incomplete CSI Based Resource Optimization in SWIPT Enabled Heterogeneous Networks: A Non-Cooperative Game Theoretic Approach[J]. IEEE Transactions on Wireless Communications, 2018, 17(3): 1882-1892.

[12] KUANG Z, LIU G, LI G, et al. Energy Efficient Resource Allocation Algorithm in Energy Harvesting-Based D2D Heterogeneous Networks[J]. IEEE Internet of Things Journal, 2019, 6(1): 557-567.

[13] XIAO H, CHEN Y, OUYANG S, et al. Power Control for Clustering Car-Following V2X Communication System with Non-Orthogonal Multiple Access[J]. IEEE Access, 2019, 7: 68160-68171.

[14] LIU Y W, QIN Z J, ELKASHLAN M, et al. Non-Orthogonal Multiple Access in Large-Scale Heterogeneous Networks[J]. IEEE Journal on Selected Areas in Communications, 2017, 35(12): 2667-2680.

[15] ZHANG H, HUANG S, JIANG C, et al. Energy Efficient User Association and Power Allocation in Millimeter-Wave-Based Ultra Dense Networks with Energy Harvesting Base Stations[J]. IEEE Journal on Selected Areas in Communications, 2017, 35(9): 1936-1947.

[16] SHI Q, PENG C, XU W, et al. Energy Efficiency Optimization for MISO SWIPT Systems with Zero-Forcing Beamforming[J]. IEEE Transactions on Signal Processing, 2016, 64(4): 842-854.

[17] NG D, LO E, SCHOBER R. Wireless Information and Power Transfer: Energy Efficiency Optimization in OFDMA Systems[J]. IEEE Transactions on Wireless Communications, 2013, 12(12): 6352-6370.

[18] ZHANG H, ZHAO J. Mobility Sharing as a Preference Matching Problem[J]. IEEE Transactions on Intelligent Transportation Systems, 2019, 20(7): 2584-2592.

[19] DI B, SONG L, LI Y. Sub-Channel Assignment, Power Allocation, and User Scheduling for Non-Orthogonal Multiple Access Networks[J]. IEEE Transactions on Wireless Communications, 2016, 15(11): 7686-7698.

[20] GU Y, SAAD W, BENNIS M, et al. Matching Theory for Future Wireless Networks: Fundamentals and Applications[J]. IEEE Communications Magazine, 2015, 53(5): 52-59.

[21] KAZMI S, TRAN N, SAAD W, et al. Mode Selection and Resource Allocation in Device-to-Device Communications: A Matching Game Approach[J]. IEEE Transactions on Mobile Computing, 2017, 16(11): 3126-3141.

[22] CHEN C, WANG B, ZHANG R. Interference Hypergraph-Based Resource Allocation (IHG-RA) for NOMA-Integrated V2X Networks[J]. IEEE Internet of Things Journal, 2019, 6(1): 161-170.

[23] JORSWIECK E. Stable Matchings for Resource Allocation in Wireless Networks[C]//2011 17th International Conference on Digital Signal Processing (DSP), 2011: 1-8.

[24] MORADIKIA M, BASTAMI H, KUHESTANI A, et al. Cooperative Secure Transmission Relying on Optimal Power Allocation in the Presence of Untrusted Relays, A Passive Eavesdropper and Hardware Impairments[J]. IEEE Access, 2019, 7:116942-116964.

[25] KOLEVA P, POULKOV V, ASENOV O. Resource Management Based on Dynamic Users Association for Future Heterogeneous Telecommunication Access Infrastructures[J]. Wireless Personal Communications, 2014, 78(3): 1595-1611.

[26] ZAPPONE A, JORSWIECK E. Energy-Efficiency in Wireless Networks via Fractional Programming Theory[J]. Foundations and Trends in Communications and Information Theory, 2015, 11(3): 185-399.

[27] PAPANDRIOPOULOS J, EVANS J. Low-Complexity Distributed Algorithms for Spectrum Balancing in Multi-User DSL Networks[C]//2006 IEEE International Conference on Communications, 2006: 3270-3275.

[28] DINKELBACH W. On Nonlinear Fractional Programming[J]. Management Science, 1967, 13(7): 492-498.

[29] LE N, TRAN L, VU Q, et al. Energy-Efficient Resource Allocation for OFDMA Heterogeneous Networks[J]. IEEE Transactions on Communications, 2019, 67(10): 7043-7057.

[30] HAILIN. XIAO, WENQIAN. ZHANG, Anthony Theodore Chronopoulos, "Joint Subchannel and Power Allocation for Energy Efficiency Optimization in NOMA Heterogeneous Networks with Energy Harvesting," IEEE Systems Journal, Submitted Paper.

第7章 混合能源驱动的均匀异构蜂窝网络

随着高速数据业务的不断增长，使得无线通信网络成为世界能源消耗的主要来源之一，且随着 HetCNets 中基站的密集部署，通信网络总体能耗和碳足迹仍会持续增长[1]。因此，降低基站的电能消耗对于全球无线蜂窝网络绿色通信至关重要。不少研究者通过物理层功率、频谱资源分配[2, 3]和射频链路切换[4]等方法对基站节能进行了研究。能量收集（Energy Harvesting，EH）技术的快速发展，将可再生能源（Renewable Energy，RE）通过能量储备装置收集起来转换为电能应用到 HetCNets 中，成为降低网络运营商的能源成本和减轻电网能耗的有效方案[5]，如何在 HetCNets 中充分利用 EH 技术受到学术界和工业界的广泛关注[6]。全球移动通信协会（Global Systems for Mobile communication Association，GSMA）开启了“绿色移动通信”项目，为发展中国家配置由 RE 供给的新型通信基站 11.8 万个[7]。德国运营商 E-Plus 推出了首个绿色基站（Flexi），该基站由诺基亚西门子网络公司设计和实施，采用风能和太阳能结合的方式，实现了 CO_2 零排放[8]。此外，LG Uplus 在韩国山区部署了太阳能 LTE 基站[9]，瑞典爱立信公司开发出一种配备风力发电塔的无线基站[10]。我国政府已启动了为蜂窝基站开发太阳能的项目[11]，2005 年中国移动也在西藏建成了全球最大的太阳能基站群，截至 2020 年，部署的绿色基站达 40 万个[12]。

在 RE 驱动的 HetCNets 中，由于 RE 的产生（以太阳能为例）取决于多种因素，如温度、地理位置、太阳光强度、储能电池板的有限存储能力等，因此 RE 供电表现出随机性和间歇性[13]。矛盾的是，基站的能耗取决于具有空间和时间多样性的移动数据流量，时间多样性表明各个基站的数据流量需求随时间的推移呈现较大的差异，空间多样性则意味着在一天的同一时间段基站的数据流量可能具有不同的强度变化[6,14]。因此，如果通信节点完全由外界获取的 RE

供电，则维持令人满意的 QoS 成为一大挑战。为享受 EH 带来的环境友好性并克服 RE 的不可靠性，EH 和电网能源结合形成混合能源驱动的异构蜂窝网络（Hybrid-energy Heterogeneous Cellular Networks，HHCN）将是更切实际的可行方案，HHCN 架构如图 7-1 所示。HHCN 的概念已被业界所接受，3GPP 技术报告和规范也明确鼓励使用 HHCN，华为、中兴等相关通信公司已部署了电能与 RE 共存的小基站以确保不间断服务[15]。2010 年风能试点工作在中国移动浙江分公司举行，实现基站存储风能资源，优先使用风能，并采用电能作为备用能源供电[16]。虽然 HHCN 吸引了大量学者和专家的关注，但也带来了新的挑战，尤其是常规 HetCNets 或 EH 系统开发的通信协议无法充分利用 HHCN 中异构能源带来的全部优势。同时，只有较大的太阳能板和电池组才能满足 MBS 大功率消耗的需求，这会产生高昂的成本。为此，从经济和环境两个角度出发，第 7 章和第 8 章将为无线 HHCN 网络提出新的网络规划方案，同时兼顾频谱资源和能量资源，这对开发由 RE 支持的低能耗、高能效绿色蜂窝网络具有重要意义。

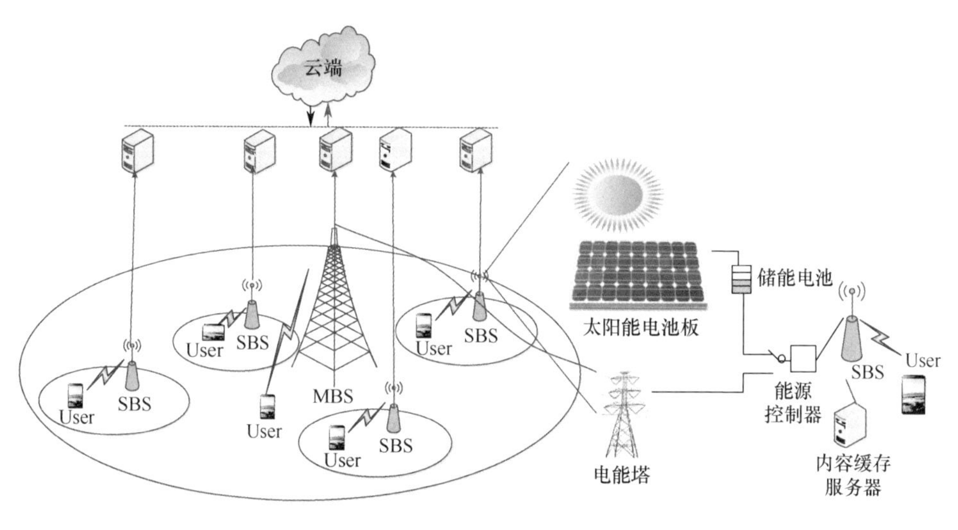

图 7-1　HHCN 架构

7.1　引言

随着智能设备的蓬勃发展，多媒体服务需求成倍增加。数据流量的增加不仅要求网络容量的扩大，而且还会增加能耗，使用可再生能源是当前无线通信发展的重要趋势之一。因此，5G 超密集网络大规模部署混合能源的微小区基站被认为是应对数据流量猛增的最有前景的网络技术之一，对减轻环境问题和降低移动运营商成本具有重要的作用。然而，与宏基站相比，其发射功率更低，覆盖半径更小，若用户在接入基站阶段，采用最大接收信号的方式接入基站，则更多的用户将选择 MBS 接入。此外，相对于传统电能，可再生能源的单价成本更低。因此，HHCN 架构和能源供应的异构性会导致负载分布的极度不均衡，引起资源的严重浪费。如何有效地使用可再生能源是网络管理和节约成本的重要问题。在保证用户通信质量的前提下，通信网络消耗的电力成本成为近年来的研究重点。而电力成本的降低最终归结为网络能耗。为此，文献[17]根据实际业务负载和太阳能状态，协同调整在混合能源基站的开启/休眠状态，以提高太阳能利用率。然而，采用基站的休眠策略的节能可能会以增加时延为代价。文献[18]考虑 SBS 休眠带来的时延，基于排队模型定量研究了时延及能耗，推导出最佳休眠时间和关联半径，以实现能耗和时延之间的最佳平衡。在实际应用中，由于切换技术问题和性能要求，很难频繁关闭和重启 SBS。文献[19]以近似算法选择性降低基站的覆盖范围以节省总功率消耗。以上文献均从基站角度考虑节能问题，并未详细分析用户需求。联合基站能耗、用户关联展开研究也得到一些专家和学者的青睐。文献[20]从用户体验质量角度考虑，提出了一种用户位置操纵方法，通过控制用户的移动以改善服务时间。文献[21]设计了 SBS 的绿色内容缓存和移动用户关联机制，使用户内容请求数量被 SBS 服务最大化。尽管以上文献能有效利用 SBS 存储的绿色能源，但未涉及频谱资源的合理分配。

综合考虑以上内容，本章在混合能源驱动的均匀异构蜂窝网络下，采用具有能量收集和缓存功能的 SBS，提出一种基站喜好偏置因子用户关联策略与资源分配方法。该方法在目标通信速率约束下最大化使用绿色能源，为避免接入用户过多引起 SBS 上绿色能源出现不足，每个 SBS 基于大偏差理论估计其上出现能源饥饿的可能性，使用户能根据接收到的能源饥饿概率值重新选择新的关联基站。在保证用户关联的基础上，利用拉格朗日对偶方法的资源分配策略以合理利用带宽资源。

7.2 系统模型及问题形成

7.2.1 系统模型

考虑 5G 超密集网络中多媒体传输的下行链路，混合能源供能的多媒体传输结构如图 7-2 所示，包括单个 MBS，L 个均匀分布的 SBS 集合为 Φ_s，Y 个用户（UE）组成，$Y \in \Phi_s$。

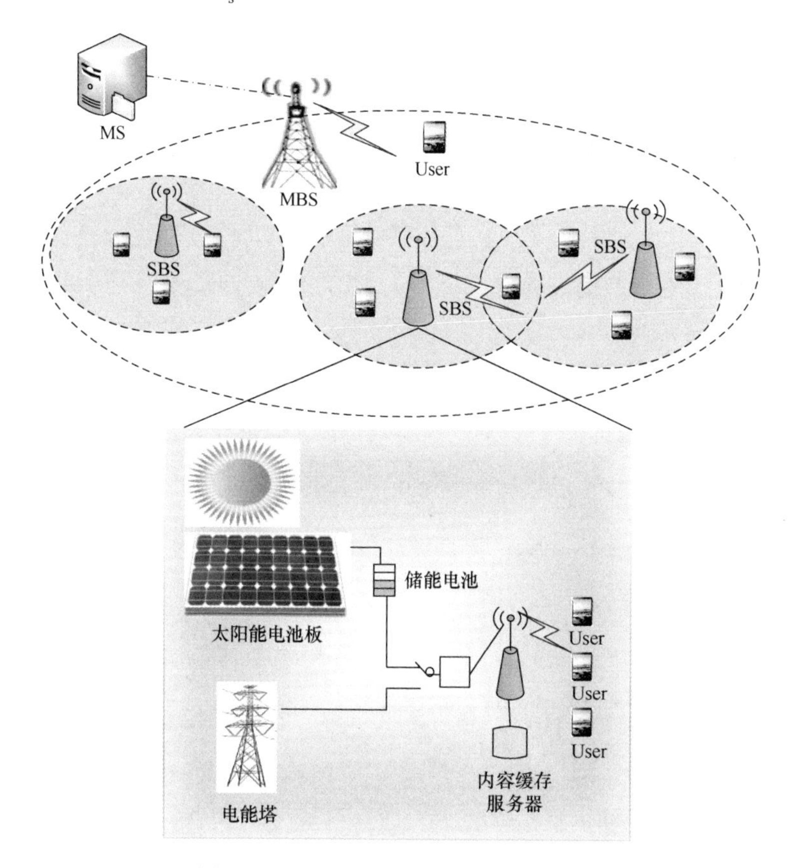

图 7-2　混合能源供能的多媒体传输结构

假设 MBS 只能由电能供电，MBS 覆盖范围大，电能消耗大。而 SBS 使用混合能源供电，即电能和绿色能源，如由太阳能电池板捕获的太阳能等。UE 随机分布在 MBS 内，UE 在时间间隔内只能与一个基站关联用于传输数据，基站间复用频谱，每个基站可以服务多个用户，用户间采用正交频分复用方式避免小区内的干扰。

MBS 用户所需的视频数据要从远程服务器端获取，假设 SBS 具有有限的缓存空间，连接在 SBS 上的用户可以直接从中获取内容。采用的是最大距离编码（Maximum-Distance-Separable，MDS）方式将多媒体内容编码成多个段，每段文件大小相同，SBS 缓存的内容会根据用户喜好周期性地更新[22]，这意味着 SBS 保持持续活跃状态，能持续为用户服务，即 SBS 缓存的内容能满足其覆盖范围内用户的需求。

设 f_z 表示文件 z 被用户请求的概率，通过局部或全局预测得到其服从 Zipf 分布[22,23]，并成为广泛应用的模型。

$$f_z = \frac{1/z^\gamma}{\sum_{k=1}^{T} 1/k^\gamma} \tag{7-1}$$

$\gamma \geqslant 0$ 反映受欢迎的偏移度，γ 越大则请求的内容基本上是少部分文件，$\gamma = 1$，该请求服从的是 Zipf 分布，$\gamma = 0$ 则是均匀分布。索引系数越小表示该内容越受欢迎，如 $i > j$，$f_i < f_k$。

设无线信道服从准静态瑞利平坦衰落。连接在 BS_j 上的 UE_i 接收的信干噪比（Signal to Interference plus Noise Ratio，SINR）表示为

$$\mathrm{SINR}_{ij} = \frac{p_{ij} g_{ij}}{\sigma^2 + \sum_{j' \in \Phi_S + 1 \setminus \{j\}} p_{ij'} g_{ij'}} \tag{7-2}$$

式中 p_{ij}、g_{ij} 分别为 UE_i 和 BS_j 之间的功率和信道增益；σ^2 为噪声功率；$I_{ij} = \sum_{j' \in \Phi_S + 1 \setminus \{j\}} p_{ij'} g_{ij'}$ 表示 UE_i 受到其他基站（包括宏基站）的干扰。假设在用户关联和资源分配期间，信道始终保持稳定，为简化噪声计算，设置 UE_i 连接到 BS_j 上的噪声为最大噪声且是常数[24]。用 x_{ij} 表示 UE_i 和 BS_j 关联的指示因子：

$$x_{ij} = \begin{cases} 1, \mathrm{UE}_i \text{ 关联 } \mathrm{BS}_j \\ 0, \text{ 其他} \end{cases} \tag{7-3}$$

在用户关联期间，由香农公式得 UE_i 的可达数据速率为

$$r_i = b_{ij} \log_2(1 + \mathrm{SINR}_{ij}) \tag{7-4}$$

式中，b_{ij} 是从 BS_j 上分得的带宽，这里假设 UE_i 需求的数据给定为 R_i，此时可得 BS_j 给 UE_i 提供其所需数据的发射功率 p_{ij}，即

$$p_{ij} = (2^{R_i / b_{ij}} - 1) \frac{\sigma^2 + I_{ij}}{g_{ij}} \tag{7-5}$$

则 BS_j 的总发射功率为

$$P_j = \sum_{i \in \Phi_u} x_{ij} p_{ij} \tag{7-6}$$

假设 $N_j = \sum_{i \in \Phi_u} x_{ij}$ 个 UE 关联在 BS_j 上，由文献[25]得 BS_j 总功率消耗为

$$P_j^{\text{all}} = \mu_j P_j + P_j^s \tag{7-7}$$

式中，μ_j 为 BS_j 传输多媒体内容消耗的功率因子；P_j^s 为缓存内容及静态电路消耗的功率，对于 MBS 而言，只有静态电路，而对于 SBS 而言，两者都包括。

7.2.2　问题形成

每个时间间隔 τ，任意用户只能关联一个基站，任意基站在此时隙只能使用一种能源。若 SBS 存储足够多的绿色资源支持其所关联的 UE 用于数据传输，则可以优先使用 RE，否则只能使用电能供电。在 τ 内，任意 SBS 存储所有与其关联 UE 所需的多媒体内容。因此，BS_j 在 τ 内消耗的能量表示为

$$E_j^c = P_j^{\text{all}} \tau \tag{7-8}$$

用 E_j 表示时隙开始时 SBS_j 存储的能量，即

$$E_j = \min\{Q - E_j^c + E_j^H, Q_{\max}\} \tag{7-9}$$

式中，E_j^H 为 τ 时隙的捕获量；Q 为上一时隙存储的能量，只能在下一时隙使用；$Q_{\max}$ 为 SBS_j 存储的能量不能超过电池容量的最大能量。能量到达服从参数为 ε 的泊松分布，且每个 SBS 能量到达情况相同。定义 SBS_j 能耗指示因子 α_j 为

$$\alpha_j = \begin{cases} 1, & E_j \geqslant E_j^c \\ 0, & E_j < E_j^c \end{cases} \tag{7-10}$$

$\alpha_j = 0$ 表示只能使用电能，由式（7-10）可知当存储的绿色能源给定时，α_j 的值由 x_{ij} 和 P_{ij} 确定。

定义 m、n 分别表示消耗电能和 RE 的单价，其中 $m > n > 0$，RE 消耗的费用比电能的费用少很多，甚至可以是免费的[24]。故可计算系统消耗能量所需

的费用为

$$U = \sum_{j \in \Phi_S + 1} m(1-\alpha_j)E_j^c + n\alpha_j E_j^c \tag{7-11}$$

考虑时间间隔τ内，系统总能量成本取决于 SBS 的功率消耗及其使用的能源类型，而每个 SBS 的功率消耗又依赖于与其关联的 UE 和资源分配。因此，找到使能耗成本最小的 UE 关联机制和资源分配策略是本章的目标，能耗成本最小化的约束优化问题表示为

$$\min U = \sum_{j \in \Phi_S + 1} m(1-\alpha_j)E_j^c + n\alpha_j E_j^c \tag{7-12}$$

$$C_1: P_j \leqslant P_j^{\max}, \quad \forall j \in \Phi_s + 1$$

$$C_2: \sum_{i \in \Phi_u} x_{ij} b_{ij} \leqslant B_j, \quad \forall j \in \Phi_s + 1$$

$$C_3: b_{ij} \log_2\left(1 + \frac{p_{ij} g_{ij}}{\sigma^2 + I_{ij}}\right) = R_i, \forall\ i \in \Phi_u$$

$$C_4: \sum_{j \in \Phi_S} x_{ij} = 1, \quad \forall i \in \Phi_u$$

$$C_5: x_{ij} \in \{0,1\}, \forall i \in \Phi_u, \forall j \in \Phi_s + 1$$

$$C_6: \alpha_j \in \{0,1\}, \forall j \in \Phi_s + 1$$

$$C_7: m > n > 0$$

约束条件C_1表示每个 BS 消耗的功率不能超过其最大的发射功率，C_2表示BS_j为其关联的 UE 分配的带宽不能超过最大带宽，C_3表示每个 UE 的速率需求，C_4和C_5表示每个 UE 只能关联一个 BS，C_6表示能源指示因子，C_7是能源单价。该问题是混合整数非线性规划（MINLP）问题，也是 NP 困难问题[26]。

事实上，RE 与电能相比更划算，若 BS 使用 RE 来驱动其关联的流量负载，则能耗成本将大大减少。所以充分利用每个绿色 SBS 上的 RE 储备对最小能耗问题至关重要。然而，BS 的功率消耗不仅依赖于网络所采取的 UE-BS 关联机制，而且对一个给定的用户关联机制，每个 BS 的功率消耗也取决于带宽分配策略。

因此，可将问题划分为两个子问题：一是设计 UE-BS 关联机制以最小化能耗成本；二是给定 UE-BS 关联，BS_j在满足其可用带宽的条件下，为其关

联的 UE 分配带宽资源，以最小化其功率消耗。

7.3　用户关联与资源分配方案

本节提出联合基站喜好偏置因子与大偏差原理的用户关联机制、基于拉格朗日对偶方法的带宽资源分配策略来解决上述两个问题。

7.3.1　用户关联机制

最大接收功率（Maximum Receive Power，Max-RP）关联算法用户会选择发射功率大的 MBS[27]，这会导致负载极度不均衡分布，更多的用户接入 MBS，SBS 上的绿色能源得不到充分利用，消耗的电力成本增加。对此提出基站喜好偏置因子（Bias Station Receive Power，BSRP）算法，即添加乘子 $\mathcal{S}_j$ 到每个 SBS 上，当 SBS 的绿色能源充足时，可以接收更多的用户请求。故此时关联的基站表示为

$$j^* = \arg \max_{i \in \Phi_u} \{(\mathrm{RP})_{ij} * \mathcal{S}_j\} \tag{7-13}$$

$(\mathrm{RP})_{ij}$ 为最大接收功率，定义 SBS_j 能源消耗率 χ_j，可得

$$\chi_j = \frac{E_j^c}{E_j} \tag{7-14}$$

由以上分析知，当 $\chi_j > 1$ 时，表明 SBS_j 中的绿色能源不足以为用户提供数据传输，必须使用电能，为减少电能的消耗，SBS_j 必须考虑舍弃某些服务的用户，直到绿色能源满足其服务用户的能量需求，此时可以考虑将 SBS_j 添加乘子 $\mathcal{S}_j$，以减少用户负载；当 $0 < \chi_j < 1$ 时，表明 SBS_j 的绿色能源充足，应吸引更多的用户为其提供服务，故可以添加偏置因子 $\mathcal{S}_j$ 以使得吸引更多用户。定义基站喜好偏置因子 $\mathcal{S}_j$ 为

$$\mathcal{S}_j = \begin{cases} 1 + \log_{\varsigma}(\chi_j), & 0 < \chi_j < 1 \\ \varsigma^{\chi_j - 1}, & \chi_j > 1 \end{cases} \tag{7-15}$$

其中 $0 < \varsigma < 1$。用户关联机制具体的实现步骤如下。

步骤 1：每个 UE_i 观测接收功率 RP_{ij}，并接收将其覆盖 BS_j 的偏置因子 $\mathcal{S}_j$，如果 UE_i 不能接收到任何乘子，则将 $\mathcal{S}_j$ 初始化为 1。

步骤 2：每个 UE_i 根据 RP_{ij} 选择关联 BS_j。

步骤 3：每个 BS_j 根据提出的带宽分配算法（见带宽分配算法）计算总能耗 E_j^c，由 E_j^c 和 E_j 计算 χ_j。

步骤 4：每个 BS_j 由式（7-15）将基站喜好偏置因子广播给所有用户，根据式（7-13）选择偏置因子最大的 BS_j。

步骤 5：基于大偏差理论估计能源饥饿概率 p_{ES}，若 $p_{\mathrm{ES}} > \rho$ 则执行步骤 4。

当 SBS_j 的能源利用率较高时，出现能源饥饿的可能性会增大，若继续让用户接入该基站，则 SBS_j 只能使用电能。为保证能充分利用所有 SBS 的绿色能源，提出大偏差估计法，估计 SBS_j 出现能源饥饿概率 p_{ES}，此时 SBS_j 的绿色能源为 $E_{j\min}$。

若能源饥饿概率比较大，则用户必须选择其他 SBS，若无法找到使用绿色能源的 SBS，则该 SBS 只能使用电能供电或将用户连接到 MBS。

1. 基站能源饥饿的情形

将时隙 τ 分成若干等间隔的微时隙 w（$w=\tau$），则 w 内，绿色能源减少量表示为

$$\Delta E_w = E_{wj}^c - E_{wj}^H \tag{7-16}$$

式中，$\Delta E_w = \{-e_{\max}, \cdots, 0, 1, \cdots, e_{\max}^c\}$，设 SBS_j 中能源减少量 $\Delta E_w = h$ 的概率表示为 $\pi_h = p(\Delta E_w = h)$；$E_{wj}^c$ 是 w 时隙能源的消耗量；E_{wj}^H 是 w 时隙能源的捕获量。当 $\Delta E_w > 0$ 时，$\chi_j > 1$，意味着此时连接的用户开始消耗电能；当 $\Delta E_w < 0$ 时，表明绿色能源充足，可以继续接收用户。w 时隙到 $w+N$，SBS_j 中能源的总变化量表示为

$$\Delta E^{w+N} = \sum_{i}^{N} \Delta E_{w+i} \tag{7-17}$$

则在 N 个小时隙内 SBS_j 存储的能量表示为

$$E_j^{w+N} = E_j^w - \Delta E^{w+N} \tag{7-18}$$

式中，E_j^w 表示 w 微时隙存储的能量，由此能源饥饿概率表示为

$$p_{\mathrm{esj}}^{w+N} = p(E_j^w - \Delta E^{w+N}) \tag{7-19}$$

定义 N 个时隙内，最大可接受的平均能源减少量为[28]

$$a_{\mathrm{esj}} = \frac{E_j^w - E_{j\min}}{N} \tag{7-20}$$

实际 SBS_j 中期望值为

$$m_{\mathrm{esj}} = E\left[\frac{\sum_i^N \Delta E_{w+i}}{N}\right] \tag{7-21}$$

因此，当 $m_{\mathrm{esj}} > a_{\mathrm{esj}}$ 时，继续接收用户将会增大能源饥饿概率，故有

$$\begin{aligned} p_{\mathrm{esj}}^{w+N} = p(E_j^w - \Delta E^{w+N}) &= p\left(\frac{\Delta E^{w+N}}{N} > \frac{E_j^w - E_{j\min}}{N}\right) \\ &= p\left(\frac{\sum_i^N \Delta E_{w+i}}{N} > a_{\mathrm{esj}}\right) \end{aligned} \tag{7-22}$$

当 $m_{\mathrm{esj}} > a_{\mathrm{esj}}$ 时，表明实际能源的平均减少量远远大于可容忍能源的平均减少量，也就是说，如果继续传输视频数据，则电池中存储的能量在 N 个时隙后可能会被完全消耗，此时会出现严重的数据传输中断情况。因此 $m_{\mathrm{esj}} > a_{\mathrm{esj}}$ 这种情况在本章中是不予考虑的，基站已知道其能量不足，故会舍弃一些用户给能量充足的基站服务。

2. 基于大偏差原理的能源饥饿概率估计

无线多媒体传输过程中，SBS_j 出现饥饿可视为小概率事件，Cramer's 原理可对该事件进行有效估计[29]。捕获的能量 E_{wj}^H 和消耗的能量 E_{wj}^c 是独立同分

布的随机变量[30]。矩母函数 $M(\theta)$，且 $M(\theta)=E\mathrm{e}^{\theta\Delta E_w}$，若 $E\{\Delta E_w\}<a$，则根据 Cramer's 原理[31]，序列 ΔE_w 服从大偏差原理有

$$\lim_{N\to\infty}\frac{1}{N}\log_2 P\left(\frac{1}{N}\sum_{i=1}^{N}E_i\right)=-I(a) \tag{7-23}$$

式中，$I(a)$ 为速率函数。为了使 SBS_j 在时隙 τ 不出现绿色能源饥饿，则必须使 $m_{\mathrm{esj}}<a_{\mathrm{esj}}$，故由大偏差原理得

$$\lim_{N\to\infty}\frac{1}{N}\log_2 P\left(\frac{1}{N}\sum_{i}^{N}\Delta E_{w+i}>a_{\mathrm{esj}}\right)=-I(a_{\mathrm{esj}}) \tag{7-24}$$

式中，$I(a_{\mathrm{esj}})=\sup\limits_{\theta>0}\{a_{\mathrm{esj}}\theta-\log_2 M(\theta)\}$，其中矩母函数 $M(\theta)=\sum\limits_{h=-e_{\max}^{c}}^{e_{\max}}\pi_h\exp[i\theta]$。速率函数 $I(a_{\mathrm{esj}})$ 通常通过 Legendre 变换得到，并且 $I(a_{\mathrm{esj}})$ 和 $M(\theta)$ 均为凸函数[31]。对于 N 较大时，能源饥饿概率可近似表达为

$$p_{\mathrm{esj}}^{w+N}\approx\exp[-NI(a_{\mathrm{esj}})] \tag{7-25}$$

为求得式（7-25），需要参数 a_{esj}、π_h、m_{esj}。a_{esj} 可以直接由式（7-20）得出，由于未知 ΔE_w 的概率分布，π_h、m_{esj} 的计算难度会加大，可通过滑动窗口的方法，根据微时隙观测到的信息估计这些参数值[30]。设滑动窗口为 N_∂，在此窗口内 SBS_j 的能源减少量序列可以表示为 $\Delta E_{w1},\Delta E_{w2},\cdots,\Delta E_{wn}$，第 n 个窗口观测序列向量为 $Z_{wn}=[\Delta E_{wn},\Delta E_{w(n-1)},\cdots,\Delta E_{w(n-N_\partial+1)}]$，定义 N_h 表示 $\Delta E_w=h$ 发生的次数，则发生的频率为

$$\hat{q}_h(n)=\frac{N_h}{N_\partial} \tag{7-26}$$

由式（7-26）可知，N_∂ 过小会导致对 $\hat{q}_h(n)$ 的估计误差偏大，N_∂ 过大会影响估计模型对参数的灵敏度。为此引入平滑因子 ρ 使得下式成立。

$$\hat{\pi}_h(n)=\rho\hat{\pi}_{h-1}+(1-\rho)\hat{q}_h(n) \tag{7-27}$$

文献[32]Gardner's 理论指出平滑因子用于动态估计中，$\rho\in[0.7,0.9]$ 比较合适，可得

$$\hat{m}_{\text{esj}} = \frac{\sum_{i=n-N_{\partial}+1}^{n} \Delta E_{wi}}{N_{\partial}} \tag{7-28}$$

7.3.2　带宽资源分配策略

根据功率消耗模型，式（7-7）中 BS_j 的总功率消耗由 P_j 决定，μ_j 和 P_j^s 是固定不变的，因此每个 BS 最小功率消耗问题可以表示为

$$\min \quad \sum_{i \in N_j} (2^{R_i / b_{ij}} - 1) \frac{\sigma^2 + I_{ij}}{g_{ij}} \tag{7-29}$$

$$S_1\text{：} \sum_{i \in N_j} b_{ij} = B_j$$

$$S_2\text{：} \; b_{ij} > 0, \;\; \forall i \in N_j$$

子约束条件 S_1 表示所分带宽不能超过总带宽，S_1 表示 BS_j 应为与其关联的每个 UE 分配带宽。由文献[33]可知带宽分配（Bandwidth Allocation，BA）问题是单目标优化问题，文献[34]指出 S_1 和 S_2 满足斯莱特条件是凹函数，故式（7-29）为凸优化问题，可通过解其对偶问题来求解该问题。

定义对偶变量参数 λ 为约束条件 S_1 的拉格朗日乘子，η 为约束条件 S_2 的拉格朗日乘子，故式（7-29）的拉格朗日函数可表示为

$$\mathcal{L}(b_{ij}, \lambda, \eta) = \sum_{i \in N_j} (2^{R_i / b_{ij}} - 1) \frac{\sigma^2 + I_{ij}}{g_{ij}} + \lambda (\sum_{i \in N_j} b_{ij} - B_j) + \eta \sum_{i \in N_j} b_{ij} \tag{7-30}$$

运用 KKT 条件解得式（7-30）中最优解。假设 ${b^*}_{ij}$、λ^*、η^* 为最优原始解和最佳对偶解

$$\lambda^* = 2^{\frac{R_i}{{b^*}_{ij}}} * \frac{\sigma^2 + I_{ij}}{g_{ij}} * \frac{R_i \ln 2}{{b^*}_{ij}^{\,2}} \tag{7-31}$$

$$\sum_{i \in N_j} {b^*}_{ij} = B_j \tag{7-32}$$

$${b^*}_{ij} > 0 \tag{7-33}$$

令 $f(b_{ij})=\lambda$，则有

$$f(b_{ij})=\lambda=2^{\frac{R_i}{b_{ij}}}*\frac{\sigma^2+I_{ij}}{g_{ij}}*\frac{R_i\ln 2}{{b_{ij}}^2} \tag{7-34}$$

对 $f(b_{ij})$ 再次使用 KKT 条件，可得：当 $b_{ij}>0$ 时，$\frac{\partial f(b_{ij})}{\partial b_{ij}}<0$。因此，式（7-34）是单调递减函数，采用改进的二分法求得 λ^*。给定 λ，可得 BS_j 服务 UE_i 上的所有带宽 $b_j=[b_{1j},b_{2j},\cdots,b_{Nj}]$，具体的实现如下。

初始化拉格朗日乘子 $\lambda_{\max}$、$\lambda_{\min}$、误差 error。

开始迭代，$\lambda=(\lambda_{\max}+\lambda_{\min})/2$，求解式（7-34）得 b_j，若 $\left|\sum b_{ij}-b_j\right|<$ error，则 $b_j^*=b_j$，若 $\sum b_{ij}>b_j$，则 $\lambda_{\max}=\lambda$，若 $\sum b_{ij}<b_j$，则 $\lambda_{\min}=\lambda$。迭代结束。

7.4 仿真结果与性能分析

在本章中，首先分析在时隙 τ 的微时隙中能源饥饿概率；然后分析能量消耗率对基站喜好偏置因子的影响；最后将所提出的算法与 Max-RP、最大信道增益（Maximum Channel Gain，MCG）算法分别在用户分布、系统能耗成本方面进行比较。

主要参数设置：MBS 位于原点，在其覆盖范围内均匀分布 7 个 SBS，其半径是 MBS 的 0.6 倍。同时考虑用户随机分布在 MBS 覆盖范围内，用户速率需求相同且为 1 Mbps，用户质量的考虑会在以后的研究中开展。任意基站的信道带宽是 1 MHz。基站仿真参数如表 7-1 所示，由 3GPP 协议给出路径损耗[35]。

表 7-1　基站仿真参数

基站类型	MBS	SBS
$P^{\max}$ /W	40	1
P^s /W	130	13.6
μ	4.7	4.0
路径损耗	$128.1+37.6\log_2(d)$	$130.7+36.7\log_2(d)$

图 7-3 表示将每个时隙τ分成若干等间隔微时隙w，所有 SBS 基于大偏差原理估计时隙τ内出现能源饥饿概率。从图 7-3 中可以看出，能源饥饿概率随着能量到达数量的增加而减少，这意味着当SBS_j的能量到达量满足其所服务的用户需求时，SBS_j出现能源饥饿的可能性变小，可以继续接收用户的接入请求。能源饥饿概率越大，越需要用户考虑接入其他绿色能源充足的SBS_j，若系统中无绿色能源可用，则用户选择与其距离最近的 BS 关联。同时，预测间隔越大，能源饥饿概率估计模型越能达到期望值。

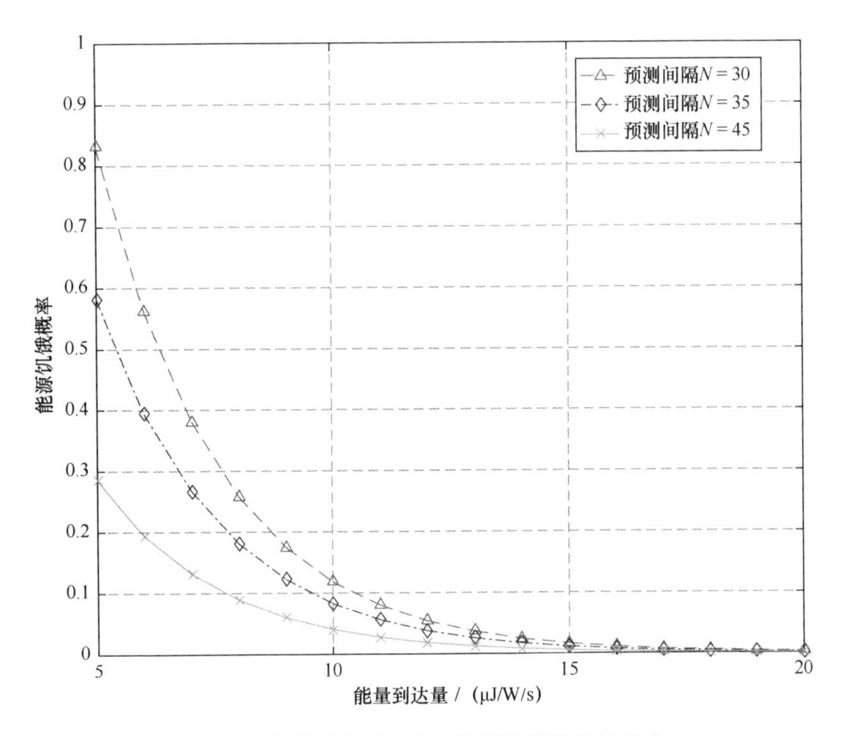

图 7-3　能量到达量对基站能源饥饿概率的影响

图 7-4 表示在参数ς的不同值下，SBS_j的能源消耗率对其喜好偏置因子的影响。可以看出，能源消耗率越高，也就是绿色能源消耗的限度越大，剩余的量不足以为用户提供服务，基站喜好偏置因子就越低。然而当能源消耗率低时，基站可通过提高其喜好偏置因子以吸引更多的用户，SBS_j上的 RE 得以更大限度地使用。

图 7-5 表示在宏小区范围内随机分布 35 个用户，每个基站捕获的能量为 160 μJ 的情况下，利用所提出的带宽分配算法，分析并比较所提出的用户关联

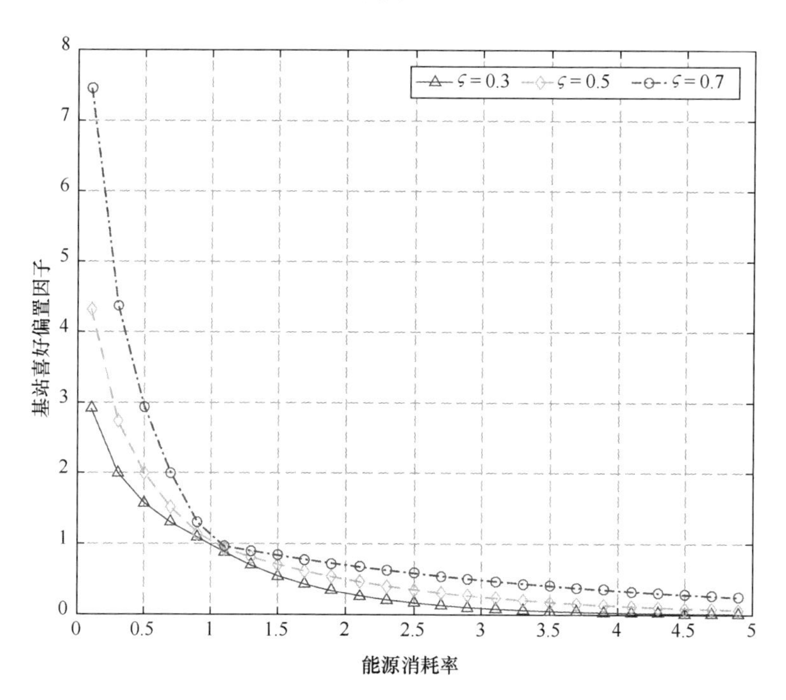

图 7-4　能源消耗率对基站喜好偏置因子的影响

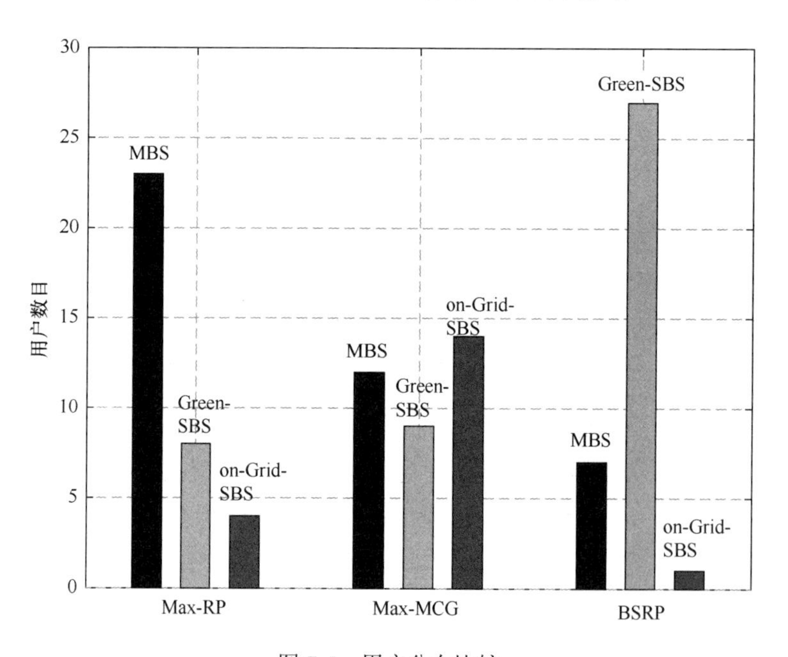

图 7-5　用户分布比较

机制对用户分布的影响。可以看出，所提出的 BSRP 算法能将更多的用户吸引至 SBS，且使用电能的用户与 Max-RP[36]、Max-MCG[37]相比分别降低了 75%、92.8%，关联在宏基站上的用户减少了 69.5%、41.67%，使用绿色能源的用户增加了 70.3%、48.2%。

图 7-6 表示在固定 SBS 捕获的能量条件下，增加用户数目，比较在 3 种算法下系统能耗成本。可以看出，当用户数目较小时，所提出的算法下的系统能耗成本低于其他两种算法，但是随着用户数目增加到一定值，所有 SBS 上的绿色能源几乎耗尽，只能使用电能或用户连接到 MBS 上以保障其所需速率，故系统能耗成本会急剧增加。同时可以看出，用户数目增加，系统能耗成本也会随之增加。

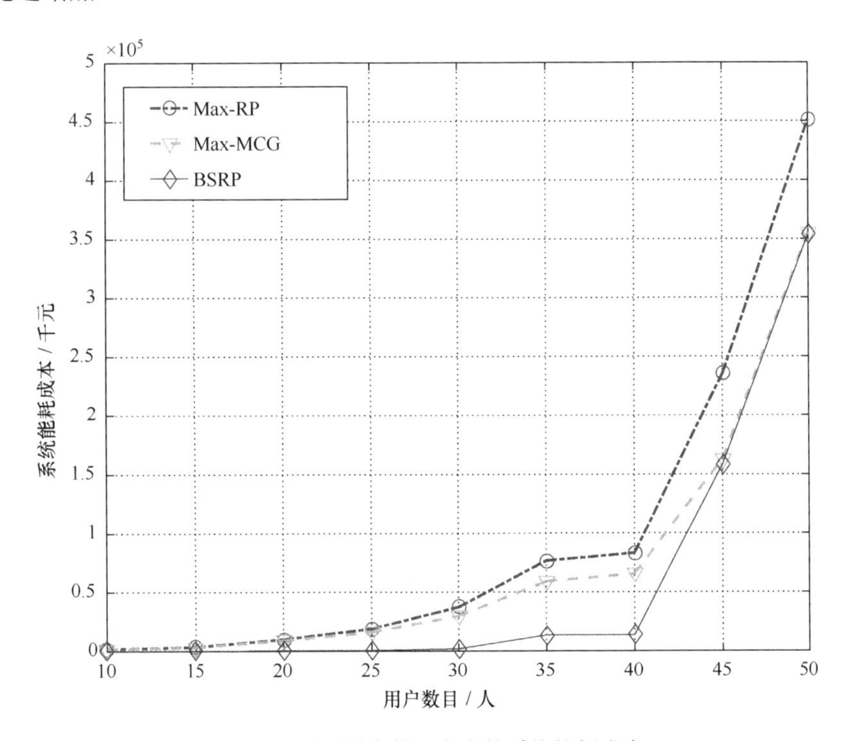

图 7-6　不同用户数目产生的系统能耗成本

7.5　本章小结

本章考虑 5G 超密集网络部署混合能源的 SBS，通过研究下行链路的系统能耗成本最小化问题，给出了一种基站喜好偏置因子与联合大偏差原理的用户关联机制，以及基于拉格朗日对偶方法的带宽分配策略[38]。数值仿真结果表明，相对于 Max-RP 和 Max-MCG 两种算法，在捕获能量和用户数目一定的条件下，系统能耗成本分别降低了 82.47%和 77.2%。

参 考 文 献

[1] Technology Vision 2020: Flatten Network Energy Consumption[J/OL]. Nokia, Espoo, Finland, 2013. http://networks.nokia.com/file/flatten-network-energy-white-paper.

[2] GOLDENBERG L, SALCUDEAN S, LI G Y, et al. Energy-Efficient Configuration of Spatial and Frequency Resources in MIMO-OFDMA Systems[J]. IEEE Transactions on Communications, 2013, 61(2):564-575.

[3] WU Q, WEN C, TAO M, et al. Resource Allocation for Joint Transmitter and Receiver Energy Efficiency Maximization in Downlink OFDMA Systems[J]. IEEE Transactions on Communications, 2015, 63(2):416-430.

[4] JOUNG J, HO C K, AD ACHI K, et al. A Survey on Power-Amplifier-Centric Techniques for Spectrum- and Energy-Efficient Wireless Communications[J]. IEEE Communications Surveys & Tutorials, 2015, 17(1):315-333.

[5] ISMAIL M, ZHUANG W, SERPEDIN E, et al. A Survey on Green Mobile Networking: From The Perspectives of Network Operators and Mobile Users[J]. IEEE Communications Surveys & Tutorials, 2015, 17(3):1535-1556.

[6] DHILLON, HARPREET, S, et al. Fundamentals of Heterogeneous Cellular Networks with Energy Harvesting[J]. Wireless Communications, 2014, 13(5):2782-2797.

[7] 翟道森. 无线蜂窝网络的高效节能资源管控技术研究[D]. 西安：西安电子科技大学，2017.

[8] E-plus launches germanys first zero-co2, off-grid base station. http://nsn.com/news-events /publications/unite-magazine-issue-10/e-plus-launches-germany-s-first-zero-co2-off-grid-base-station.

[9] LG uplus demos solar-powered LTE base stations, accessed on Jul. 18, 2016. https://www.telegeography.com/products/commsupdate/articles/2016/06/27/lg-uplus-demos-solar-powered-lte-base-station-in-daegwallyeong/.

[10] Ericsson Inc. Sustainable energy use in mobile communications. White paper, 2007.

[11] VINAY, CHAMOLA, BHASKAR, et al. An Energy and Delay Aware Downlink Power

Control Strategy for Solar Powered Base Stations[J]. IEEE Communications Letters, 2016, 20(5):954-957.

[12] BAO Y, WANG X, XIN L, et al. Solar radiation prediction and energy allocation for energy harvesting base stations[C]//IEEE International Conference on Communications. IEEE, 2014.

[13] HAN T, ANSARI N. Powering mobile networks with green energy[J]. IEEE Wireless Communications, 2014, 21(1):90-96.

[14] CHU M, LI H, LIAO X, et al. Reinforcement Learning based Multi-Access Control and Battery Prediction with Energy Harvesting in IoT Systems[J]. IEEE Internet of Things Journal, 2019, 6 (2): 2009-2020.

[15] HUAWEI. Green Energy Solution. Shenzhen, China. [OL]. http://www. huawei.com/uk/solutions/go-greener/hw-076723.htm.

[16] 赵靓. 混合供电中继系统中的能效优化问题研究[D]. 北京：中国科学技术大学, 2015.

[17] LEE G, SAAD W, BENNIS M, et al. Online Ski Rental for ON/OFF Scheduling of Energy Harvesting Base Stations[J]. IEEE Transactions on Wireless Communications, 2017, 16 (5): 2976-2990.

[18] LI P, JIANG H, PAN Z, et al. Energy-Delay Tradeoff in Ultra-Dense Networks Considering BS Sleeping and Cell Association[J]. IEEE Transactions on Vehicular Technology, 2018, 67(1):734-751.

[19] GAO C, ZHANG W, TANG J. Building Elastic Hybrid Green Wireless Networks[J]. IEEE Internet of Things Journal, 2017, 4(6):2028-2037.

[20] SUTO K, NISHIYAMA H, KATO N. Postdisaster User Location Maneuvering Method for Improving the QoE Guaranteed Service Time in Energy Harvesting Small Cell Networks[J]. IEEE Transactions on Vehicular Technology, 2017, 66(10):9410-9420.

[21] GUO F, ZHANG H, XI L, et al. Joint Optimization of Caching and Association in Energy-Harvesting-Powered Small-Cell Networks[J]. IEEE Transactions on Vehicular Technology, 2018, 67(7):6469-6480.

[22] XIANG L, NG D, ISLAM T, et al. Cross-Layer Optimization of Fast Video Delivery in Cache-and Buffer-Enabled Relaying Networks[J]. IEEE Transactions on Vehicular Technology, 2017, 66 (12):11366-11382.

[23] CHETTRI L, BERA R. A Comprehensive Survey on Internet of Things (IoT) Toward 5G Wireless Systems[J]. IEEE Internet of Things Journal, 2020, 7(1):16-32.

[24] SHEN K, YU W. Distributed Pricing-Based User Association for Downlink Heterogeneous Cellular Networks[J]. IEEE Journal on Selected Areas in Communications, 2014, 32(6):1100-1113.

[25] AUER, GIANNINI, DESSET, et al. How much energy is needed to run a wireless network?[J].

IEEE Wireless Communications, 2012, 18(5):40-49.

[26] ZHANG H, HUANG S, JIANG C, et al. Energy Efficient User Association and Power Allocation in Millimeter-Wave-Based Ultra Dense Networks With Energy Harvesting Base Stations[J]. IEEE Journal on Selected Areas in Communications, 2017, 35 (9): 1936-1947.

[27] KOIZUMI T, HIGUCHI K. Simple Decentralized Cell Association Method for Heterogeneous Networks in Fading Channel[C]//2013 IEEE 78th Vehicular Technology Conference (VTC Fall). IEEE, 2014.

[28] 蔡委哲. 能量捕获无线通信系统的资源优化[D]. 北京：中国科学技术大学, 2017.

[29] 奚宏生. 随机过程引论[M]. 北京：中国科学技术大学出版社, 2009.

[30] DEMBO A, ZEITOUNI O. Large deviations techniques and applications[J]. Journal of the American Statistical Association, 2009, 95(452):303-304.

[31] MANDJES M. Large Deviations for Gaussian Queues: Modelling Communication Networks[M]. Wiley, 2007.

[32] GARDNER E S. Exponential smoothing: The state of the art[J]. Journal of Forecasting, 1985, 4(1):1-28.

[33] BANG W, QIAO K, LIU W, et al. On Efficient Utilization of Green Energy in Heterogeneous Cellular Networks[J]. IEEE Systems Journal, 2017, 11(2):846-857.

[34] HAN T, ANSARI N. On Optimizing Green Energy Utilization for Cellular Networks with Hybrid Energy Supplies[J]. IEEE Transactions on Wireless Communications, 2013, 12(8):3872-3882.

[35] H XIAO, CHEN Y, ZHANG Q, et al. Joint Clustering and Power Allocation for the Cross Roads Congestion Scenarios in Cooperative Vehicular Networks[J]. IEEE Transactions on Intelligent Transportation Systems, 2019, 20 (6): 2267-2277.

[36] FEHSKE A, FETTWEIS G, MALMODIN J, et al. The Global Footprint of Mobile Communications: The Ecological and Economic Perspective[J]. IEEE Communications Magazine, 2011, 49(8):55-62.

[37] BELKHIR L, Elmeligi A. Assessing ICT Global Emissions Footprint: Trends to 2040 & Recommendations[J]. Journal of Cleaner Production, 2018, 177(MAR.10):448-463.

[38] 肖海林, 毛淑霞, 刘小兰, 等. 混合能源基站的用户关联与资源分配[J]. 电子科技大学学报, 2020, 49(4): 55-562.

第 8 章 混合能源驱动的非均匀异构蜂窝网络

8.1 引言

通过第 7 章的学习可知，随着 EH 技术的发展，可再生能源可以应用于无线通信，为基站供能，但由于可再生能源的不稳定性，混合能源驱动通信网络的发展成为更实用的趋势，不仅可以从根本上解决环境问题，而且大大降低了通信网络的部署。近年来，基于随机几何的异构蜂窝网络建模引起了学者们的注意，其原因在于合理的网络空间模型能更好地捕捉现实网络节点不规则和多变的特点，为理论分析提供很好的基础。然而大多文献将无线通信模型建模为泊松点过程，但实际的无线网络中节点的位置是空间相关的，这意味着节点间通常具有互斥或互吸特性。另外，若使用储能电池存储 SBS 收集的 RE，一方面，随着时间的推移，储能电池会出现存储损失、电量泄漏、电池老化等情况；另一方面，若 SBS 中储能电池存储的能量未及时利用，而 SBS 长时间收集能量会导致能量溢出。因此，通过高效利用绿色能源来减少电网能耗成为通信领域受欢迎的研究点。

基于上述问题，本章考虑 HHCN 的非均匀异构蜂窝网络，首先构建能反映实际 HHCN 空间相关性的新型异构蜂窝网络模型，该模型中 SBS 的部署服从泊松洞过程（Poisson Hole Process，PHP）[1]。PHP 不仅能保持泊松点过程的特性，而且能描述网络业务负载的空间浮动特点。用户可以根据模型中 MBS 排斥区域的半径动态选择基站，从而调整每个基站的能耗。接着分析该模型下用户的中断概率。最后考虑电池泄漏过程的模型，提出了基于功率感知和可再生能源重配置方案，以最优化 HHCN 的系统总能耗及电网能耗。并且利用 Elia 团队提供的实际能源产生数据和 EARTH 项目提供的移动通信数据流量来验证方案的有效性。

8.2 系统模型及问题形成

本节首先描述混合能源驱动的非均匀无线异构蜂窝网络系统模型，包括网络和流量需求模型、能量消耗模型及无线通信模型，接着形成该系统需解决的问题。

8.2.1 网络和流量需求模型

考虑一个双层下行链路 HHCN，在该网络的第一层，MBS 部署在正中心，为覆盖范围内的用户提供服务，在第二层，SBS 卸载 MBS 上的数据流量，并且在第一层覆盖范围内，SBS 服从 PHP。其中所有基站集合定义为 $\mathcal{S}=\{0,1,2,\cdots,N_H\}$，MBS 的编号为 0。在该系统中，MBS 与传统电网连接，SBS 由选择开关控制，在电网和绿色能源网络间切换。

图 8-1 所示为两层 HHCN，将以半径为 z 的 MBS 的排斥闭合区域记为 $\mathcal{A}_{\text{Inner}}$，在该区域内，所有的 SBS 都处于休眠状态，所有用户都由 MBS 服务。MBS 的排斥区域以外的范围记为 $\mathcal{A}_{\text{Outer}}$，在该区域内，所有 SBS 的运营状态根据能量资源类型和流量负载变化。本章的目标是通过用户流量负载和控制功率消耗以最优化系统电网能耗。

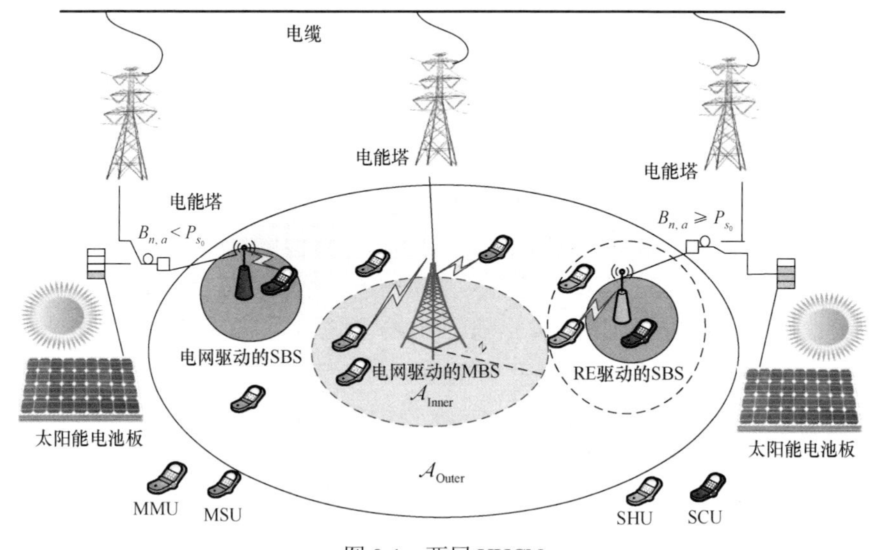

图 8-1 两层 HHCN

此外，不同层间的可用带宽正交，而层间的频谱复用因子为 1。假设时间间隔划分为$|T|$个时隙，T是时隙的总数，每个时隙长度为τ（如$|T|$为 24 小时，τ为 1 小时），$t \in T$为第t个时隙。在t时隙，系统用户分布服从参数为$\lambda_0(t)$的 PPP 分布。正如图 8-1 描述的，处于$\mathcal{A}_{\text{Inner}}$内的用户由 MBS 服务，而处于$\mathcal{A}_{\text{Outer}}$内的流量负载可能会被卸载到 SBS 中。为此，根据用户连接基站的耗能种类及用户的位置，将系统用户分为四种不同的类型。

（1）MBS-MBS 用户：位于$\mathcal{A}_{\text{Inner}}$且仅由 MBS 服务的用户，其分布参数为$\lambda_{\text{mm}}(t)$。

（2）MBS-SBS 用户：位于$\mathcal{A}_{\text{Outer}}$且由 MBS 服务的用户，其分布参数为$\lambda_{\text{ms}}(t)$。

（3）SBS-HSBS 用户：位于$\mathcal{A}_{\text{Outer}}$且由连接到能量收集供电网 SBS 服务的用户，其分布参数为$\lambda_{\text{sh}}(t)$。

（4）SBS-CSBS 用户：位于$\mathcal{A}_{\text{Outer}}$且由连接到传统电网 SBS 服务的用户，其分布参数为$\lambda_{\text{sc}}(t)$。

在t时隙用户被卸载到 SBS 的概率为$v(t)$，由稀释理论[1, 2]可知，MMS 的密度为$\lambda_{\text{mm}}(t) = \lambda_0(t)\Pr[u \in \mathcal{A}_{\text{Inner}}]$，其中$\Pr[u \in A_{\text{Inner}}] = S_{\text{areaInner}} / S_{\text{total}}$，$S_{\text{areaInner}}$为$\mathcal{A}_{\text{Inner}}$区域的面积，$S_{\text{total}}$为以半径为$D_0$的系统总面积。$\lambda_{\text{mm}}(t)$如下，同理，SHU、SCU 及 MSU 的密度$\lambda_{\text{sh}}(t)$、$\lambda_{\text{sc}}(t)$、$\lambda_{\text{ms}}(t)$为

$$\lambda_{\text{mm}}(t) = \frac{z^2 \lambda_0(t)}{{D_0}^2} \tag{8-1}$$

$$\lambda_{\text{sh}}(t) = v(t)\lambda_0(t)\frac{D_0^2 - z^2}{D_0^2} \tag{8-2}$$

$$\lambda_{\text{sc}}(t) = \big(1 - v(t)\big)\lambda_0(t)\frac{D_0^2 - z^2}{D_0^2} \tag{8-3}$$

$$\lambda_{\text{ms}}(t) = \frac{(1 - v(t))\lambda_0(t)}{{D_0}^2}\left({D_0}^2 - \sum_{s \in S} D_{\text{sc}}^2 - z^2\right) \tag{8-4}$$

式中，D_0为 MBS 的覆盖半径；D_{sc}为 SBS 接入传统电网供电时的覆盖半径。

8.2.2 能量消耗模型

每个 SBS 连接在电网和捕获绿色能源供电网，且具有最大容量为 $B_n^{\max}$ 的储能电池。在实际使用中，储能电池是不完美的，需要考虑由于使用寿命等因素造成电池泄漏，可能会降低可再生能源的利用率，同时随着电池的老化和介质温度的升高，不利因素会加剧，对通信网络影响较大。为此，将储能电池建模为与能量收集量、泄漏量及通信服务消耗量呈线性关系的模型。在第 t 时隙，将第 n 个 SBS 的电池泄漏率、能量到达率和绿色能源消耗量表示为 $\delta_n(t)$、$\varphi_n(t)$，及 $P_n^{\text{green}}(t)$，则 SBS_n 电池中存储的绿色能源表示为[3]

$$B_n(t)=\begin{cases}B_n(0)+\varphi_n(t)\tau-\delta_n(t)\tau, t=1\\ B_n(t-1)-x_1+\varphi_n(t)\tau, t>1\end{cases} \tag{8-5}$$

式中，$x_1=P_n^{\text{green}}(t-1)+\delta(t)_n\tau$ ；$B_n(0)$ 为电池中初始化的能量。假设 $B_{n,a}(t)$ 表示 SBS_n 可分配给用户的能量，即

$$P_{s_0}\leqslant B_{n,a}(t)=x_1\leqslant B_n(t)\leqslant B_n^{\max} \tag{8-6}$$

定义 P_{s_0} 为可用绿色能源的最低门限值，若电池中存储的能量低于 P_{s_0}，则 SBS_n 将使用电网供电，具体描述如定义 8-1 所示。

定义 8-1： 若 $P_{s_0}\leqslant B_{n,a}(t)$，则 SBS_n 有足够多的绿色能源支持 SHU 集合中的用户；若 $B_{n,a}(t)<P_{s_0}$，则 SBS_n 只能由电能驱动服务 SCU 用户。此外，当存储的能量达到 $B_n^{\max}$ 时，SBS 拥有最大的服务半径，但仍不会服务 $\mathcal{A}_{\text{inner}}$ 区域内的用户。

$P_{R_{n,u}}$ 表示 MBS 及 SBS 的接收功率约束，若 BS_n 发送数据给用户 u，则其消耗的功率 $P_{n,u}$ 为[4]

$$P_{n,u}=P_{R_{n,u}}\vartheta d_{n,u}^{\alpha}\chi_{n,u}^{-1} \tag{8-7}$$

可以调整 $P_{n,u}$ 以保证用户的 QoS，其中 α 为 BS_n 的路径损耗因子，$d_{n,u}$ 为用户 u 与 BS_n 之间的距离，$\chi_{n,u}$ 为用户 u 与 BS_n 之间的阴影衰落，ϑ 为单位自由空间损耗，则 BS_n 消耗的总功率为

$$P_n=\sum_u \zeta_n P_{R_{n,u}}\vartheta d_{n,u}^{\alpha}\chi_{n,u}^{-1}+P_{n,\text{static}} \tag{8-8}$$

式中，$P_{n,\text{static}}$ 为基站消耗的静态功率。此外，因为 BS_n 由混合能源驱动，所以 BS_n 的功率消耗由两部分组成：电网能源消耗 $P_n^{\text{grid}}(t)$ 和绿色能源消耗 $P_n^{\text{green}}(t)$

$$P_n^{\text{grid}}(t)=P_n(t)-P_n^{\text{green}}(t) \tag{8-9}$$

$$P_n^{\text{green}}(t)=P_{R_{\text{sn},u}}x_2+P_{n,\text{static}}(t) \tag{8-10}$$

式中，$x_2=\sum_u \zeta_n(1-y_n(t))\vartheta d_{n,u}^{\alpha}\chi_{n,u}^{-1}\tau(t)$，$y_n(t)\in\{0,1\}$ 为能源种类使用指示函数；$P_{R_{\text{sn},u}}$ 为 SBS_n 的接收功率约束。

8.2.3　无线通信模型

MMU 用户只能由 MBS 服务，则用户 u 的 SINR 为[5]

$$\text{SINR}_{m,u}=\frac{P_{\text{tm},u}}{W_m}\frac{\chi_{m,u}^{-1}h_{m,u}d_{m,u}^{-\alpha_1}}{(\theta_m+1)N_0} \tag{8-11}$$

式中，$P_{\text{tm},u}$ 为 MBS 的发送功率；W_m 为 MBS 的可用带宽；$d_{m,u}$ 为 MBS 与用户 u 之间的距离；N_0 表示高斯白噪声[6]；θ_m 为干扰噪声比例；$h_{m,u}$ 表示信道是瑞利衰落信道；$\chi_{m,u}$ 为服从对数分布的阴影衰落；α_1 为 MBS 的路径损耗因子。所有基站都为其关联的用户平均分配带宽，则 MMU 用户和 MSU 用户的传输速率为

$$r_{\text{mm},u}=\frac{w_{\text{mm}}}{M_{\text{mm}}+1}\log_2(1+\text{SINR}_{m,u}) \tag{8-12}$$

$$r_{\text{ms},u}=\frac{w_{\text{ms},n}}{M_{\text{ms}}+1}\log_2(1+\text{SINR}_{m,u}) \tag{8-13}$$

M_{mm} 和 M_{ms} 分别表示除去用户 u 外 MMU 和 MSU 用户的数量，w_{mm} 和 $w_{\text{ms},n}$ 分别表示 MMU 和 MSU 用户占用的带宽，因此 MBS 的带宽满足 $w_{\text{mm}}+\sum_{n=1}^{N_H}w_{\text{ms},n}\leqslant W_m$。

同理，SBS_n 服务用户 u 时，SINR 为

$$\text{SINR}_{\text{sn},u}=\frac{P_{\text{tsn},u}}{W_s}\frac{\chi_{\text{sn},u}^{-1}h_{\text{sn},u}d_{\text{sn},u}^{-\alpha_2}}{(\theta_s+1)N_0} \tag{8-14}$$

式中，$P_{\text{tsn},u}$ 为 SBS 的发送功率；$d_{\text{sn},u}$ 为 SBS 与用户 u 之间的距离；θ_s 为层间

的干扰噪声比例；$h_{\mathrm{sn},u}$ 表示瑞利衰落信道；$\chi_{\mathrm{sn},u}$ 为阴影衰落；α_2 为 SBS_n 的路径损耗因子；W_s 为 SBS_n 可用的带宽。SHU、SCU 用户的传输速率表示为

$$r_{\mathrm{sh,nu}}=\frac{w_{\mathrm{sh},n}}{M_{\mathrm{sh},n}+1}\log_2(1+\mathrm{SINR}_{\mathrm{sn},u}) \tag{8-15}$$

$$r_{\mathrm{sc,nu}}=\frac{w_{\mathrm{sc},n}}{M_{\mathrm{sc},n}+1}\log_2(1+\mathrm{SINR}_{\mathrm{sn},u}) \tag{8-16}$$

$M_{\mathrm{sh},n}$ 和 $M_{\mathrm{sc},n}$ 分别表示除去用户 u 外 SHU 和 SCU 用户的数量，$w_{\mathrm{sh},n}$ 和 $w_{\mathrm{sc},n}$ 分别表示 SHU 和 SCU 用户占用的带宽，因此 SBS 的带宽满足 $\sum_{n=1}^{N_H}(w_{\mathrm{sh},n}+w_{\mathrm{sc},n})\leqslant W_s$ 。

8.2.4 问题形成

本小节讲解针对系统模型形成需解决的优化问题。假设在 t 时隙，基站的总能耗为 $\vec{P}_t=(P_{t,0},P_{t,1},\cdots,P_{t,N_H})$ ，由上述内容可知，本章的目标是在给定的 MBS 排斥区域半径 z 的前提下最优化电能消耗，可以表示为

$$\mathrm{P1}:\ \min_{\substack{(y_0,y_1,\cdots,y_{N_H})\\(\vec{P}_1^{\mathrm{green}},\vec{P}_2^{\mathrm{green}},\cdots,\vec{P}_{N_H}^{\mathrm{green}})}}\ \sum_{t\in T}\sum_{n\in S}P_n^{\mathrm{grid}}(t) \tag{8-17}$$

$$\mathrm{s.t.}\ \ C_{\mathrm{mm}}\leqslant\eta, C_{\mathrm{ms}}\leqslant\eta, C_{\mathrm{sc},n}\leqslant\eta, C_{\mathrm{sh},n}\leqslant\eta \tag{8-17a}$$

$$R_n(t)=R_n(t-1)+\varphi_n(t)\tau-B_{n,a}(t-1)-\delta_n(t-1)\tau,\forall n\geqslant 1,t\geqslant 2 \tag{8-17b}$$

$$B_{n,a}(t)\leqslant R_n(t)+\varphi_n(t)\tau\leqslant B_n^{\max},\forall t,n\geqslant 1 \tag{8-17c}$$

式中，$R_n(t)$ 是 t 时隙初始时储能电池中残留的能量。式（8-17a）是用户 QoS 需求约束，式（8-17b）表示能量达到约束，式（8-17c）为 SBS_n 可用能量约束。C_{mm}、C_{ms}、$C_{\mathrm{sc},n}$和$C_{\mathrm{sh},n}$ 表示四种类型用户 SHU（type 1）、SCU（type 2）、MSU（type 3）和 MMU（type 4）的中断概率，η 为中断概率的门限值。

根据式（8-9），基站的电网能源消耗（能耗）等于总能耗与绿色能耗的差值。因此，减少电网能耗取决于总能耗和绿色能源利用的优化。换而言之，最小化系统电能旨在：确定每个时隙用户如何与基站关联，以及如何优化整个时间间隔内每个基站的绿色能耗。然而，由于可再生能源和通信数据流量的动态

变化，基站能耗表现出时间和空间的动态变化。从这种意义上说，为了减少整个网络的总能耗，应采用一种恰当的用户关联方法来在所有基站之间合理地分配业务负载，同时为适用动态变化的可再生能源，应优化整个时间间隔内的绿色能源配置，以最大限度地降低电网能耗。基于此，可以将问题 P1 分解为两大子优化问题：负载均衡问题和可再生能源利用率问题。假设在特定时隙内流量负载和能量收集率是静态不变的[7~9]。

负载均衡问题的目的是使时隙中的基站总能耗最优化，如何将用户与基站进行有效关联在该问题上起到关键作用。因此，在保证不同用户类型的 QoS 前提下最优化每个时隙所有基站的总能耗，可以表示为

$$\text{P2}: \min_{(y_0, y_1, \cdots, y_{N_H})} \sum_{n \in S} P_n(t) \tag{8-18}$$

$$\text{s.t. } C_{\text{mm}} \leqslant \eta, C_{\text{ms}} \leqslant \eta, C_{\text{sc},n} \leqslant \eta, C_{\text{sh},n} \leqslant \eta \tag{8-18a}$$

同时，采用合适的用户关联准则后，整个时间间隔单个基站的可再生能源配置方案可充分利用可再生能源。因此，为了优化系统电网能耗，可以将问题重构为

$$\text{P3}: \min_{(\vec{P}_1^{\text{green}}, \vec{P}_2^{\text{green}}, \cdots, \vec{P}_{N_H}^{\text{green}})} \sum_{t \in T} P_n^{\text{grid}}(t) \tag{8-19}$$

$$R_n(t) = R_n(t-1) + \varphi_n(t)\tau - B_{n,a}(t-1) - \delta_n(t-1)\tau, \forall n \geqslant 1, t \geqslant 2 \tag{8-19a}$$

$$B_{n,a}(t) \leqslant R_n(t) + \varphi_n(t)\tau \leqslant B_n^{\max}, \forall t, n \geqslant 1 \tag{8-19b}$$

绿色能源的变化是一个长时间约束的过程，这导致 P3 成为难解问题。基于这些挑战，我们将 P3 划分为两个阶段求解。在第一阶段，每个时隙使用李雅普诺夫优化理论控制每个用户消耗的功率；在第二阶段，设计分布式绿色能源分配算法和能量补充算法平衡整个时间间隔每个基站消耗的绿色能源。

基于以上描述，为保证所提出的系统模型的合理性，首先要保证用户的 QoS。因此，为解决问题 P1，就要推导出系统四类用户的中断概率。在混合能源驱动的系统中，发生通信中断主要有两大因素：带宽限制和能量资源的使用种类。因此，用户中断概率定义为 $\mathcal{C} = (r_i < r_0) \leqslant \eta$，其中 r_0 为请求传输速率阈值。

在无线通信模型中，SHU 用户的中断概率可以表示为

$$\mathcal{C}_{\rm sh}=E\{\Pr(r_{\rm sh,nu}<r_0)\}=\int_0^{D_{\rm sh}}\sum_{j=0}^{\infty}\Pr\left(\mathrm{SINR}_{s,u}\geqslant 2^{\frac{(j+1)r_0}{w_{{\rm sh},n}}}-1\right)\phi(j)f_{D_{\rm sh}}\mathrm{d}d \tag{8-20}$$

$\phi(j)$ 为 SBS_n 服务用户 u 的概率，用户 u 与 SBS_n 间的距离概率密度函数分布为

$$f_{D_{\rm sh}}=\frac{2d}{D_{\rm sh}^2} \tag{8-21}$$

尽管式（8-20）中的中断概率不能直接推导出来，但由文献[10]可知，在高 SINR、大带宽的条件下定义 8-2 可以给出中断概率的闭式解。

定义 8-2：当用户接收的 SINR 较高时，意味着 $\frac{P_t}{(\theta_m+1)N_0W}\to\infty$，且当 $\frac{r_0}{w_{{\rm sh},n}}\to 0$ 时，基站可以提供大带宽。定义 8-2 可以应用在较高 QoS 需求的情况下，因此 type 1 的中断概率可以推导为：

$$\mathcal{C}_{\rm sh}=\frac{2D_{\rm sh}^{\alpha_2}(\theta_s+1)W_s}{(\alpha_2+2)}\frac{N_0\chi_{s,u}}{P_{t,s}}\left(2^{\frac{r_0}{w_{{\rm sh},n}}\left(1+\pi D_{\rm sh}^2 v\lambda_{\rm sh}\right)}-1\right) \tag{8-22}$$

证明：

根据式（8-14），可以推出：

$$\begin{aligned}\Pr(r_{\rm sh,nu}\geqslant r_0)&=\int_0^{D_{\rm sh}}\Pr\left(\mathrm{SINR}_{s,u}\geqslant 2^{\frac{(M_{{\rm sh},n}+1)r_0}{w_{{\rm sh},n}}}-1\right)\frac{2d}{D_{\rm sh}^2}\mathrm{d}d\\&\overset{\rm a}{=}\int_0^{D_{\rm sh}}\exp\left(-\frac{\chi_{s,u}N_0(\theta_s+1)W_s}{P_{t,s}d^{-\alpha_2}}\left(2^{\frac{(M_{{\rm sh},n}+1)r_0}{w_{{\rm sh},n}}}-1\right)\right)\frac{2d}{D_{\rm sh}^2}\mathrm{d}d\\&\overset{\rm b}{=}\int_0^{D_{\rm sh}}\left(1-\frac{\chi_{s,u}N_0(\theta_s+1)W_s}{P_{t,s}d^{-\alpha_2}}\left(2^{\frac{(M_{{\rm sh},n}+1)r_0}{w_{{\rm sh},n}}}-1\right)\right)\frac{2d}{D_{\rm sh}^2}\mathrm{d}d\\&=1-\frac{2D_{\rm sh}^{\alpha_2}(\theta_s+1)W_s}{(\alpha_2+2)}\frac{\chi_{s,u}N_0}{P_{t,s}}\left(2^{\frac{(M_{{\rm sh},n}+1)}{r_0^{-1}w_{{\rm sh},n}}}-1\right)\end{aligned} \tag{8-23}$$

“a”代表瑞利衰落的随机信道条件，“b”代表当高 SINR 时，式（8-23）满足的极限条件 $\lim \mathrm{e}^{-x}=1-x$。由文献[11]可知，$M_{\mathrm{sh},u}$ 服从泊松分布，将式（8-23）代入式（8-20）可得

$$
\begin{aligned}
\mathcal{C}_{\mathrm{sh}} &= E\{\Pr(r_{\mathrm{sh,nu}}<r_0)\}=1-E\{\Pr(r_{\mathrm{sh,nu}}\geqslant r_0)\} \\
&= 1-\sum_{j=0}^{M_{\mathrm{sh},n}}\Pr(r_{\mathrm{sh,nu}}\geqslant r_0)\Pr_{M_{\mathrm{sh},n}}(j) \\
&= 1-\sum_{j=0}^{M_{\mathrm{sh},n}}\left(1-\frac{2D_{\mathrm{sh}}^{\alpha_2}(\theta_s+1)W_s}{(\alpha_2+2)}\frac{\chi_{s,u}N_0}{P_{t,s}}\left(2^\wedge\left(\frac{(j+1)}{r_0^{-1}w_{\mathrm{sh},n}}\right)-1\right)\right)\frac{(\pi D_{\mathrm{sh}}^2\lambda_{\mathrm{sh}})^j}{j!}\mathrm{e}^{-\pi D_{\mathrm{sh}}^2\lambda_{\mathrm{sh}}} \\
&= \frac{2D_{\mathrm{sh}}^{\alpha_2}(\theta_s+1)W_s}{(\alpha_2+2)}\frac{\chi_{s,u}N_0}{P_{t,s}}\left\{2^\wedge\left[\frac{r_0}{w_{\mathrm{sh},n}}\exp\left(\pi D_{\mathrm{sh}}^2\lambda_{\mathrm{sh}}\left(2^{\frac{r_0}{w_{\mathrm{sh},n}}}-1\right)\right)\right]-1\right\} \\
&\overset{\mathrm{c}}{=} \frac{2D_{\mathrm{sh}}^{\alpha_2}(\theta_s+1)W_s}{(\alpha_2+2)}\frac{\chi_{s,u}N_0}{P_{t,s}}\left\{2^\wedge\left[\frac{r_0}{w_{\mathrm{sh},n}}\left(1+\pi D_{\mathrm{sh}}^2\lambda_{\mathrm{sh}}\frac{r_0}{w_{\mathrm{sh},n}}\right)\right]-1\right\},\ \text{type 1}
\end{aligned}
\tag{8-24}
$$

“c”代表极限 $\lim\limits_{x\to 0}\dfrac{a^x-1}{x}=\ln a$，可用于简化，因此推导出式（8-24）。同理，可以推导出 type 2、type 3 和 type 4 的中断概率。

$$
\mathcal{C}_{\mathrm{sc}}=\frac{2D_{\mathrm{sc}}^{\alpha_2}(\theta_s+1)W_s}{(\alpha_2+2)}\frac{N_0\chi_{s,u}}{P_{t,s}}\left(2^{\frac{r_0}{w_{\mathrm{sc},n}}\left(1+\pi D_{\mathrm{sc}}^2\nu\lambda_{\mathrm{sc}}\right)}-1\right),\ \text{type 2} \tag{8-25}
$$

$$
\mathcal{C}_{\mathrm{ms}}=\frac{2D_{\mathrm{ms}}^{\alpha_1}(\theta_m+1)W_m}{(\alpha_1+2)}\frac{N_0\chi_{s,u}}{P_{t,m}}\left(2^{\frac{r_0}{w_{\mathrm{ms}}}\left(1+\pi D_{\mathrm{ms}}^2\nu\lambda_{\mathrm{ms}}\right)}-1\right),\ \text{type 3} \tag{8-26}
$$

$$
\mathcal{C}_{\mathrm{mm}}=\frac{2z^{\alpha_1}(\theta_m+1)W_m}{(\alpha_1+2)}\frac{N_0\chi_{s,u}}{P_{t,m}}\left(2^{\frac{r_0}{w_{\mathrm{mm}}}\left(1+\pi z^2\lambda_0\right)}-1\right),\ \text{type 4} \tag{8-27}
$$

$D_{\mathrm{sh}}\leqslant D_{\max}$ 代表由绿色能源供电的 SBS_n 半径。D_{sc} 为 MBS 与 SBS_n 之间的距离。通过推导的中断概率可得到排斥区域半径 z 的最优值，具体讲解见数值分析部分。

8.3 功率感知用户关联与可再生能源配置方案

本节提出基于功率感知的用户关联规则以减少所有基站的总能耗，同时为了充分利用绿色能源，在可再生能源配置下的第一阶段利用强有力的李雅普诺夫漂移控制方法，并在第二阶段提出能量平衡算法。

8.3.1 功率感知用户关联规则

本小节介绍在电池泄漏过程中所提出的基于功率感知用户关联规则以解决问题 P2。用户可以避免与最近的能量短缺的SBS_n关联，可选择距离较远且满足接收功率限制$P_{R_{n,u}}$的SBS_n。所提出的功率感知用户关联规则考虑了SBS_n的可用能量和用户的请求传输功率。值得说明的是，本章不考虑 SBS 之间的能量协作[12]。如图 8-2 所示，基于功率感知的用户关联规则可通过迭代的方式实现。

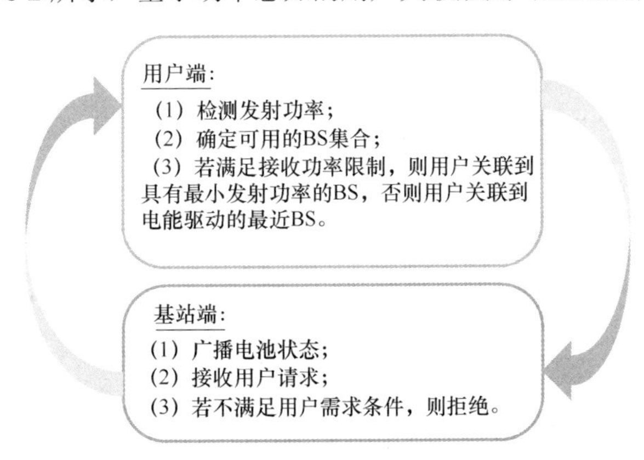

图 8-2　基于功率感知的用户关联规则

为成功锁定可用的 BS 集合，用户必须提前知道SBS_n电池中绿色能源的存储量。在每个时隙的初始阶段，SBS_n通过广播控制信道广播自身的储能信息。在此，可假设SBS_n仅周期的广播消息消耗能量而无其他额外的能量消耗。由于收获和消耗的能量都是连续的随机变量，电池中存储的能量也是随机的，因此，考虑了一个马尔科夫链模型，如图 8-3 所示，通过将电池状态离散化，用户可以根据有限数量的级别来预测每个时隙中其他用户消耗的能量。此外，能量的收集和消耗过程取决于先前时隙中电池的存储状态，预测过程只需要知道用户密度和电池电量状态即可。在每个时隙，用户根据广播信息检测所需的接收功率 $P_{R_{n,u}}$ 是否与相邻SBS_n的储能状态匹配。然后，每个用户可以动态地获得符合关联条件的可用 SBS 集合，这样一来，每个用户可以与一个可用的 SBS 关联，此外，若没有符合条件的SBS_n，用户就可能关联到 MBS。

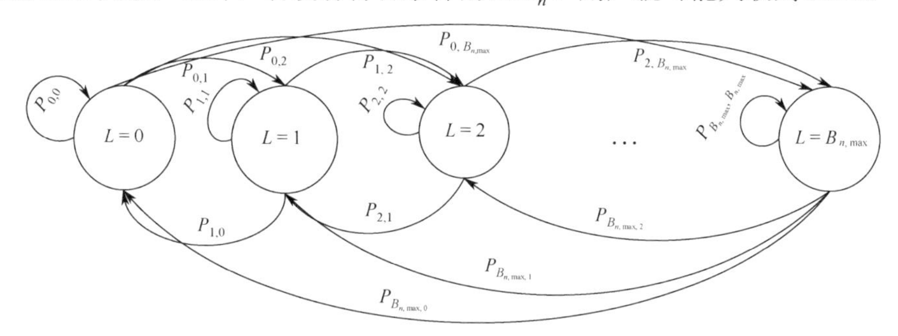

图 8-3　马尔科夫链模型

考虑到 BS 的能量限制，SBS 有时不能服务所有与其关联的用户。因此，每个 SBS 在关联的用户中选择其所需功率的升序排列为用户提供服务。若 SBS 消耗的总功率使得电池储能量低于其阈值，则 SBS 会拒绝用户关联，或者由电能供电而缩短服务半径，或者直接进入睡眠状态，而被拒绝的用户会选择与距离其最近的电能驱动的 BS 关联。接下来描述用户关联规则，在该规则中用户通过检测基站传输功率而获得基站可用集合，具体见定义 8-3。

定义 8-3：SBS 基站可用集合表示为

$$\mathcal{S}_{\text{asn},u} \triangleq \{\text{SBS}_n \in (\mathcal{S}) \big| P_{n,u}(t) + \tilde{P}_{\text{tn}\backslash u}(t) \leqslant B_n(t) - \delta(t)\tau, B_{n,a}(t) > P_{\text{so}}\} \quad (8\text{-}28)$$

式中，$\tilde{P}_{\text{tn}\backslash u}(t)$ 表示检测到的除去用户 u 外其他用户所需的功率：

$$\tilde{P}_{\text{tn}\backslash u}(t) = \lambda_0 \varLambda \frac{2/\alpha_2}{2/\alpha_2 + 1}(P_{n,u})^{\frac{2}{\alpha_2}+1} \quad (8\text{-}29)$$

$$\begin{cases} \varLambda = \pi(P_{R_{n,u}})^{-\frac{2}{\alpha_2}} \exp\left(\varUpsilon\mu + \dfrac{\iota^2}{2}(\varUpsilon)^2\right) \\ \varUpsilon = \dfrac{2/\alpha_2}{10\ln(10)} \end{cases} \quad (8\text{-}30)$$

证明：传输功率小于 $P_{n,u}$ 的平均用户表示为 $\bar{u}$，阴影衰落的 PDF 为

$$f_{\chi_{n,u}}(x) = \frac{10\ln(10)}{\sqrt{2\pi\iota^2}x}\exp\left(-\frac{10\log_{10}(x) - \mu}{2\iota^2}\right) \quad (8\text{-}31)$$

式中，μ 为阴影衰落的均值；ι 为阴影衰落的方差。由此可以得到

$$\overline{u} = \lambda_0 \int_{\mathbb{R}^+} \Pr(0 \leqslant P_{R_{n,u}} \vartheta d_{n,u}^{\alpha} \chi_{n,u}^{-1} < P_{n,u}) \mathrm{d}d = \lambda_0 \pi (P(\vartheta P_{R_{n,u}})^{-1})^{\frac{2}{\alpha_k}} \exp\left(\varUpsilon\mu + \frac{\iota^2}{2}(\varUpsilon)^2 \right) \tag{8-32}$$

因此有

$$\tilde{P}_{\mathrm{tn}\backslash u}(t) \triangleq E[\sum_{i \neq u} P_{n,i}] = \int_0^{P_{n,u}} P\mathrm{d}\overline{u}(P)\mathrm{d}P = \lambda_0 \varLambda \frac{2/\alpha_k}{2/\alpha_k + 1} (P_{n,u})^{\frac{2}{\alpha_k}+1} \tag{8-33}$$

只要 BS 集合确定，用户就可直接与其目标基站关联，如

$$\mathrm{BS}_j = \underset{j \in \mathcal{S}_{\mathrm{asn},u}}{\arg} \min\{P_{n,u} = P_{R_{n,u}} \vartheta d_{n,u}^{\alpha} \chi_{n,u}^{-1}\} \tag{8-34}$$

8.3.2 可再生能源配置的功率控制方法

本小节描述每个时隙能量配置的第一阶段。注意，本章只考虑无线传输，没有涉及能量传输模式。为此，本章利用排队理论，同时根据 8.3.1 节得到的用户关联结果，将问题 P3 中的不等式约束转化为数据队列稳定性问题。给定传输速率 r_u 和接入 SBS_n 的数据需求 $\omega_u(t)$，$\overline{r}_u = E\left[\frac{1}{T}\sum_{c=0}^{T-1} r_u(c)\right]$ 为时间平均传输速率，$\overline{\omega}_u = E\left[\frac{1}{T}\sum_{c=0}^{T-1} \omega_u(c)\right]$ 为时间平均的接入比特率。为满足用户的通信服务，有 $\overline{r}_u \geqslant \overline{\omega}_u$。因此，数据虚拟队列 $D_{n,u}(t)$ 可以表示为

$$D_u(t+1) = \max\{D_u(t) - \tau(t) r_u(t), 0\} + \omega_u(t) \tag{8-35}$$

$\tau(t)$ 为传输时间，由文献[13]可知，$D_{n,u}(t)$ 的平均稳定性满足长期约束式（8-19b），则 Lyapunov 函数的虚队列定义为

$$L(t) = \frac{1}{2}\sum_{u=1}^{M} D_u^2(t) \tag{8-36}$$

同时，$D_{n,u}(t)$ 的向量表示为 $\boldsymbol{D}(t) \triangleq \{D_u(t), u \in \{1,2,\cdots,M\}\}$，则单个时隙的 Lyapunov 漂移因子表示为

$$\varDelta = E[L(t+1) - L(t) | \boldsymbol{D}(t)] \tag{8-37}$$

由 8.2 节可知，$P_n^{\text{grid}} = \sum_{u=1}^{M} \rho P_{n,u}^{\text{green}}(t)$，$P_n^{\text{grid}} = \sum_{u=1}^{M} \rho P_{n,u}^{\text{grid}}(t)$，其中 $\rho \in [0,1]$ 为功率控制参数。通过经典的 Lyapunov 漂移理论[14]，最小化 $\varDelta$ 满足平均时间的信道和传输数据约束。然而，本章的目标是最小化约束条件下的系统效用函数，因此需在 Lyapunov 优化框架中定义漂移加惩罚函数，于是得到如下不等式

$$\varDelta + VE[P_n^{\text{grid}}(t) | \boldsymbol{D}(t)] \leqslant O_1 + VE[P_n^{\text{grid}}(t) | \boldsymbol{D}(t)] + K_1 \tag{8-38}$$

式中，$K_1 = E\left[\sum_{u=1}^{M} D_u(t)(\omega_u(t) - \tau(t) r_{n,u}(t)) \Big| \boldsymbol{D}(t)\right]$；$O_1 \triangleq \frac{1}{2} M(\omega_{u,\max}^2 + r_{u,\max}^2)$ 为常数；V 为控制系统效用函数与队列稳定的折中参数[15]。根据式（8-30）及功率感知的用户关联的结果，为了有效地利用 SBS 中的可再生资源，问题 P3 转化为

$$\text{P}'3\text{：}\ \max_{(\vec{P}_0, \vec{P}_1, \cdots, \vec{P}_{N_H})} \sum_{u=1}^{M} D_u(t)\tau(t) r_{n,u}(t) - VE[P_n^{\text{grid}}(t) | D(t)] \tag{8-39}$$

$$R_n(t) = R_n(t-1) + \varphi_n(t)\tau - B_{n,a}(t-1) - \delta_n(t-1)\tau, \forall n \geqslant 1, t \geqslant 2, \tag{8-39a}$$

$$B_{n,a}(t) \leqslant R_n(t) + \varphi_n(t)\tau \leqslant B_n^{\max}, \forall t, n \geqslant 1 \tag{8-39b}$$

证明：因为

$$\begin{aligned}
& D_u^2(t+1) - D_u^2(t) = \{d_1 + \omega_u(t)\}^2 - D_u^2(t) \\
& = \{(d_1)^2 + \omega_u^2(t) + 2\omega_u(t) d_1\} - D_u^2(t) \\
& \leqslant [D_u(t) - \tau(t) r_u(t)]^2 + \omega_u^2(t) + 2\omega_u(t) D_u(t) - D_u^2(t) \\
& = \omega_u^2(t) + (\tau(t) r_u(t))^2 + 2D_u^2(t)(d_2)
\end{aligned} \tag{8-40}$$

其中，$d_1 = [D_{n,u}(t) - \tau(t) r_{n,u}(t)]^+$，$d_2 = \omega_u(t) - \tau(t) r_u(t)$，因此有

$$\begin{aligned}
& E\left[\frac{1}{2} D_u^2(t+1) - \frac{1}{2} D_u^2(t) \Big| \boldsymbol{D}(\boldsymbol{t})\right] + VE[P_n^{\text{grid}}(t) | \boldsymbol{D}(\boldsymbol{t})] \\
& \leqslant \frac{1}{2} M(\omega_{u,\max}^2 + r_{u,\max}^2) + E\left[\sum_{u=1}^{M} D_u(t)(d_2)\right] + VE[P_n^{\text{grid}}(t) | \boldsymbol{D}(\boldsymbol{t})]
\end{aligned} \tag{8-41}$$

由负载均衡问题可得到有效的用户关联策略。因此，可以推出式（8-38）和问题 $\text{P}'3$。由于传输时间 $\tau(t)$ 是变化的，所以导致 $\text{P}'3$ 变得难以解决。接下来从能量函数中消除 $\tau(t)$。根据式（8-6），若 $B_{n,a}(t) \geqslant P_{n,\max} + \delta_n(t)$，则 SBS 消耗的电能趋于 0。否则，优化条件为 $P_n^{\text{green}}(t) + \delta_n \tau(t) = B_{n,a}(t)$，因此可以得出

$$\tau(t)=\frac{B_{n,a}(t)}{P_n^{\text{green}}(t)+\delta}\leqslant 1 \tag{8-42}$$

将式（8-42）代入式（8-39）可得：

$$H=\frac{B_{n,a}(t)\left(\sum_{u=1}^{M}D_u(t)r_u(t)-VP_n^{\text{grid}}(t)\right)}{P_n^{\text{green}}(t)+\delta_n} \tag{8-43}$$

因此问题P′3的求解变得简便。于是

$$g(H)=B_n(t)\left(\sum_{u=1}^{M}D_u(t)r_u(t)-VP_n^{\text{grid}}(t)\right)-H(P_n^{\text{green}}(t)+\delta) \tag{8-44}$$

由式（8-44）可知，若得到$H_{\max}$，则可得到优化的绿色能源分配策略。为此，利用基于黄金选择迭代算法求$H_{\max}$。因此，每个时隙的电能消耗问题可以转化为

$$\text{P}''3:\max_{(\vec{P}_0,\vec{P}_1,\cdots,\vec{P}_{N_H})} B_{n,a}(t)\left(\sum_{u=1}^{M}D_u(t)r_{n,u}(t)-VP_n^{\text{grid}}(t)\right)-H_{\max}(P_n^{\text{green}}(t)+\delta) \tag{8-45}$$

$$P_n^{\text{green}}(t)+\delta_n(t)\leqslant B_n(t) \tag{8-45a}$$

$$P_n^{\text{green}}+P_n^{\text{grid}}\leqslant P_{n,\max} \tag{8-45b}$$

$$R_n(t)=R_n(t-1)+\varphi_n(t)\tau-B_{n,a}(t-1)-\delta_n(t-1)\tau,\forall n\geqslant 1,t\geqslant 2 \tag{8-45c}$$

$$B_{n,a}(t)\leqslant R_n(t)+\varphi_n(t)\tau\leqslant B_n^{\max},\forall t,n\geqslant 1 \tag{8-45d}$$

为简化计算，使用香农容量将用户u的传输速率简化为

$$r_{n,u}=\log_2(1+(P_u^{\text{green}}+P_u^{\text{grid}})\rho^{-1}\varPsi) \tag{8-46}$$

式中，$\varPsi=\dfrac{\chi_{\text{sn},u}h_{\text{sn},u}d_{\text{sn},u}^{-\alpha_2}}{W_s\left(\theta_s+1\right)N_0}$。由文献[13]可知，在非线性约束条件下，P″3为凸优化问题。

为了解决该凸优化问题，首先将原始问题P″3的拉格朗日公式表示为

$$G(P_n^{\text{green}},P_n^{\text{grid}},\theta_1,\theta_2)=g(H_{\max})-\theta_1(P_n^{\text{green}}(t)+\delta_n(t)-B_n(t))-\theta_2 w_1 \tag{8-47}$$

式中，$w_1=P_{n,\max}-(P_n^{\text{green}}+P_n^{\text{grid}})$，$\theta_1\geqslant 0$和$\theta_2\geqslant 0$为对偶变量。

根据文献[16]可知，由于 P″3 为优化问题且满足 Salter's 条件，所以 P″3 和对偶问题间的对偶间隙趋于 0。因此，可以通过求解对偶问题得到基站的最优功率分配策略，如

$$\min_{P_n^{\text{green}},P_n^{\text{grid}},\theta_1,\theta_2} \max G(P_n^{\text{green}},P_n^{\text{grid}},\theta_1,\theta_2) \tag{8-48}$$

利用 KKT 条件，每个用户消耗的绿色能量和电能功率为

$$P_{n,u}^{\text{green}} = \left\lfloor (\varPsi B_n(t)D_u(t)-1)\times(\varPsi \ln 2(H_{\max}-\theta_1^*+\theta_2^*))^{-1} \right\rfloor \tag{8-49}$$

$$P_{n,u}^{\text{grid}} = \left\lfloor (\varPsi B_n(t)D_u(t)-1)\times(\varPsi \ln 2(B_n(t)V+\theta_2^*))^{-1} \right\rfloor \tag{8-50}$$

其中，$\lfloor x \rfloor = \max\{0,x\}$，于是可以利用次梯度法迭代对偶变量

$$\theta_1(l+1) = \left\lfloor \theta_1(l) - I_l^{\theta_1}(P_n^{\text{green}}(t)+\delta(t)-B_n(t)) \right\rfloor \tag{8-51}$$

$$\theta_2(l+1) = \left\lfloor \theta_2(l) - I_l^{\theta_2}(P_{n,\max}-(P_n^{\text{green}}+P_n^{\text{grid}})) \right\rfloor \tag{8-52}$$

式中，$I_l^{\theta_1}$ 和 $I_l^{\theta_2}$ 分别表示迭代步长。同时，渐进函数 $\bar{D}_u$ 由定义 8-4 给出。

定义 8-4： 将渐进函数 $\bar{D}_u$ 表示为

$$\bar{D}_u = \frac{O_1 + V(P_{n,\max}^{\text{grid}} - P_{n,\min}^{\text{grid}})}{\varPsi} \tag{8-53}$$

式中，$\varPsi$ 为虚拟队列的控制参数；$P_{n,\max}^{\text{grid}}$ 和 $P_{n,\min}^{\text{grid}}$ 分别表示电能消耗的最大值和最小值。

证明： 本节的目标是使式（8-41）中不等式右边的项最小化。让 $t=l$，$l\in\{0,1,\cdots\}$，式（8-41）的右项值不超过其他可行策略的值。因此，得到

$$\varDelta + VE[P_{n,1}^{\text{grid}}(t)|\boldsymbol{D}(\boldsymbol{t})] \leqslant O_1 + \varPsi\sum_{u=1}^{M} D_u(t) + VP_{n,2}^{\text{grid}}(t) \tag{8-54}$$

其中，$P_{n,1}^{\text{grid}}(t)$ 和 $P_{n,2}^{\text{grid}}(t)$ 分别表示式（8-48）所达到的效益和满足文献[17]中策略条件的效益。同时，由于 $r_u(\tau)$ 和 $\omega_u(\tau)$ 都是有界的，所以 $P_{n,\max}^{\text{grid}}$ 和 $P_{n,\min}^{\text{grid}}$ 也都是有限值。重新排列式（8-41）的期望值，可得

$$\frac{1}{2}E\left[\sum_{u=1}^{M} D_u^2(t+1)\right] - \frac{1}{2}E\left[\sum_{u=1}^{M} D_u^2(t)\right] - \varPsi\sum_{u=1}^{M} D_u(t) \leqslant O_1 + V(P_{n,\max}^{\text{grid}} - P_{n,\min}^{\text{grid}}) \tag{8-55}$$

每个时隙 $t=l$ 都满足上述不等式。在 $t=l$ 时隙进行求和运算，并将两边同时除以 $L\Psi$，然后取 $L\to\infty$ 的算子上界，得到

$$\lim_{L\to\infty}\frac{1}{L}\sum_{l=0}^{L-1}E\left[\sum_{u=1}^{M}D_u(l)\right]\leqslant\frac{O_1+V(P_{n,\max}^{\text{grid}}-P_{n,\min}^{\text{grid}})}{\Psi}\tag{8-56}$$

因此可以推导出式（8-53）。

8.3.3 可再生能源配置的能量平衡算法

本小节描述整个周期内能量配置的第二阶段。对于不同时隙的节能策略，应考虑可再生能源配置，以平衡不同时隙可再生能源的利用。能源利用率为 $E_n(t)=\dfrac{P_n^{\text{green}}(t)}{B_{n,a}(t)}$，$P_n^{\text{green}}(t)$ 为第一阶段推导的基站功耗。若 $E_n(t)>1$，则表明 SBS_n 存储的绿色能量不足以为其关联的用户服务；若 $E_n(t)\leqslant 1$，则表明通信服务的耗能与储能之间的差值趋于 0，且随着 $E_n(t)$ 的增大，差值也会变化。为了平衡不同时隙的能源利用率，提出分布式绿色能源分配（DGEA）算法，伪代码如算法 8-1 所示。

算法 8-1　分布式绿色能源分配算法
步骤 1　输入：$R_n(0)$，$\varphi_n(0)$
步骤 2　初始化 $B_{n,a}(t)$ 并计算 $E_n(t)=P_n^{\text{green}}(t)/B_{n,a}(t)$
步骤 3　for $t=2$；$t\leqslant T$；$t++$; do
步骤 4　如果 $E_n(t)>E_n(t-1)$ 然后
步骤 5　　for $k=1$；$k\leqslant t-1$；$k++$; do
步骤 6　　　计算 $\bar{E}_n=\sum_{i=k}^{k}P_n^{\text{green}}(k)/\sum_{i=k}^{k}B_{n,a}(k)$
步骤 7　　　如果 $E_n(k)<\bar{E}_n$ 然后
步骤 8　　　　$h=k$, and break;
步骤 9　　　end if
步骤 10　　end for

步骤 11　for $o=h$; $o \leqslant t$; $o++$; do

步骤 12　　如果 $E_n(o) < \bar{E}_n$ 然后

步骤 13　　　　减少 $B_{n,a}(o)$ 以满足 $E_n(o) = \bar{E}_n$;

步骤 14　　　else

步骤 15　　　　增加 $B_{n,a}(o)$ 以满足 $E_n(o) = \bar{E}_n$;

步骤 16　　　end if

步骤 17　　end for

步骤 18　end if

步骤 19　end for

步骤 20　返回 $B_{n,a}(t), \forall t$

初始化捕获的能量为

$$B_{n,a}(t) = \begin{cases} R_n(0) + \varphi_n(t)\tau - \delta_n(t)\tau, t = 1 \\ \varphi_n(t)\tau - \delta_n(t)\tau, t > 1 \end{cases} \tag{8-57}$$

在 DGEA 算法中，若 $E_n(t) > E_n(t-1)$，则可减少 t 时隙以前的绿色能源分配，这是因为需增加 t 的绿色能源使得 $E_n(t) \leqslant E_n(t-1)$。例如，当在某 h 时隙有 $E_n(h) \leqslant \bar{E}_n$，所提算法可降低 o 时隙到 $t-1$ 时隙的绿色能源分配，使得 $E_n(o) = \bar{E}_n$，其中 $o \in \{h, \cdots, t\}$。当在某 h 时隙有 $E_n(h) > \bar{E}_n$ 时，可增加绿色能源的分配，使得 $E_n(o) = \bar{E}_n$，$o \in \{h, \cdots, t\}$。因此，DGEA 算法可获得其他时隙能量使用的最优值 $E_n^*(t)$，问题 P3 得到求解。

同时，为减少实际网络中能量和数据流量的波动，提出一种能量补充（Energy Complicate，EC）算法自适应地完成可再生能源的配置。所提出的 EC 算法在整个时隙可划分为 3 种情况：情况 I，$P_n^{\text{green}}(t) \leqslant B_{n,a}(t)$，表明有多余的能量可以分配给接下来的时隙，多余的能量等于 $B_{n,a}(t) - P_n^{\text{green}}(t)$；情况 II，$B_{n,a}(t) < P_n^{\text{green}}(t) \leqslant B_n(t)$，通信所需的能量小于储能电池中的能量，但大于可用能量，SBS_n 将增加绿色能源达到储能电池中的能量，这也易使得绿色能源耗能达到阈值；情况III，$P_n^{\text{green}}(t) > B_n(t)$，$\text{SBS}_n$ 必须启动电网驱动开关，将捕获的能量存储下来，供接下来的时隙使用。

由于次梯度迭代算法的复杂度为$O\left(\frac{M(H_{\max}-\bar{H})}{\varepsilon_1\varepsilon_2}\right)$，其中$M$为由$\mathrm{SBS}_n$服务的用户数目，$\varepsilon_{i=1,2}$是最大容差值。DGEA 算法复杂度为$\mathcal{O}(|T|^2)$，$|T|$为整个周期内时隙数。因此可再生能源配置的算法复杂度为$\mathcal{O}\left(\frac{M|T|^2(H_{\max}-\bar{H})}{\varepsilon_1\varepsilon_2}\right)$，由于可再生能源配置是为了系统绿色能源利用率达到最佳，且每天只执行一次，因此这种复杂度是可接受的。

8.4 仿真结果与性能分析

本节首先验证 8.2 节推导出的中断概率的准确性。图 8-4 所示为平均数据流量和平均能量收集量的归一化曲线，广泛应用于文献[10]和文献[12]，用来评估了本章所提方案的性能，主要的数值仿真参数如表 8-1 所示。

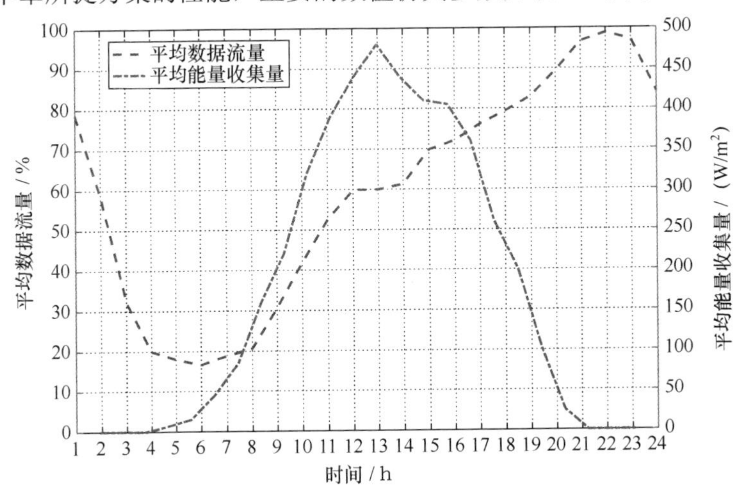

图 8-4 平均数据流量（文献[10]）和平均能量收集量（文献[12]）的归一化曲线

表 8-1 数值仿真参数

仿 真 参 数	数 值	仿 真 参 数	数 值
W_m，W_s	20 MHz，8 MHz	N_0	−174 dBm
θ_m，θ_s	1000，1500	$\alpha_1=\alpha_2$	4
D_0	1000 m	η，ϑ	0.05，1
D_{sh}，D_{sc}	500 m，300 m	ι，μ	0，4

8.4.1　系统中断概率验证

图 8-5 描述了不同类型的用户中断概率，可以看出，采用蒙特卡罗方法得到的实际值与理论值具有较好的匹配性。图 8-5（a）描绘了当系统概率密度 $\lambda_0 = 2/m^2$ 时，不同排斥域半径 z 下 type 1 的中断概率，观察到随着 z 的增加 type 1 的中断概率逐渐减少，主要原因是随着 z 的增加，type 1 用户数目减少，用户之间的竞争减少。图 8-5（b）显示了排斥域的半径 z 与 type 2 和 type 3 的中断概率，正如期望的一样，中断概率随着所需速率的增加而增加，其原因是当 z 增加时，type 2 和 type 3 的 θ_{sc} 和 θ_m 降低。同时 type 3 的中断概率低于 type 2，这是因为 MBS 相比于 SBS 有较大的传输功率。同时层间的子载波信道是正交的，$\theta_m < \theta_{sc}$。图 8-5（c）显示了排斥域半径 z 与 type 4 的中断概率，可以看出，当 z 大于 240 m 时，中断概率随着 z 的增加而增大，其原因是当 z 增加时，更多的用户变成 MMU 用户，这将需要更多的带宽为用户提供服务，然而 MBS 可用带宽有限，故中断概率将会增加。

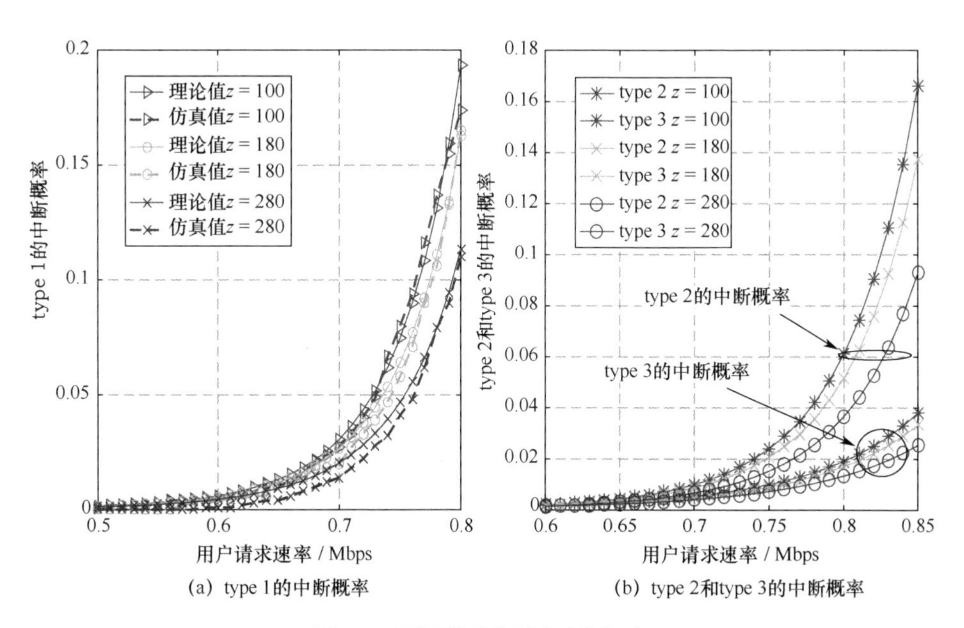

(a) type 1的中断概率　　(b) type 2和type 3的中断概率

图 8-5　不同类型的用户中断概率

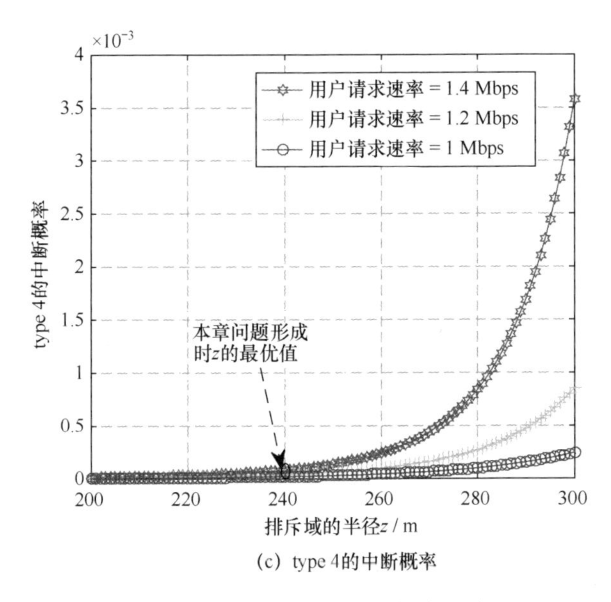

(c) type 4的中断概率

图 8-5　不同类型的用户中断概率（续）

8.4.2　功率感知用户关联与可再生能源配置方案性能分析

图 8-6 所示为一个时隙内不同用户关联图，用户数目设为 80，细实线表示用户与绿色基站关联，虚线表示用户与电网驱动的基站关联。图 8-6（a）显示了无惩罚函数的用户关联图[18]，可以看出许多用户与绿色基站 SBS 关联，然而微小区容量有限，过多的卸载用户可能会导致 SBS 拥塞，同时基站电池能量易消耗殆尽，用户 QoS 无法保障。图 8-6（b）显示了有惩罚函数的用户关联图[7]，SBS 的负载达到了平衡，不幸的是，过多的用户关联到 MBS 会造成更多的电能消耗。图 8-6（c）显示了基于功率感知的用户关联图，其中若与其关联的 SBS 绿色能源不充足时，则用户可以选择重新关联与其最近的电网驱动的基站。

图 8-7 所示为不同用户关联规则下的系统总能耗。为了便于后面的描述，将文献[7]和文献[18]中有惩罚函数和无惩罚函数的用户关联规则分别表示为 EUAWF 和 UAWOF，基于功率感知的用户关联规则表示为 PUA。从图 8-7 中可以看出，与 UAWOF 和 EUAWF 相比，PUA 具有更低的能耗，同时可以实现为 MBS 卸载流量。

基于 PUA 规则，图 8-8 所示为不同控制因子下能量泄漏率对 SBS 能耗的影响。可以看出，当能源到达率固定时，最优的 P_n^{grid} 主要取决于能量泄漏率。事实上，较大的能量泄漏率表明几乎没有可用的绿色能源，从而导致电能消耗量增大。此外，当控制参数 $V = 210$ 时，能耗趋于最优。当 $V = 180$ 时，曲线略低于 $V = 210$，这是因为控制参数的区间较小，且控制参数达到最佳。

图 8-9 所示为不同时隙内的能源利用率。结果显示经过多次迭代后算法趋于收敛，且 DGEA 算法优化了各个时段的绿色能源分配，并保持了能源利用的平衡。在没有使用优化算法时，在下午 5 点后，SBS 的能源利用率会急剧增加且大于 1，这意味着 SBS 必须消耗电网能量，其原因是在下午 5 点后，捕获的太阳能较少，可用的绿色能源 $B_{n,a}(t)$ 急剧降低。

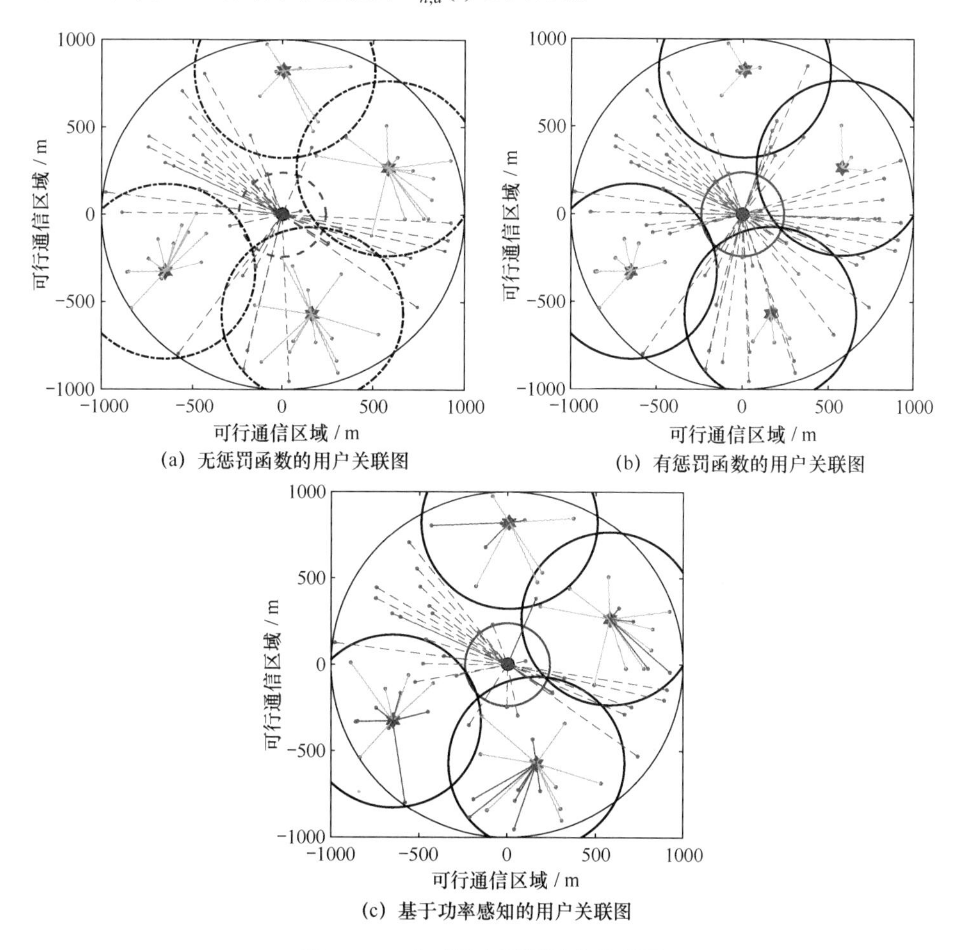

(a) 无惩罚函数的用户关联图

(b) 有惩罚函数的用户关联图

(c) 基于功率感知的用户关联图

图 8-6　一个时隙内不同用户关联图

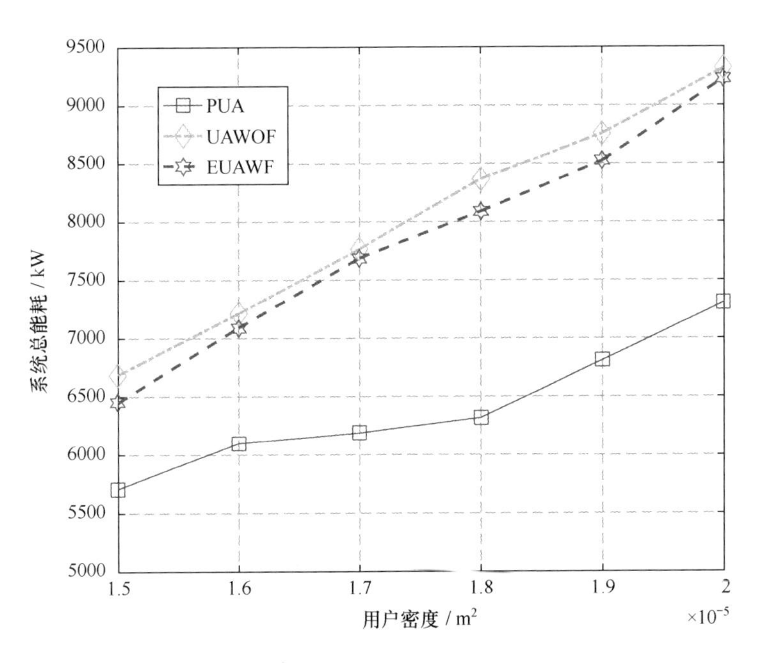

图 8-7 不同用户关联规则下的系统总能耗

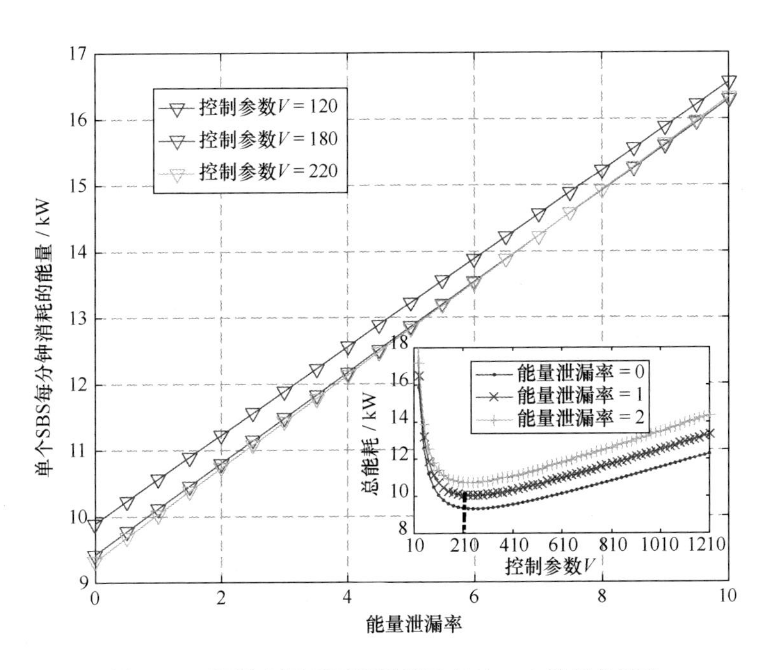

图 8-8 不同控制因子下能量泄漏率对 SBS 能耗的影响

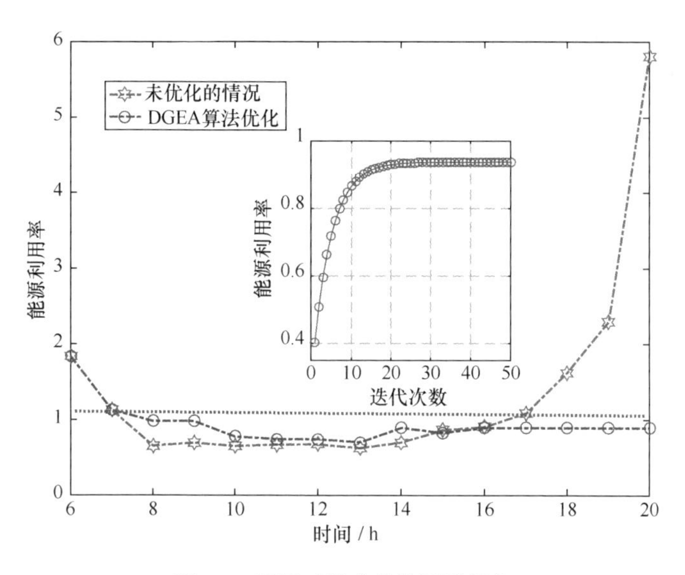

图 8-9　不同时隙内的能源利用率

图 8-10 比较了非峰值算法[19]、贪心算法[20]和 DEGA+EC 算法下能源到达率对绿色能耗的影响。从图中可知，DGEA+EC 算法可有效提高绿色能源利用率。绿色能耗随着能源到达率的增加而增加，当能源到达率大于 174 kW/h 时，绿色能耗降低，这是因为绿色能源短缺的 SBS 数量变少了，换而言之，较少的 SBS 需要增加其覆盖范围，为距离较远的用户提供服务，不同时隙的绿色能源得到平衡。

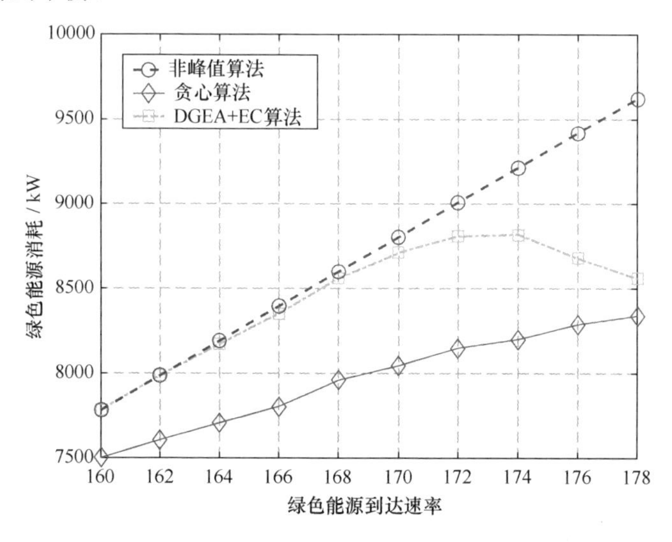

图 8-10　不同算法下能源到达率对绿色能耗的影响

图 8-11 所示为不同算法下系统总电能消耗。在此，设置 $V = 210$ 和 $P_{s_0} = 107.5\ \text{kW}$ 。可以看出，与不进行优化相比，DGEA 算法可以降低电能消耗，DGEA+EC 算法具有更大的优化值。比如，当 type 3 的可用带宽设置为 320 kHz 时，与没有优化的情况及 DGEA 算法相比，DGEA+EC 算法可节省 74.75% 和 35.67%的电能。DGEA 算法通过周期性地更新可再生能源配置，在长期内利用更多的可再生能源，与不进行能源优化相比，可节省 60.75%的电能。

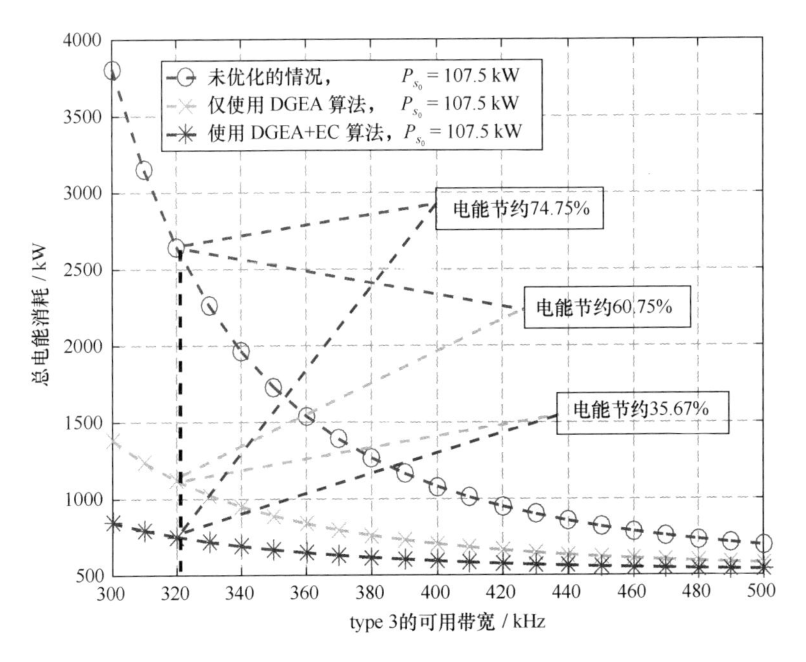

图 8-11　不同算法下系统总电能消耗

8.5　本章小结

本章在 HHCN 的非均匀异构蜂窝网络下，构建 PHP 网络模型并分析了其用户的中断概率。在此基础上，提出了基于功率感知的用户关联和可再生能源配置方案以使 HHCN 系统的电能消耗最小化。一方面，基于功率感知的用户关联可以通过预测每个时隙中其他用户所需的发射功率来动态获得 SBS 的可用集合；另一方面，在可再生能源配置中，数据流量和电能消耗之间存在权衡[21]。数值分析结果验证了理论分析的正确性和所提算法的有效性。

参 考 文 献

[1] LIU K H, YU T Y. Performance of Off-Grid Small Cells with Non-Uniform Deployment in Two-Tier HetNet[J]. IEEE Transactions on Wireless Communications, 2018, 17 (9): 6135-6148.

[2] MUHAMMAD F, ABBAS Z, LI F Y. Cell Association with Load Balancing in Non-uniform Heterogeneous Cellular Networks: Coverage Probability and Rate Analysis[J]. IEEE Transactions on Vehicular Technology, 2017, 66 (6): 5241-5255.

[3] MEKIKIS P V, KARTSAKLI E, ANTONOPOULOS A, et al. Connectivity Analysis in Clustered Wireless Sensor Networks Powered by Solar Energy[J]. IEEE Transactions on Wireless Communications, 2018, 17 (4): 2389-2401.

[4] WEI Y, YU F R, SONG M, et al. User Scheduling and Resource Allocation in HetNets With Hybrid Energy Supply: An Actor-Critic Reinforcement Learning Approach[J]. IEEE Transactions on Wireless Communications, 2018, 17 (1): 680- 692.

[5] ZHANG, YAOXUE, DUAN, et al. Resource allocation for hybrid energy powered cloud radio access network with battery leakage[J]. IET Communications, 2018, 12 (6): 2271-2281.

[6] H XIAO, CHEN Y, ZHANG Q, et al. Joint Clustering and Power Allocation for the Cross Roads Congestion Scenarios in Cooperative Vehicular Networks[J]. IEEE Transactions on Intelligent Transportation Systems, 2019, 20 (6): 2267-2277.

[7] LIU D, CHEN Y, CHAI K K, et al. Two-Dimensional Optimization on User Association and Green Energy Allocation for HetNets With Hybrid Energy Sources[J]. IEEE Transactions on Communications, 2015, 63(11):4111-4124.

[8] XIAO H, ZHU D, CHRONOPOULOS A T. Power Allocation With Energy Efficiency Optimization in Cellular D2D-Based V2X Communication Network[J]. IEEE Transactions on Intelligent Transportation Systems, 2019, 99: 1-13.

[9] WU H, TAO X, ZHANG N, et al. On Base Station Coordination in Cache-and Energy Harvesting-Enabled HetNets: A Stochastic Geometry Study[J]. IEEE Transactions on Communications, 2018, 66 (7): 3079-3091.

[10] ZHANG S, ZHANG N, ZHOU S, et al. Energy-Aware Traffic Offloading for Green Heterogeneous Networks[J]. IEEE Journal on Selected Areas in Communications, 2016, 34(5):1116-1129.

[11] CHIU S N, STOYAN D, KENDALL W S, et al. Stochastic Geometry and Its Applications[M]. Akademie-Verlag, 2013.

[12] MENDIL M, DOMENICO A D, HEIRIES V, et al. Battery-Aware Optimization of Green Small Cells: Sizing and Energy Management[J]. IEEE Transactions on Green Communications

and Networking, 2018, 2(3):635-651.

[13] ZHAI D, SHENG M, WANG X , et al. Leakage-Aware Dynamic Resource Allocation in Hybrid Energy Powered Cellular Networks[J]. IEEE Transactions on Communications, 2015, 63 (11): 4591-4603.

[14] MAO Y, ZHANG J, LETAIEF K B. A Lyapunov Optimization Approach for Green Cellular Networks with Hybrid Energy Supplies[J]. IEEE Journal on Selected Areas in Communications, 2015, 33(12):2463-2477.

[15] YANG J, SI P, WANG Z, et al. Dynamic Resource Allocation and Layer Selection for Scalable Video Streaming in Femtocell Networks: A Twin-Time-Scale Approach[J]. IEEE Transactions on Communications, 2017:3455-3470.

[16] NEELY, MICHAEL J. Stochastic Network Optimization with Application to Communication and Queueing Systems[J]. Synthesis Lectures on Communication Networks, 2010, 3(1):211.

[17] SHEN K, YU W. Distributed Pricing-Based User Association for Downlink Heterogeneous Cellular Networks[J]. IEEE Journal on Selected Areas in Communications, 2014, 32(6):1100-1113.

[18] DONG X, ZHENG F C, ZHU X, et al. HetNets with Range Expansion: Local Delay and Energy Efficiency Optimization[J]. IEEE Transactions on Vehicular Technology, 2019. 68 (6): 6147-6150.

[19] HAN T, ANSARI N. On Optimizing Green Energy Utilization for Cellular Networks with Hybrid Energy Supplies[J]. IEEE Transactions on Wireless Communications, 2013, 12(8):3872-3882.

[20] ZEWDE T A, GURSOY M C. Optimal Resource Allocation for Energy-Harvesting Communication Networks Under Statistical QoS Constraints[J]. IEEE Journal on Selected Areas in Communications, 2019, 37(2):313-326.

[21] XIAO H, MAO S, CHRONOPOULOS A T, et al. Power-Aware User Association and Renewable Energy Configuration for the Optimized on-Grid Energy in Hybrid-Energy Heterogeneous Cellular Networks[J]. IEEE Transactions on Communications, Submitted Paper.

第 9 章 D2D 通信资源分配技术

随着手机游戏、高清电影和视频会议等多媒体应用程序的“泛滥”，移动设备的日益增多引发了蜂窝技术和服务的迅速发展。这些发展加上随时随地从任何设备访问数据的需求，导致对更高数据速率和 QoS 供应的需求增加。到目前为止，现有蜂窝网络已经能够在偏远地区保持 QoS 并提供良好的用户体验，但现有技术将无法满足移动用户对容量越来越大的需求，未来的移动用户之间的距离越来越近，如在购物中心或音乐会中[1]。为了满足未来蜂窝网络的需求，5G 网络支持现有和新兴技术，并集成新的解决方案以满足数据速率不断增长的需求。因此，D2D 通信基于邻近性的通信方式能够处理数据激增的问题，使其成为 5G 网络的有力技术[2]。此外，D2D 通信可以提供如公平性、拥塞控制和 QoS 保证等优势，在信号较弱的小区边缘区域，D2D 通信有利于增强小区覆盖率和吞吐量。D2D 通信还可以通过单播、群播和广播机制有效地支持本地数据服务。流媒体服务，如谷歌、 IPTV 等，可以通过 D2D 通信形成集群和在一个簇内组播数据。

具体 D2D 通信方式分类如图 9-1 所示，具体描述如下。

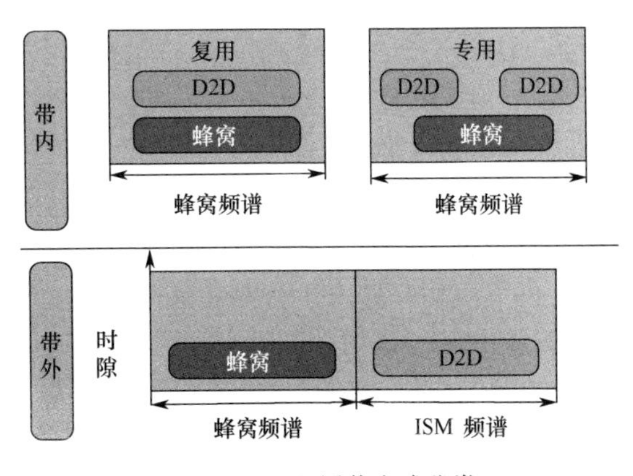

图 9-1 D2D 通信方式分类

（1）带内（Inband）D2D 通信：在带内 D2D 通信的情况下，由于在 D2D 和 UE 之间共享许可的频谱，所以带内 D2D 通信提供了频谱效率。QoS 管理机制由 eNB 控制，这样有助于解决干扰等问题。带内 D2D 通信进一步分为复用和专用。在复用带内 D2D 通信中，D2D 用户与 UE 共享相同的频谱资源，相互竞争，并伺机访问 UE 所占用的资源。而在专用带内 D2D 通信中，克服了上述干扰问题。该方案的优点是改进了直接 D2D 通信的调度和功率控制，提高了中继辅助网络的频谱效率和信号强度。Overlay 带内 D2D 通信的主要限制是用于 D2D 通信的蜂窝频谱利用率低，导致资源利用率和系统吞吐量低，不能保证资源的有效利用。

（2）带外（Outband）D2D 通信：在带外 D2D 通信中，UE 与 D2D 用户分别在不同的频谱波段进行通信，其中 UE 使用许可的频谱，而 D2D 通信发生在未经许可的频谱，通常是 ISM 波段。因此，带外 D2D 通信不会引起频谱干扰问题。然而，由于两个接口使用不同的协议，数据包需要编码和解码，而 D2D 通信需要使用第二个无线电接口，因此带外 D2D 通信需要协调两个不同波段通信的问题。此外，未经许可的频谱的不受控制性质增加了安全风险，并对 QoS 供应施加了限制。只有具备两个无线接口（如 WiFi 和 LTE），设备才能同时使用 D2D 和蜂窝通信。

9.1 引言

在 D2D 通信中，当处于 Underlay 模式下的 D2D 用户信息发射端和信息接收目的端用户设备之间的直线距离较长或通信链路质量较差时，D2D 用户之间要完成通信就必须增加 D2D 用户的发射功率，这样 D2D 用户发射给蜂窝用户的噪声干扰也会相应变大，同时 D2D 用户本身的能量效率也会变小。因此，通过增大功率的方式以实现用户间通信并不利于系统性能的提升。在一个蜂窝网络中，信息终端不仅数量繁多，并且分布较为广泛，当 D2D 用户信息发射端和信息接收目的端用户设备之间的直线距离较长或通信链路质量较差时，使用混合网络中存在的空闲终端用户作为一个中继节点进行信息转发的中继辅助 D2D 通信被提出，它作为直接 D2D 通信的补充。在 D2D 通信中引入中继通信模式，利用系统中的中继用户对信息进行转发不仅可以扩大 D2D 通信的通信范围，也可以降低 D2D 用户信息发射端的发射功率，从而减少了 D2D 用户和蜂窝用户之间的同频干扰。通过对中继通信模式的使用，既可以使 D2D 用户在通信方式的选择上变得更加灵活，又可以提高 D2D 用户能量效率。

在蜂窝通信与 D2D 通信共存的混合网络中引入中继技术，首先，需要判断 D2D 用户所采用的是直接通信模式还是中继辅助的 D2D 通信模式，然后为使用中继辅助通信的 D2D 用户选择最佳的中继节点来辅助通信。其次，寻找出用户的最佳发射功率使其不仅要能够保障蜂窝用户和 D2D 用户通信质量，同时也要提高系统内 D2D 用户的能量效率。最后，为 D2D 用户选择合适的频谱资源进行复用，使系统中所有的 D2D 用户的能量效率最大。

9.2　系统模型

考虑一个半径为 R 的单小区蜂窝网络，位于小区中心的是系统的基站，小区内散落着 N 个蜂窝用户，M 对 D2D 用户和 K 个空闲用户，且 $N \geqslant M$ 。其中，蜂窝用户集用 $N=\{1,2,\cdots,n\}$ 来表示，D2D 用户用 $M=\{1,2,\cdots,m\}$ 来表示，空闲用户用 $K=\{1,2,\cdots,k\}$ 来表示。蜂窝用户将自己专属的上行链路频谱资源分享给 D2D 用户使用，以完成 D2D 用户的直接通信，D2D 用户与蜂窝用户是一对一复用关系。系统模型如图 9-2 所示。

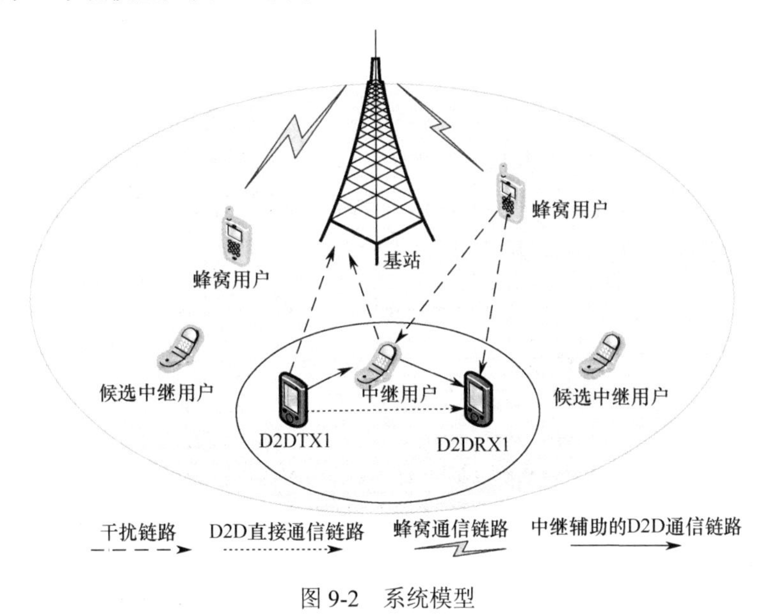

图 9-2　系统模型

图 9-2 中的系统模型存在蜂窝通信、D2D 直接通信和中继辅助的 D2D 通

信三种通信模式。每个蜂窝用户的通信链路都有相同的带宽。D2D 用户共享蜂窝用户与基站通信时使用的频谱资源发送消息。如果在中继辅助的 D2D 通信中，我们需要找到合适的中继节点并采用放大转发（Amplify and Forward，AF）的方式进行通信，那么因为从 D2D 发射端到中继端（第一跳链路）和中继端到 D2D 接收端（第二跳链路）必须在两个时间段内进行，所以它们可以复用两个不同的上行链路或相同的上行链路。本章所使用的信道模型考虑了瑞利衰落及基于距离的大尺度衰落损耗。

当 D2D 用户在直接通信模式下进行工作时，系统内的干扰噪声信号包括 D2D 发射端对基站发送的信号干扰及蜂窝用户对 D2D 接收端发送的信号干扰。因此，正在进行 D2D 直接通信模式时，D2D 用户 j 的 SINR（即 $\gamma_{i,j}^{d}$）与蜂窝用户 i 的 SINR（即 $\gamma_{i,j}^{c}$）分别为

$$\gamma_{i,j}^{d}=\frac{p_j^d h_j}{p_i^c h_{i,j}+N_0} \tag{9-1}$$

$$\gamma_{i,j}^{c}=\frac{p_i^c h_{i,B}}{p_j^d h_{j,B}+N_0} \tag{9-2}$$

式中，p_i^c 表示蜂窝用户 i 发送消息时的发射功率，是一个固定的数值；p_j^d 表示 D2D 用户 j 发送消息时的发射功率；$h_{i,B}$ 表示蜂窝用户 i 发送信号到基站的信道增益；$h_{j,B}$ 表示 D2D 用户 j 发送信号到基站的信道增益；h_j 表示 D2D 用户 j 发送信号到 D2D 接收端的信道增益；$h_{i,j}$ 表示蜂窝用户 i 发送信号到 D2D 用户 j 接收端的信道增益；N_0 表示加性高斯白噪声的功率频谱密度。D2D 用户在直接通信模式下的速率和功率分别为

$$R_{i,j}^{d}=\log_2(1+\gamma_{i,j}^{d}) \tag{9-3}$$

$$\mathrm{EE}_{i,j}^{d}=\frac{R_{i,j}^{d}}{p_j^d} \tag{9-4}$$

当 D2D 用户在中继辅助的 D2D 通信模式下进行工作时，D2D 用户对之间引入了中继用户，因此信息的传输也就分为了两阶段。第一阶段为 D2D 发射端发送信号到协助传输通信的中继用户，此时系统中的干扰包括 D2D 发射端对基站的干扰及蜂窝用户对中继用户的干扰。D2D 用户 j 的 SINR（即 $\gamma_{i,j,k}^{d_1}$）和蜂窝用户 i 的 SINR（即 $\gamma_{i,j,k}^{c_1}$）分别为

$$\gamma_{i,j,k}^{d_1}=\frac{p_j^d h_{j,k}}{p_i^c h_{i,k}+N_0} \tag{9-5}$$

$$\gamma_{i,j,k}^{c_1}=\frac{p_i^c h_{i,B}}{p_j^d h_{j,B}+N_0} \tag{9-6}$$

式中，$h_{j,k}$ 表示 D2D 发射端发送信号到中继节点的信道增益；$h_{i,k}$ 表示蜂窝用户到中继节点的信道增益。

第二阶段为中继用户发送信号到 D2D 接收端，此时系统中的干扰包括中继节点发送消息时对基站产生的干扰噪声及蜂窝用户对 D2D 接收端产生的干扰噪声。在第二阶段中，D2D 用户 j 的 SINR（即 $\gamma_{i,j,k}^{d_2}$）和蜂窝用户 i 的 SINR（即 $\gamma_{i,j,k}^{c_2}$）分别为

$$\gamma_{i,j,k}^{d_2}=\frac{p_k^r h_{k,j}}{p_i^c h_{i,j}+N_0} \tag{9-7}$$

$$\gamma_{i,j,k}^{c_2}=\frac{p_i^c h_{i,B}}{p_k^r h_{k,B}+N_0} \tag{9-8}$$

式中，p_k^r 为中继节点发送消息时所需要的发射功率；$h_{k,j}$ 为中继节点发送信号到 D2D 接收端的信道增益；$h_{k,B}$ 为中继节点发送信号到基站的信道增益。因此可以得出 D2D 用户的速率和能效分别为

$$R_{i,j}^d=\frac{1}{2}\cdot\min(\log_2(1+\gamma_{i,j,k}^{d_1}),\log_2(1+\gamma_{i,j,k}^{d_1})) \tag{9-9}$$

$$\mathrm{EE}_{i,j,k}^d=\frac{R_{i,j}^d}{p_j^d+p_k^r} \tag{9-10}$$

因此，以最大化整个系统 D2D 用户对的能效为目标函数进行建模的数学表达式如式（9-11）所示。

$$\max\sum_{i}^{n}\sum_{j}^{m}x_{i,j}\alpha_j\mathrm{EE}_{i,j}^d+\sum_{i=1}^{n}\sum_{j=1}^{m}\sum_{r=1}^{k}x_{i,j}(1-\alpha_j)\mathrm{EE}_{i,j,k}^d \tag{9-11}$$

$$\text{s.t.}\ 0\leqslant p_j^d\leqslant p_{\max}^d, 0\leqslant p_k^r\leqslant p_{\max}^r \tag{9-12}$$

$$\sum_{i=1}^{n}x_{i,j}\leqslant 1,\forall j\in M \tag{9-13}$$

$$\sum_{j=1}^{m} x_{i,j} \leqslant 1, \forall i \in N \tag{9-14}$$

$$\alpha_j \in \{0,1\}, \forall j \in M \tag{9-15}$$

$$\gamma_{i,j}^{d} \geqslant \gamma_{\text{th}}^{d}, \gamma_{i,j}^{c} \geqslant \gamma_{\text{th}}^{c} \tag{9-16}$$

$$\gamma_{i,j,k}^{d_1} \geqslant \gamma_{\text{th}}^{d}, \gamma_{i,j,k}^{c_1} \geqslant \gamma_{\text{th}}^{c}, \gamma_{i,j,k}^{d_2} \geqslant \gamma_{\text{th}}^{d}, \gamma_{i,j,k}^{c_2} \geqslant \gamma_{\text{th}}^{c} \tag{9-17}$$

式中，$p_{\max}^{d}$ 和 p_k^r 表示 D2D 用户和中继用户的最大发射功率；$x_{i,j}$ 表示蜂窝用户 i 与 D2D 用户 j 完成配对时的比较值，即当 $x_{i,j}=1$ 时表明蜂窝用户 i 的频谱资源已经不能再被其他用户使用，$x_{i,j}=0$ 时表明蜂窝用户 i 的频谱资源可以被其他用户使用；γ_{th}^{d} 和 γ_{th}^{c} 分别表示 D2D 用户和蜂窝用户维持基本通信所需要的最小 SINR；α_j 用来描述 D2D 用户的模式选择，当 $\alpha_j=1$ 时表示 D2D 用户采用直接通信模式，当 $\alpha_j=0$ 时表示采用中继辅助的 D2D 通信模式。

式（9-12）表示发射端的发射功率约束；式（9-13）和式（9-14）表示约束蜂窝用户与 D2D 用户只能一对一匹配；式（9-15）表示 D2D 用户仅能使用直接通信模式或中继辅助的 D2D 通信模式进行通信；式（9-16）表示 D2D 用户在直接通信情形下 D2D 用户和蜂窝用户保持基本通信所需要的 SINR；式（9-17）表示 D2D 用户在中继辅助的 D2D 通信模式情形下 D2D 用户和蜂窝用户保持基本通信所需要的 SINR。

9.3 基于能效优化的 D2D 通信资源分配算法设计

由于目标函数中包含多个未知变量，所以很难直接获得其最优解，为了降低求解复杂度，本节将原始问题拆分为三步求解：通过 D2D 用户之间的距离和信道增益来确定 D2D 用户所采用的传输模式；当传输模式一定时，通过对发射端的发射功率进行控制来提高 D2D 用户的能量效率；对 D2D 用户与蜂窝用户进行匹配以实现系统中 D2D 用户能量效率的最大化。

9.3.1 D2D 用户模式选择

目前关于 D2D 通信的文献中，大多数文献的研究主要集中在纯蜂窝模式、Underlay 模式和 Overlay 模式。在文献[3]中，作者考虑了每个共享模式的干扰及 D2D 和蜂窝链路质量。在文献[4]中，作者提出了 D2D 和蜂窝用户之间的联合功率控制和资源优化分配。模型中具有较好的信道条件的蜂窝用户与 D2D 对共享资源以减少共道干扰。在文献[5]中，作者研究了中继存在下的复用和专用模式选择。他们发现，当蜂窝用户靠近基站时，D2D 用户采用复用模式更能发挥出 D2D 通信的在蜂窝网络中的优势。在文献[6]中，作者在保证蜂窝用户和 D2D 用户最低通信质量要求的同时，最大限度地发挥了 D2D 通信技术在提高系统容量方面的优势。在文献[7]中，作者提出了在含有 D2D 通信下的蜂窝网络中使用多输入多输出（MIMO）预编码技术能够减少干扰，在所有模式下实现了更高的吞吐量。

通过以上讨论可知，由于设备有限的卸载能力，所以 D2D 直接通信的模式不是完全有利的。这是因为在通信设备和 D2D 对较差的信道质量之间存在较大的差异性所导致的[8]。在这种情况下，使用中继节点可以增加网络的覆盖范围，也使网络具有流量卸载能力[9]。在 D2D 通信中，一个终端用户设备可以作为 D2D 中继节点（DRN），通过基于 D2D 的两段传输，极大地增强了用户的数据传输能力。与固定中继站相比，它在操作上更可行，部署更容易，并且可以在不需要任何基础设施成本的情况下提供重用和多样性收益。特别指出，使用中继传输还可以引入传统 D2D 模式之外的两种新模式。其中一种模式被称作中继辅助的 D2D 通信模式，在该模式下，系统中的某一空闲用户可以在源 D2D 设备和目的 D2D 设备之间充当中继节点以辅助 D2D 用户完成通信过程。另一种是本地路由模式，它使源 D2D 设备和目的 D2D 设备能够使用中间基站作为中继节点进行通信。

在本章的论述中，所有的 D2D 用户都通过复用蜂窝用户的频谱资源来实现 D2D 用户之间的信息传输。当 D2D 用户之间的距离过大时，为了让 D2D 用户之间能够正常地完成通信，因此需要增大 D2D 发射端的发射功率。但是通过增大发射功率这种方式来保证用户的通信质量会增大系统的干扰，也会降低 D2D 用户的能量效率。为此，首先以 D2D 用户的间距作为模式选择的参考依据，即当 D2D 用户的间距大于 D2D 直接通信所能承受的极限时，D2D 用户则会采用中继辅助的 D2D 通信模式来完成用户之间的通信。当 D2D 用户的间距处于 D2D 通信技术的通信范围内时，则不需要中继辅助的 D2D 通信模式。其次，对于距离满足 D2D 用户通信范围但不满足信噪比门限的 D2D 用户，也采用中继

辅助的 D2D 通信模式。所以通信模式选择的表达式为

$$\alpha_j = \begin{cases} 1 & d_{\mathrm{D2D}} \leqslant d_{\max}, \gamma_j^d \geqslant \gamma_{\mathrm{th}}^d \\ 0 & d_{\mathrm{D2D}} \geqslant d_{\max}, \gamma_j^d \leqslant \gamma_{\mathrm{th}}^d \end{cases} \tag{9-18}$$

当 D2D 用户选择了中继辅助的 D2D 通信模式后，需要进行最佳中继节点的选择。常用的穷举法需要对系统中存在的每一个空闲的中继用户进行逐一比较，进行了大量多余的计算，这也增大了系统在进行资源配置时的负担。本章根据 D2D 用户对的位置信息，对系统空闲中继用户的范围进行限制，采取区域范围穷举法来寻找最佳中继节点，大大削减了候选中继节点的数目，极大地降低了系统计算复杂度。首先，设定候选中继范围区域，以 D2D 发射端与 D2D 接收端为直径，线段中心点为圆心，通信圆为通信覆盖区，选出通信覆盖区内空闲中继用户。最佳中继节点的选择区域划分如图 9-3 所示。

由图 9-3 中的示例可以看出，D2D 用户对画出通信圆后，有中继用户 relay1、relay2、relay3 和 relay4 位于 D2D 用户对所处的通信圆内。因此该 D2D 用户对所潜在的中继用户有 4 个，而由于中继用户 relay5 和 relay6 不在 D2D 用户对的通信圆内，因此不能够成为该 D2D 用户对的潜在中继用户。通过对 D2D 用户对可选中继用户范围的限制，大大减少了系统为 D2D 用户对选取中继用户时的计算量。

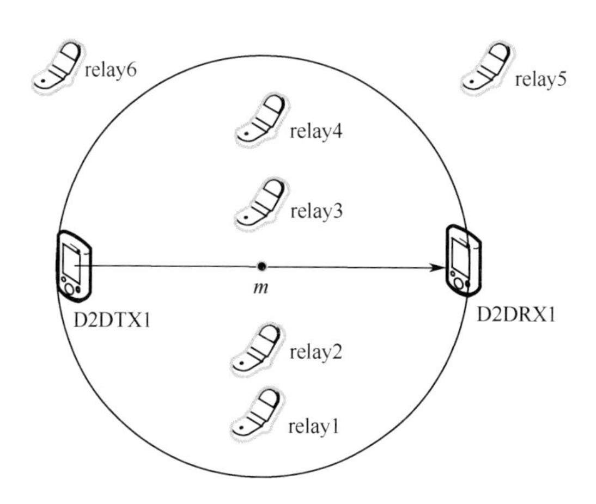

图 9-3　最佳中继节点的选择区域划分

确定中继节点的选取区域后，在位于选取区域内的空闲中继用户中挑选最佳的中继用户，最佳中继节点应满足

$$k^{*}=\arg\min\{d_{k,m}\} \tag{9-19}$$

式中，$d_{k,m}$ 表示中继节点到限定区域圆心的距离。这是由于在中继辅助的 D2D 通信模式中通信质量受限于最差信道，信道增益与通信的距离直接相关，所以最佳中继节点位于 D2D 发射端与 D2D 接收端直线距离的中心。因此，从中继初始候选集中挑选出一个距离 D2D 发射端与 D2D 接收端中心点最近的中继用户，此时的中继用户就是最佳的中继用户。

9.3.2　D2D 用户功率控制

功率控制和资源利用的联合优化对于提高系统容量和系统总体吞吐量至关重要。文献[10]中针对蜂窝网络内使用相同蜂窝频谱进行 D2D 传输和蜂窝通信的情况下，提出了一种基于功率效率的资源分配方案。系统内的通信设备拥有两种通信模式，然后分别计算了两种通信模式下的功率效率。一旦计算了功率效率，就选择了功率效率最高的模式进行通信。文献[11]中提出了一种降低基于 OFDMA 系统的集成 D2D 通信功耗的算法。该算法在基于 OFDMA 的蜂窝网络中基于上行链路和下行链路的副载波形成信道状态矩阵。采用 D2D 通信方式的设备只有在两个通信设备之间的距离低于某一临界值，或者发射功率的大小低于预先所规定的最小功率值，并且离基站距离较远时才可以使用。文献[12]中利用内点法来评估 D2D 通信的最优功率。其目的是使内点法逼近的计算复杂度最小化，并且通过用对角度量代替 Hessain 矩阵的反演来实现。这种简化使牛顿法得到了改进。文献[13]和文献[14]使用表征能力变化的 Peukert 定律来研究不同放电速率下电池的非线性效应，并对电池寿命进行了模拟实验。通过模拟实验，发现当 D2D 用户之间的距离大于小区半径的 0.8 倍时，D2D 用户电池寿命低于蜂窝用户。因此，如果设备之间存在一定的距离，则限制它们直接通信是有益的。

在复用模式下，由于 D2D 用户通过复用蜂窝上行链路资源完成通信，当 D2D 通信的传输方式确定时，采用功率控制的方法不仅关系着 D2D 用户与蜂窝用户的通信质量，也会影响 D2D 用户的能量效率，所以本小节通过对用户发射端的功率进行控制使 D2D 用户实现绿色通信。由于系统中的 D2D 用户存在直接通信和中继辅助的 D2D 通信两种独立的通信模式，因此需要对这两种通信模式的功率控制问题拆分求解。

（1）当 D2D 用户处于直接通信模式时，即 $\alpha_j=1$，目标函数为

$$\max(\text{EE})_{i,j} = \frac{\log_2\left(1+\dfrac{p_j^d h_j}{p_i^c h_{i,j}+N_0}\right)}{p_j^d} \tag{9-20}$$

$$\text{s.t.}\ 0 \leqslant p_j^d \leqslant p_{\max}^d \tag{9-21}$$

$$\gamma_{i,j}^d \geqslant \gamma_{\text{th}}^d, \gamma_{i,j}^c \geqslant \gamma_{\text{th}}^c \tag{9-22}$$

通过式（9-21）与式（9-22）联合分析，可以得到新的功率约束为

$$\frac{\gamma_{\text{th}}^d(p_i^c h_{i,j}+N_0)}{h_j} \leqslant p_j^d \leqslant \min\left\{p_{\max}, \frac{p_i^c h_{i,B}-\gamma_{\text{th}}^c N_0}{\gamma_{\text{th}}^c h_{j,B}}\right\} \tag{9-23}$$

由于该目标函数是非凹函数，因此直接求解不是一个理想的方案。根据我们的观察，对于 D2D 用户发射功率 p_j^d 来说，目标函数是一个凹函数和正线性函数的比值，所以目标函数可以看作关于 D2D 用户发射功率 p_j^d 的伪凹函数。设 q^* 为 D2D 用户在功率可行域区间上能获得的最大能量效率。当且仅当

$$f(q^*) = \max \log_2\left(1+\frac{p_j^d h_j}{p_i^c h_{i,j}+N_0}\right) - q^* p_j^d = 0 \tag{9-24}$$

成立时，q^* 存在。证明如下。

令 $q^* = \max \text{EE}_{i,j} \geqslant \text{EE}$，此时 D2D 发射端的最佳发射功率为 p_j^{d*}，则

$$\log_2\left(1+\frac{p_j^d h_j}{p_i^c h_{i,j}+N_0}\right) - q^* p_j^d \leqslant 0 \tag{9-25}$$

因此，$f(q^*) = \max \log_2\left(1+\dfrac{p_j^d h_j}{p_i^c h_{i,j}+N_0}\right) - q^* p_j^d = 0$。当 $f(q^*)=0$ 时，可以推出 $\log_2\left(1+\dfrac{p_j^d h_j}{p_i^c h_{i,j}+N_0}\right) - q^* p_j^d \leqslant 0$，得 $q^* \geqslant \text{EE}_{i,j}$，即 q^* 为能量效率的最大值。

由于新的目标函数是关于 p_j^d 的凹函数，因此我们可通过 Dinkelbach 算法得到最佳发射功率和能量效率。

结合上述分析，Dinkelbach 最佳功率算法流程如算法 9-1 所示。

算法 9-1　Dinkelbach 算法流程

步骤 1　初始化：$t=0$，$q^{(0)}=10^{-4}$，$\varepsilon=10^{-3}$

步骤 2　迭代开始

步骤 3　得到以下问题的最优解 $p_j^{d*(t)}$

$$\max \log_2\left(1+\frac{p_j^{d(t)}h_j}{p_i^c h_{i,j}+N_0}\right)-q^{(t)}p_j^{d(t)}$$

步骤 4　计算 $f(q^{(t)})=\log_2\left(1+\frac{p_j^{d*(t)}h_j}{p_i^c h_{i,j}+N_0}\right)-q^{(t)}p_j^{d*(t)}$

步骤 5　如果 $\left|f(q^{(t)})\right|\geqslant\varepsilon$，令 $q^{(t)}=\frac{\log_2\left(1+\frac{p_j^{d*(t)}h_j}{p_i^c h_{i,j}+N_0}\right)}{p_j^{d*(t)}}$，$t=t+1$ 并返回步骤 3，否则继续

步骤 6　迭代结束

步骤 7　输出 $p_j^{d*(t)}$，$q^*=q^{(t)}$

（2）当 D2D 用户处于中继辅助的 D2D 通信模式时，即 $\alpha_j=0$，那么目标函数为

$$\mathrm{EE}_{i,j}=\frac{\frac{1}{2}\cdot\min(\log_2(1+\gamma_{i,j,k}^{d_1}),\log_2(1+\gamma_{i,j,k}^{d_1}))}{p_j^d+p_k^r} \tag{9-26}$$

通过对目标函数进行分析可知，D2D 用户在中继辅助的 D2D 通信模式下的能量效率目标函数可以分为第一跳链路和第二跳链路分开求解。计算第一跳链路 D2D 用户的能量效率时，目标函数及约束条件改变为

$$\max(\mathrm{EE})_{i,j}=\frac{\log_2\left(1+\frac{p_j^d h_{j,k}}{p_i^c h_{i,k}+N_0}\right)}{2(p_j^d+p_k^r)} \tag{9-27}$$

$$\text{s.t. } 0 \leqslant p_j^d \leqslant p_{\max}^d \tag{9-28}$$

$$\gamma_{i,j,k}^{d_1} \geqslant \gamma_{\text{th}}^d, \gamma_{i,j,k}^{c_1} \geqslant \gamma_{\text{th}}^c \tag{9-29}$$

可以看出，我们可以基于求 D2D 用户直接通信模式的思路求出在第一跳链路的最佳功率和最佳能量效率。

第二跳链路的能量效率优化问题为

$$\max(\text{EE})_{i,j} = \frac{\log_2\left(1 + \dfrac{p_k^r h_{k,j}}{p_i^c h_{i,j} + N_0}\right)}{2(p_j^d + p_k^r)} \tag{9-30}$$

$$\text{s.t. } 0 \leqslant p_k^r \leqslant p_{\max}^r \tag{9-31}$$

$$\gamma_{i,j,k}^{d_2} \geqslant \gamma_{\text{th}}^d, \gamma_{i,j,k}^{c_2} \geqslant \gamma_{\text{th}}^c \tag{9-32}$$

以此类推，第二跳链路的最佳功率和最佳能量效率也可以根据直接通信模式的思路求出。

9.3.3 D2D 用户信道分配

一个有效的信道分配算法对混合系统通信的性能起着至关重要的作用[15~17]。本小节以能效系数为标准对蜂窝用户与 D2D 用户进行匹配，其数学表达为

$$\min \sum_{i \in N, j \in M} x_{i,j}(\text{EE})_{i,j} \tag{9-33}$$

$$\sum_{i=1}^{n} x_{i,j} \leqslant 1, \forall j \in M \tag{9-34}$$

$$\sum_{j=1}^{m} x_{i,j} \leqslant 1, \forall i \in N \tag{9-35}$$

针对系统内存在多对 D2D 用户同时进行通信的场景，由于 D2D 用户与蜂窝用户是两个相互独立的元素，并且 D2D 用户与蜂窝用户之间在共享频谱资源这点上存在着一一对应的关系，因此可以将 D2D 用户和蜂窝用户之间的频谱资源共享问题转化为数学中关于图论部分的二分图问题来解决。

将蜂窝用户设备和 D2D 用户看作二部图的两个节点集，两个节点集构成了二部图，如图 9-4 所示。图中以式（9-33）为权值，式（9-34）和式（9-35）为约束的二部图的匹配问题，然后可以根据改进的匈牙利算法完成图中的最佳匹配。

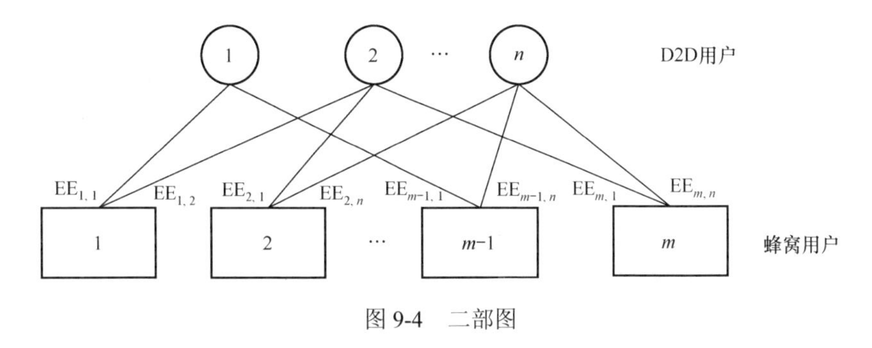

图 9-4　二部图

式（9-33）优化目标的求解，可以使用改进的匈牙利算法进行求解，具体步骤如下。

步骤 1：判断是否存在未分配频谱资源的 D2D 用户，如果存在，则进入步骤 2，否则进入步骤 8。

步骤 2：找出可复用蜂窝用户数目最少的 D2D 用户组 Y。

步骤 3：判断 D2D 用户组 Y 中的个数是否为 1，若为 1，则进入步骤 4，否则进入步骤 5。

步骤 4：将可复用蜂窝用户集中能效系数最小的蜂窝用户与该 D2D 用户匹配；进入步骤 7。

步骤 5：将 Y 中 D2D 用户与其可复用蜂窝用户之间的能效系数组合成干扰系数矩阵。

步骤 6：运用匈牙利算法完成蜂窝用户与 D2D 用户的匹配，使矩阵中能效系数和最小。

步骤 7：将已配对的蜂窝用户从未完成匹配 D2D 用户的可复用蜂窝集中剔除，并更新 $x_{i,j}$，返回步骤 1。

步骤 8：完成蜂窝用户与 D2D 用户的配对。

流程图 9-5 所示。

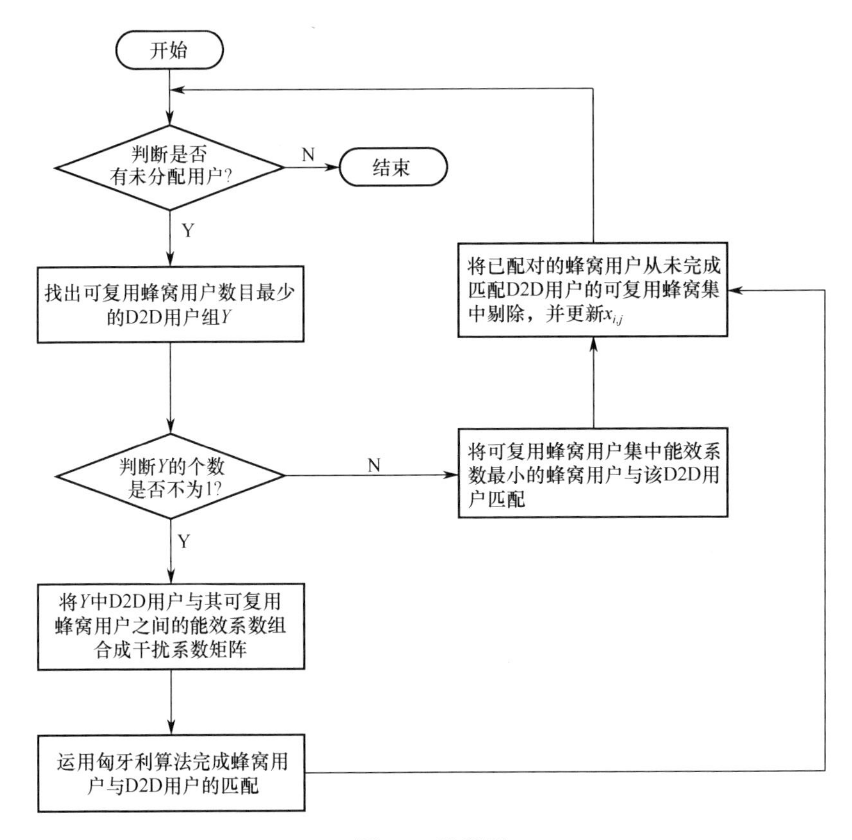

图 9-5　流程图

9.4　仿真结果与性能分析

本节主要通过 MATLAB 仿真来对所提出算法的有效性进行验证，仿真参数设置如表 9-1 所示。

表 9-1　仿真参数设置

参 数 名	参 数 取 值	参 数 名	参 数 取 值
小区半径	500 m	路径损耗因子	4
系统带宽	3 MHz	蜂窝用户数目	100
噪声谱密度	−174 dBm/Hz	D2D 用户数目	10～100
蜂窝用户发射功率	24 dBm	空闲用户数目	10～200
D2D 最大发射功率	24 dBm	D2D 最大通信范围	50 m

能量效率与 D2D 链路距离的关系如图 9-6 所示。引入了中继节点协作通信后，系统的能量效率有了较大的提升，并且当中继节点与 D2D 发射端不使用同一蜂窝用户的上行链路资源时的效果更好。这是因为第一跳链路与第二跳链路是独立进行的。还可以看出，随着 D2D 距离的增加，系统中的能量效率也会相应下降，这是由于当通信距离递增时，用户间的信道增益会降低，为了维持 D2D 用户之间正常的通信，需要提高发射端的发射功率，从而降低了系统能效。

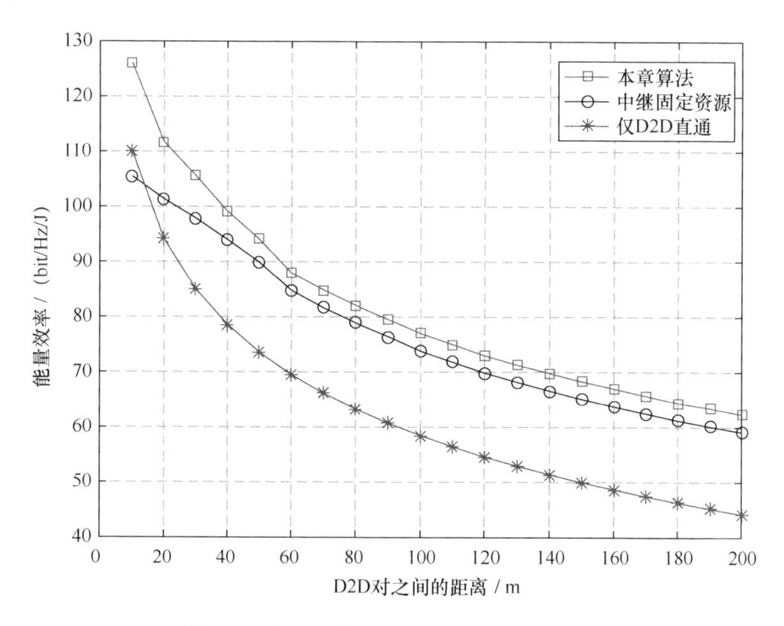

图 9-6 能量效率与 D2D 链路距离的关系

能量效率与蜂窝用户数目的关系如图 9-7 所示。随着系统中蜂窝用户数目的增加，D2D 用户的能量效率也会增加。这是由于当蜂窝用户数目增加时，可供 D2D 用户复用的蜂窝用户上行链路数目也会随之增多，选出更加优质的蜂窝上行链路的可能性就更大。因此，在三种模式下的系统中，D2D 用户的能量效率都会有所增加。并且采用本章算法的资源分配方案比其他方案更能有效地增加系统中 D2D 用户的能量效率。

中继用户数目与能量效率的关系如图 9-8 所示。随着空闲中继用户数目的增加，系统中 D2D 用户的能量效率会增加，但是在达到一个最高值之后不再变化。这是由于当中继用户持续增加时，可供 D2D 用户选择的中继用户数目随之增多，中继用户的位置会慢慢接近最佳中继节点的位置。当最佳中继节点出现时，无论中继用户如何增加，D2D 用户的能量效率都不再有变化。而在 D2D 直通（直接通信）方案中，由于不需要用到中继用户，因此中继用户数目的变化对其能量效率没有影响。

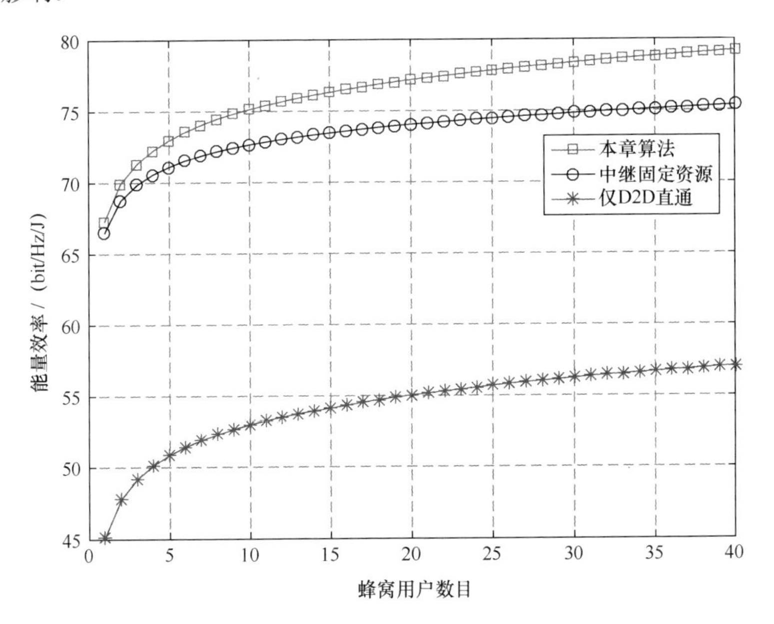

图 9-7　能量效率与蜂窝用户数目的关系

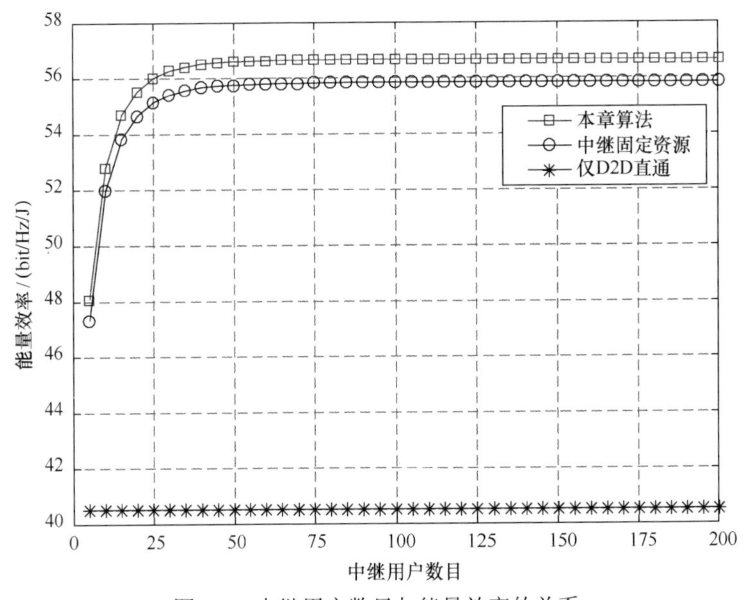

图 9-8　中继用户数目与能量效率的关系

9.5 本章小结

本章中，我们考虑了在蜂窝网络中基于 Underlay 模式的 D2D 直接通信与中继辅助的 D2D 通信的能量效率[18]。我们解析、推导了这两种传输模式下的系统所能获得的能量效率。然后通过对系统中的资源进行合理分配在维持 D2D 链路和蜂窝链路基本通信所需 QoS 的同时，使 D2D 对的总能量效率达到最大。

参考文献

[1] 杨静，李金科. 带有特征感知的 D2D 内容缓存策略[J]. 电子与信息学报，2020,42 (09): 2201-2207.

[2] ANSARI R I, CHRYSOSTOMOU C, HASSAN S A, et al. 5G D2D Networks: Techniques, Challenges, and Future Prospects [J]. IEEE Systems Journal, 2017, 12(4): 3970-3984.

[3] ZULHASNINE M, HUANG C, SRINIVASAN A. Efficient resource allocation for device-to-device communication underlaying LTE network[C]//2010 IEEE 6th International Conference on Wireless and Mobile Computing, 2010: 368-375.

[4] YU C H, DOPPLER K, RIBEIRO C B, et al. Resource Sharing Optimization for Device-to-Device Communication Underlaying Cellular Networks[J]. IEEE Transactions on Wireless Communications, 2011, 10(8):2752-2763.

[5] LIU Z, PENG T, XIANG S, et al. Mode selection for Device-to-Device (D2D) communication under LTE-Advanced networks[C]//2012 IEEE International Conference on Communications (ICC), 2012:1-6.

[6] YU G, XU L, FENG D, et al. Joint Mode Selection and Resource Allocation for Device-to-Device Communications [J]. IEEE Transactions on Communications, 2014, 62(11): 3814-3824.

[7] MORATTAB A, DZIONG Z, SOHRABY K, et al. An optimal MIMO mode selection method for D2D transmission in cellular networks[C]//2015 IEEE 11th International Conference Wireless and Mobile Computing, Networking and Communications (WiMob), 2015:392-398

[8] HASAN M, HOSSAIN E, KIM D I. Resource Allocation Under Channel Uncertainties for Relay-Aided Device-to-Device Communication Underlaying LTE-A Cellular Networks[J]. IEEE Transactions on Wireless Communications, 2014, 13(4):2322-2338.

[9] WEI L, HU R Q, QIAN Y, et al. Energy Efficiency and Spectrum Efficiency of Multihop

Device-to-Device Communications Underlaying Cellular Networks[J], IEEE Transactions on Vehicular Technology, 2016, 65(1):367-380.

[10] JUNG M, HWANG K, CHOI S. Joint Mode Selection and Power Allocation Scheme for Power-Efficient Device-to-Device (D2D) Communication[C]//2012 IEEE 75th Vehicular Technology Conference (VTC), 2012:1-5.

[11] XIAO X, TAO X, LU J. A QoS-Aware Power Optimization Scheme in OFDMA Systems with Integrated Device-to-Device (D2D) Communications[C]//2011 IEEE Vehicular Technology Conference (VTC Fall), 2011:1–5.

[12] WANG H, DING G, WANG J, et al. Power control for multiple interfering D2D communications underlaying cellular networks: An approximate interior point approach[C]//2017 IEEE International Conference on Communications Workshops (ICC Workshops), 2017:1346–1351.

[13] LIU C, WANG X, WU X, et al. Economic scheduling model of microgrid considering the lifetime of batteries[J]. IET Generation Transmission & Distribution, 2017, 11(3):759-767.

[14] TAO L, MA J, CHENG Y, ct al. A review of stochastic battery models and health management[J]. Renewable & Sustainable Energy Reviews, 2017, 80:716-732.

[15] YANG C, XIAO J, LI J, et al. Interference-Aware Distributed Cooperation with Incentive Mechanism for 5G Heterogeneous Ultra-Dense Networks[J]. IEEE Communications Magazine, 2018, 99:1-7.

[16] XIE B, ZHANG Z, HU R, et al. Joint Spectral Efficiency and Energy Efficiency in FFR-Based Wireless Heterogeneous Networks[J]. IEEE Transactions on Vehicular Technology, 2018, 67(9):8154-8168.

[17] CHEN Y, AI B, NIU Y, et al. Resource Allocation for Device-to-Device Communications in Multi-Cell Multi-Band Heterogeneous Cellular Networks [J]. IEEE Transactions on Vehicular Technology, 2019, 68(5):8154-8168.

[18] 肖海林，覃琦超，汪鹏君等．一种基于能量效率的多用户多模式 D2D 通信资源分配方法：202011486169.4[P]. 2018-07-10.

第 10 章 可见光通信异构蜂窝网络动态接入

动态接入的主要目的是确保通信的连续性，分为水平接入和垂直接入。同一技术网络下不同 AP 之间的接入称为水平接入，如可见光通信（Visible Light Communication，VLC）网络中邻近光源热点之间的接入。不同技术网络之间的接入称为垂直接入，如 VLC 网络和射频通信网络之间的接入。与水平接入相比，垂直接入需要考虑更多因素，并且接入决策和执行更加复杂。通常，接入 VLC 网络的终端将首先考虑不同 VLC 热点之间的水平接入。如果没有其他可访问的 VLC 热点，则考虑在 VLC 和无线通信之间进行垂直接入。垂直接入大体上可分为三个阶段，即发现网络、接入决策和接入执行。发现网络用于检测此时此区域终端可用的网络；接入决策用于确定是否触发接入，确定最合适的接入触发时刻及选择接入目标网络；接入执行是接入的实现过程。其中，接入决策是最关键的，它在很大程度上决定了垂直接入算法的性能。在 VLC 网络中，不仅存在移动干扰，而且存在阻塞干扰，这使得连接到 VLC 网络终端的垂直接入决策比普通无线通信网络终端的垂直接入决策更为复杂。这是因为在移动干扰的情况下，移动终端可以在移动期间尽可能多地访问提供最佳服务质量的网络。此时，垂直接入算法的研究重点是如何在不同情况下合理选择相应的接入决策。最小化由遮挡干扰引起的信息传输时延，并尽可能控制切换次数。因此，不同干扰情况下的垂直接入决策是不同的。

异构蜂窝网络中的网络接入过程一般分为三个阶段，如图 10-1 所示，具体为接入选择触发、接入选择算法决策和最优网络选择。

接入选择触发是第一阶段，其触发条件根据具体情况会有较大的差别，一般可以分为如下几种情况。

（1）初次接入选择，即终端第一次接入该室内的异构蜂窝网络环境中，需要对当前所在区域进行第一次网络选择。

（2）当前网络性能恶化，即终端感知到当前所接入的网络性能发生恶化，如发生拥塞、网络连接不稳定等情况，终端将等待网络恢复正常。

（3）通信链路中断，当前连接的网络由于移动或遮挡物，从而断开通信，此时终端需要在其他候选网络中通过算法选择并接入一个此时相对较优的网络。

（4）光链路区域判定，终端对当前所处区域是 VLC 直射链路区域还是 VLC 非直射链路区域进行判定。

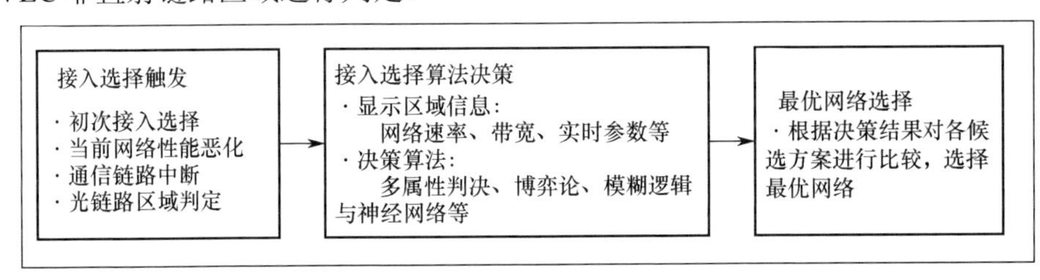

图 10-1　异构蜂窝网络接入过程

当触发接入选择条件时，用户终端将收集当前区域的实时网络参数。为了更客观地反映网络的性能，算法在进行网络决策过程中通常会考虑与用户体验质量（Quality of Experience，QoE）相关的多个当前网络的性能参数。

10.1　引言

对于 VLC 及与此相关领域，国内的一些大学和研究机构进行了深入研究，并且取得了较为丰硕的研究成果。2013 年，杨桢等人参考了骆宏图的关于以太网为辅助的转换电路研究成果[1]，提出了一种基于智能手机的室内 VLC 定位方案。该方案采用室内 LED 灯光的线路编码方法和轻量级摄像头捕捉的图像处理算法，从而降低定位时延，达到了导航的实时性[2]。复旦大学的迟楠等人表明 SC-FDE 优于 OFDM 调制方案[3]。2015 年，该团队在书中详细描述了基于 LED 的可见光通信关键器件和应用的研究，介绍了 VLC 所采用的先进技术和关键算法[4]。2015 年 12 月，解放军信息工程大学于弘毅等人完成了国内首个 50 Gbps，下载 2GB 左右的文件仅需 0.2 s，达到全球领跑水平[5]，张俊等人于 2015 年，在《光电子激光》杂志中，考虑到发光二极管的动态范围有限，使用光叠加调制的 OFDM 技术可以有效地克服由于 LED 动态范围引起的削波失真问题[6]。2015 年，陈雄斌等人在原始的不使用光学蓝色滤光片的基础上，为白光相应设计了最佳的模拟均衡器，将 VLC 链路的白光通道从 3 MHz 进一步提高到 143 MHz，并结合基于模拟均衡的 16QAM 和 OFDM 技术使 VLC 系统速率达到 682 Mbps[7]。2016 年，翟亚雪等人在王绪峰的研究方案的基础上[8]，提出了一种 VLC 无时延通信系统，测试结果表明，当在短距离传输数据时，该系统在能保证正常照明的同时，传输速率能达到 4 Mbps[9]。2017 年，董赞扬等人针对室内光照明及人体移动会出现的随机阴影展开讨论，并针对该移动阻塞问题提出了一种新的信道模型，考虑到随机运动和非量化障碍，重新赋予了接收光功率、水平照度和脉冲响应公式[10]。2017 年，中国人民解放军信息工程大学的王春喜等人提出了一种 VLC 和 WiFi 异构蜂窝网络模型，考虑了用户体验，并分析了异构蜂窝网络中的切换问题[11]。

事实上，可见光通信（VLC）与 WiFi 异构蜂窝网络中的网络判决与接入问题，现有工作通常都只关注如 SINR 和 RSS 等网络指标的优化，而忽视了用户的移动性、室内不同区域的 VLC 链路状况和终端用户体验质量（QoE）。由于 VLC 采用视距传输方式，遮挡干扰会导致用户的移动终端（Mobile Terminal，MT）频繁地切换网络，从而增加移动管理开销。光路重叠会使光信号相互叠加，对正常通信造成干扰。而室内 WiFi 具有稳定的移动性管理，将其与 VLC 网络结合，即构建室内 VLC+WiFi 异构蜂窝网络，不仅可以提供高速的数据传输速率，并且当用户在室内移动时，判断并接入当前最佳网络，可以更好地发挥网络性能，使得 QoE 得到提升。

基于此，本章提出了一种以 QoE 为优化目标的异构蜂窝网络动态接入算法。首先在室内根据照明光强分布建立 VLC 信道模型，当用户终端出现非直射链路传输时，接入 WiFi 网络并使用基于改进的匈牙利算法（Hungarian Algorithm，HA）实时判断 VLC 链路恢复情况。在 VLC 直射链路传输区域，使用基于多属性判决的层次分析加权和（AHP）算法，判决 VLC 和 WiFi 的状况并接入最佳网络。仿真结果表明，该算法比现有算法能够显著降低整体的网络切换次数，同时具备更好的网络性能，使 QoE 得到提升。

室内多用户 VLC-Femto 异构无线接入网架构如图 10-2 所示。在室内环境下，多用户 VLC 异构无线接入网架构的上行链路由 Femto 基站的 WiFi 信号提供稳定的传输，下行链路采用 WiFi 信号作为 VLC 网络的通信辅助，即该系统既能通过 VLC 提供高速的下行传输速率（当下行 VLC 链路中断时），也能切换至 WiFi 信号继续传输，提供无缝的通信体验以保证 QoE 最佳。

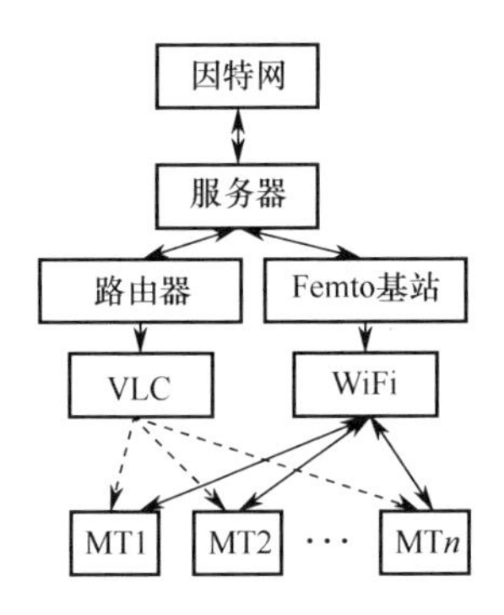

图 10-2　室内多用户 VLC-Femto 异构无线接入网架构

10.2　系统模型

在家庭或中小型室内办公场景布局中，房间内部一般均匀分布 LED 光源，此时采用 VLC 可以获得较好的信号覆盖，但当用户移动至房间边缘等处时，VLC 信号易受遮挡。本章考虑一种家庭中的多用户 VLC+WiFi 异构蜂窝网络架构。室内 VLC-RF 异构蜂窝网络信道模型如图 10-3 所示，整个架构包括服务器、Femto 基站、VLC 基站、移动终端（Mobile Terminal，MT）、VLC 下行链路和 WiFi 上下行链路。该室内环境由 VLC 信号和 Femto 基站的 WiFi 信号共同

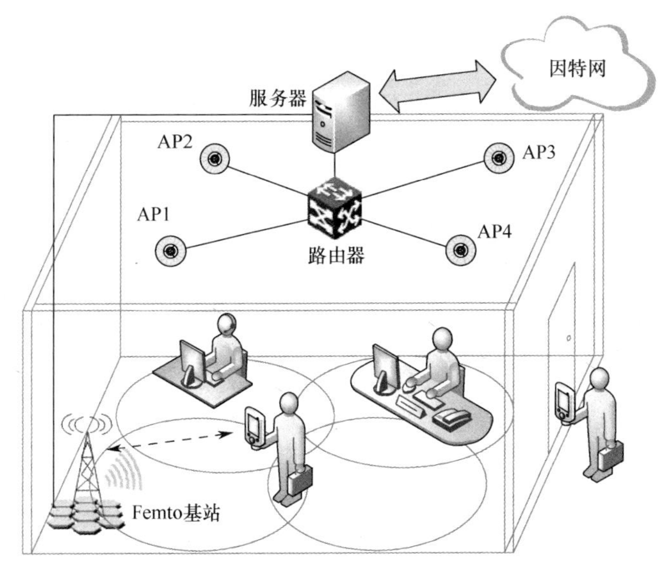

图 10-3　室内 VLC-RF 异构蜂窝网络信道模型

覆盖，服务器负责链路分配和移动终端接入判决；天花板上安装有 4 个兼具照明和通信功能的 VLC AP，每个 AP 都可以使用 VLC 的全部带宽；房间里部署了一座 Femto 基站，其 WiFi 信号稳定地覆盖整个房间，并且所有设备都与服务器连接，室内用户携带着多模 MT 在该房间中随机移动。

10.3　理论分析

室内场景的视距区域包括一般光照区域和中心的光照重叠区域。MT 在 VLC 覆盖区域通常接入 VLC 网络，处于光照重叠区域时 VLC 信号不佳，使用基于多属性判决的层次分析加权和（AHP）算法检测并接入当前最佳网络，其中使用指数标度建立判决矩阵更符合人类思维，更适用于基于 QoE 的异构蜂窝网络接入判决。

10.3.1　多属性参数的计算

本章算法将以下 6 个网络性能参数作为判决属性。

（1）传输速率。

（2）带宽利用率。

（3）接收信号强度。

（4）误码率。

（5）丢包率。

（6）网络时延。

为了消除各个判决属性之间的量纲差异，需要对其进行标准化。带宽利用率、传输速率和接收信号强度皆属于递增参量，参照文献 [12]，进行标准化处理

$$S_{ij}=\frac{k_{ij}-\min\{k_{ij}\,|(1\leqslant i\leqslant m)\}}{\max\{k_{ij}\,|(1\leqslant i\leqslant m)\}-\min\{k_{ij}\,|(1\leqslant i\leqslant m)\}} \tag{10-1}$$

式中，k_{ij} 是候选网络 i 的第 j 个属性值，S_{ij} 表示标准化之后候选网络 i 的第 j 个属性值。

网络时延、丢包率和误码率则属于递减参量，可以按照如下公式标准化处理

$$S_{ij}=\frac{\max\{k_{ij}\left|(1\leqslant i\leqslant m)\right\}-k_{ij}}{\max\{k_{ij}\left|(1\leqslant i\leqslant m)\right\}-\min\{k_{ij}\left|(1\leqslant i\leqslant m)\right\}} \tag{10-2}$$

在原属性值经过标准化后，得出判决矩阵 $\boldsymbol{S}$，表示为

$$\boldsymbol{S}=\left(s_{ij}\right)_{n\times 6}=\begin{pmatrix} s_{11} & s_{12} & \cdots & s_{16} \\ s_{21} & s_{22} & \cdots & s_{26} \\ \vdots & \vdots & & \vdots \\ s_{m1} & s_{m2} & \cdots & s_{m6} \end{pmatrix} \tag{10-3}$$

10.3.2 权重比较判决矩阵的建立

在构造权重比较判决矩阵时，各属性的权重之比尤为重要。由于指数标度下判决矩阵的一致性相比于 1-9 标度下判决矩阵[13]的一致性更符合人们的思维，更适用于基于 QoE 的异构蜂窝网络接入判决，因此本章采用指数标度建立权重比较判决矩阵。首先将各属性互相比较的重要程度分为同样重要、稍微重要、明显重要、强烈重要、极端重要等，并分别以感觉判断等级 c_{ij} 表示，$c_{ij}=0,1,2,\cdots$，且 $i,j=1,2,\cdots,n$。根据韦伯-费希纳定律[9]，可设相邻两级客观重要性比率为 a（$a>1$），于是 c_i 与 c_j 的客观重要性比率为

$$\frac{w_i}{w_j}=a^{c_{ij}} \qquad i,j=1,2,\cdots,n \tag{10-4}$$

w_i、w_j 分别为 c_i、c_j 的客观重要性程度，并称 $a^{c_{ij}}$ 为 c_i 对 c_j 的客观差别判决。因此建立比较判决矩阵 $\boldsymbol{A}=(a^{c_{ij}})_{n\times n}$，其中 $i,j=1,2,\cdots,n$，$a^{c_{ji}}=a^{-c_{ij}}$，a 值是相邻两级间差别大小，取适当大于 1 的数，可使各级的差别有一定的精度，更符合人的判决思维，D_9 允许取任意实数。

10.3.3 权重向量的计算

权重向量的计算，可以利用特征值法求得。确定 a 值后即可计算比较判决矩阵 $\boldsymbol{A}$ 的最大特征值 $\lambda_{\max}$ 及其对应的特征向量 $\boldsymbol{x}$，即 $\boldsymbol{Ax}=\lambda_{\max}\cdot\boldsymbol{x}$，将 $\boldsymbol{x}$ 归一化后就可以得到权重向量了。

10.3.4 层次分析与加权和算法相结合

利用 AHP 算法得到权值后，将各个候选网络的每个属性标准化后的值，与其对应的权重的乘积进行累加，计算出每个候选网络的总评分值（E_i）

$$E_i = \sum_{j=1}^{6} x_j s_{ij} \tag{10-5}$$

式中，x_j 是第 j 个属性所对应的权重；s_{ij} 是标准化后第 i 个网络的第 j 个属性的值。得到每个候选网络的总评分值 E_i 后，从中选出分值最高的网络，该网络即可作为当前最优网络。

10.3.5 非直射链路下的接入检测算法

MT 移动至房间边缘等处或人为干扰，VLC 信号易受遮挡导致链路中断，此时判定 MT 进入非视距区域。令 MT 暂时接入 WiFi 网络，使用匈牙利算法检测各个 MT 接收到的 VLC 光照强度，并合理分配至各个网络。算法具体实现步骤如下。

（1）通过 MT 接收到的光照强度值，与接收到的 WiFi 信号强度值单位化消除量纲差异[13]， 生成新的信号强度系数矩阵 $\boldsymbol{\Psi}_{M\times N}$。

（2）若 $M=N$ 则直接进入步骤（3）；若 $M>N$ 且 M 为 N 的整数倍，则将矩阵分解为若干个 $(M-N)\times N$ 阶方阵和一个 $(M-N)\times N$ 矩阵，若干个 $(M-N)\times N$ 阶方阵直接进入步骤（3），$(M-N)\times N$ 矩阵添加 0 元素使其变为 N 阶方阵。

（3）找出系数矩阵每一行元素中的最小值，然后该行的每个元素都减去该最小值。

（4）将系数矩阵中每一列的最小值找出，并让其所在的列的所有元素减去这一列的最小值。

（5）做直线覆盖所有的 0 元素，且以直线最小的方案为最终方案。

（6）最优方案判断：当直线数目为 N 时，执行步骤（9），否则执行步骤（7）。

（7）找出画直线外元素的最小值。

（8）没有画直线的行的所有元素减去该最小值，画了直线的列的所有元素加上该最小值，返回步骤（5）。

（9）此时系数矩阵的每行与每列至少有一个 0 值，标记 0 值并与原系数矩阵的元素一一对应，则得出最佳分配，未接入 VLC 网络的 MT 返回步骤（1）。

10.3.6 VLC 异构蜂窝网络接入判决流程

本章算法将用户持有的 MT 所在区域分为非视距区域与视距区域。当 MT 移出 VLC 网络或 VLC 链路被遮挡时，判定该 MT 处于非视距区域，接入 WiFi 链路，使用匈牙利算法检测及重新分配最佳网络给 MT；当 MT 处于 VLC 网络或光照重叠区域时，判定该 MT 处于视距区域，接入 VLC 链路，使用基于多属性判决的层次分析加权和（AHP）算法判决 VLC 和 WiFi 的状况，并接入最佳网络。VLC+WiFi 异构蜂窝网络动态接入算法流程图如图 10-4 所示。

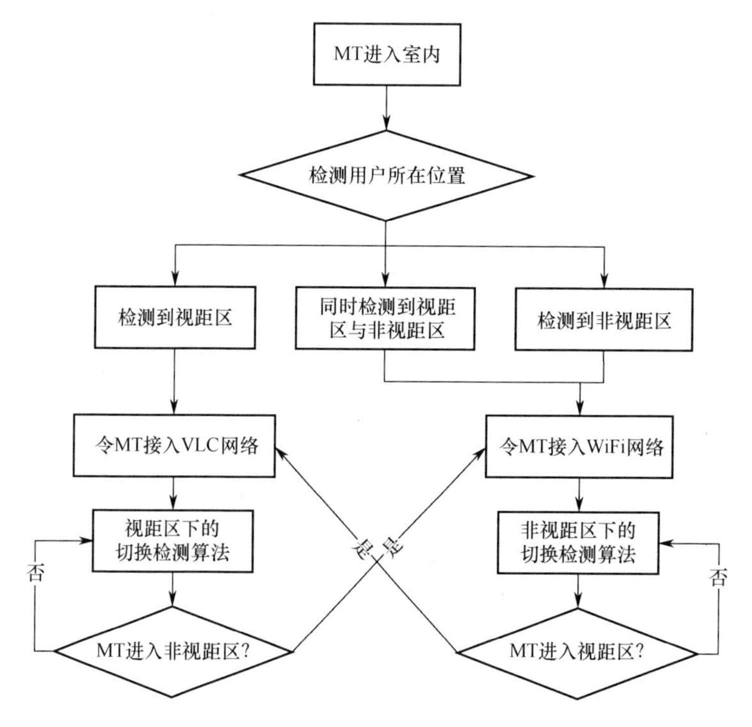

图 10-4　VLC+WiFi 异构蜂窝网络动态接入算法流程图

10.4　仿真结果与性能分析

在本章采用的布局中，使用单个房间的 5m×5m×3m 室内模型，我们将室内光源布局设置为：采用 4 组 LED，每组 LED 含有 50 个 LED，每个 LED 之间的距离为 0.01 m，LED 阵列组安装在距离接收平面 2.15 m 的天花板上，接收平面距室内地面 0.85 m。取 LED 的半功率角为 70°，在距地面 0.85 m 处的接收平面上，设定室内平面光照强度大于 1300 lx 的区域为视距区域，其余为非视距区域。直射链路光照强度分布如图 10-5 所示。

由图 10-5 可知，在距地面 0.85 m 的接收平面上，其光照强度处于 900～1400 lx 的国际标准范围内，能够满足室内充足照明的要求。

在室内场景中，由于 MT 具有移动性，且室内场景中不同区域的 VLC 和 RF 网络属性参数各不相同，导致 MT 在室内不同区域收到的各网络属性参数都不相同，因此参考文献[14]和文献[15]，为方便计算，将各个参数取平均值，系统仿真的平均参数设置如表 10-1 所示。

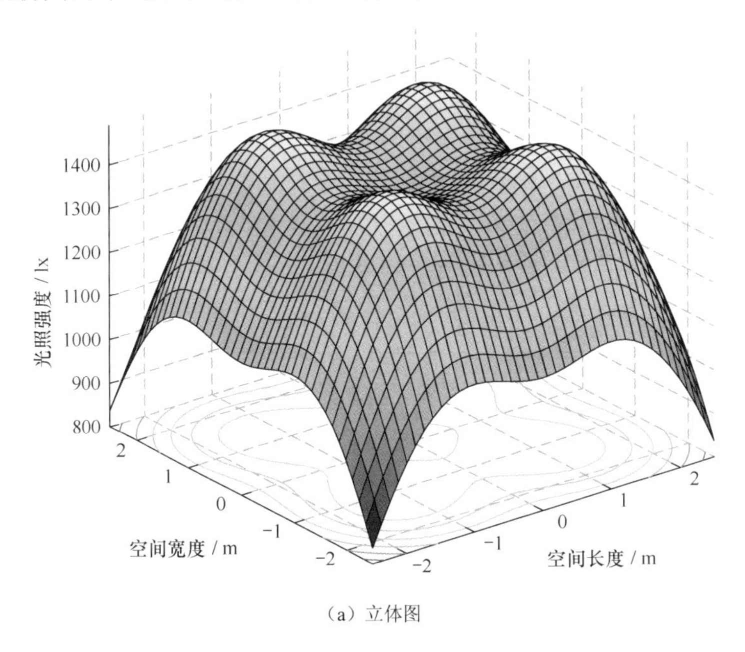

（a）立体图

图 10-5　直射链路光照强度分布

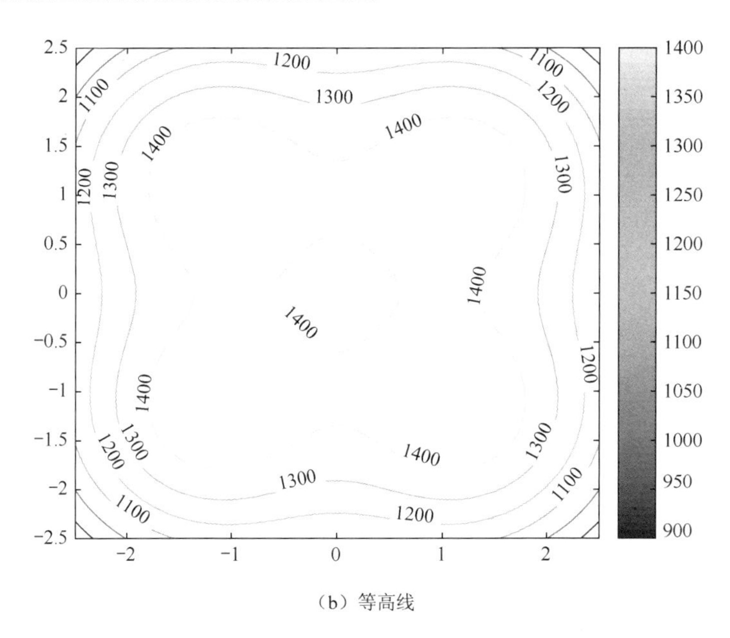

（b）等高线

图 10-5　直射链路光照强度分布（续）

表 10-1　系统仿真平均参数设置

网　络	平均传输速率	平均带宽	平均接收信号强度	平均误码率	平均丢包率	平均时延
VLC	800 Mbps	40 MHz	−40 dBm	5×10^{-4}	0.1	40 ms
RF	100 Mbps	20 MHz	−40 dBm	10^{-6}	0.05	50 ms

在传统的层次分析加权和算法中，判决矩阵的建立运用 1-9 标度，本章算法的判决矩阵运用的指数标度，表 10-2 为仿真参数的设置，表 10-3、表 10-4 为两种标度各决策参数的相对重要性程度。

表 10-2　仿真参数的设置

区　分	标　度	
	1-9 标度	指数标度
同等重要	1	a
稍微重要	3	a
明显重要	5	a
强烈重要	7	a
极端重要	9	a
通式	k	a

表 10-3　1-9 标度各决策参数的相对重要性程度

属　性	传 输 速 率	带　宽	接收信号强度	时　延	丢 包 率	误 码 率
传输速率	1	1/5	1/3	1/7	1/7	1/9
带宽利用率	5	1	5/3	5/7	5/7	5/9
接收信号强度	3	3/5	1	3/7	3/7	3/9
时延	7	7/5	7/3	1	1	7/9
丢包率	7	7/5	7/3	1	1	7/9
误码率	9	9/5	9/3	9/7	9/7	1

表 10-4　指数标度各决策参数的相对重要性程度

属　性	传 输 速 率	带宽利用率	接收信号强度	时　延	丢 包 率	误 码 率
传输速率	a	a^{-4}	a^{-2}	a^{-6}	a^{-6}	a^{-8}
带宽利用率	a^{-4}	A	a^{2}	$a^{-(3/2)}$	$a^{-(3/2)}$	a^{-2}
接收信号强度	a^{2}	a^{-2}	a	a^{-3}	a^{-3}	a^{-4}
时延	a^{6}	$a^{3/2}$	a^{3}	a	A	$a^{-(4/3)}$
丢包率	a^{6}	$a^{3/2}$	a^{3}	a	a	$a^{-(4/3)}$
误码率	a^{8}	a^{2}	a^{4}	$a^{4/3}$	$a^{4/3}$	a

假定 MT 在 5m×5m×3m 的室内环境中从随机位置出发，每次移动距离为 0.125 m，按照随机方向分别移动 100～1000 次，并且相同移动次数的位移路径相同。令 MT 分别使用匈牙利（HA）算法[14]、层次分析加权和（AHP）算法[16]及本章的 AHP+HA 算法进行仿真。

图 10-6 所示为移动次数和网络接入次数的关系。当 MT 移动多次后，AHP+HA 算法的网络接入次数均少于其他两种算法。并且随着移动次数的增多，室内角落、光线重叠等判决过程复杂的区域也增多，各算法的网络接入次数差距越来越大。由此可以看出 AHP+HA 算法能够显著减小整体的网络切换次数，有效降低 MT 的乒乓效应，使 QoE 得到提升。

图 10-7 所示为在 AHP 算法中，权重比较判决矩阵使用指数标度和使用 1-9 标度的比较。从图中可以看出，指数标度的 a 值在取略大于 1 的情况下更符合人们主观思维判断[13]，并且在取不同数值的情况下，其网络判决正确率比 1-9 标度网络切换率提高 35%～50%。

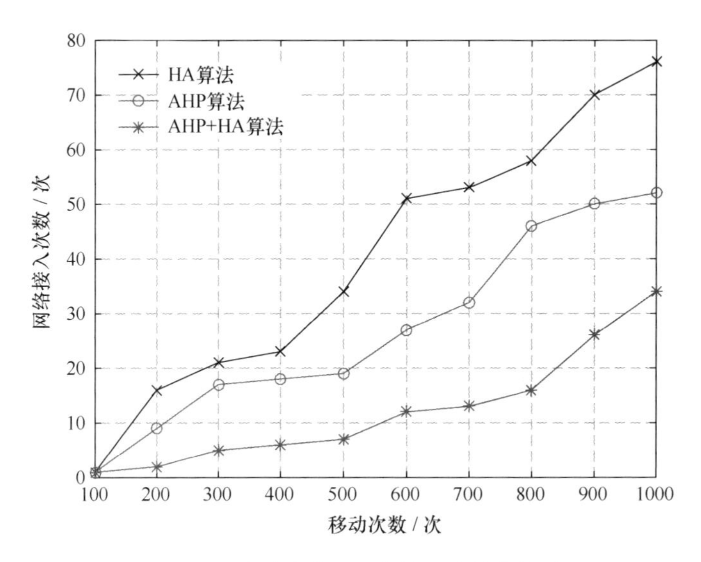

图 10-6 移动次数和网络接入次数的关系

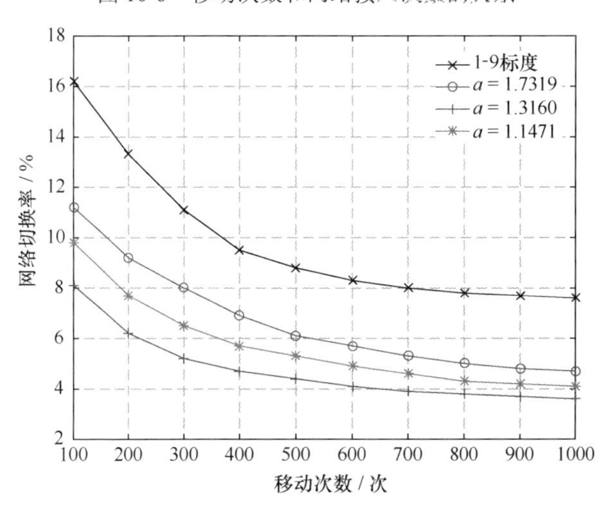

图 10-7 使用指数标度和使用 1-9 标度的比较

平均传输速率、平均接收信号强度和平均时延是用户较为敏感的网络属性，通过对比可以发现，在同等移动次数下，AHP+HA 算法比其他算法表现出的网络性能更为突出，能为用户提供更高的网络传输速率、更大的接收信号强度和更低的网络时延，更符合面向 QoE 的优化目标。三种算法的平均传输速率、平均接收信号强度、平均时延的比较如图 10-8 至图 10-10 所示。

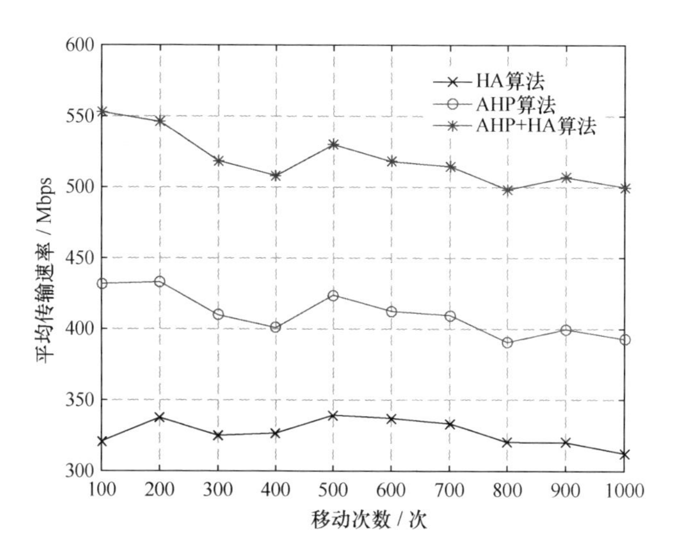

图 10-8　三种算法的平均传输速率比较

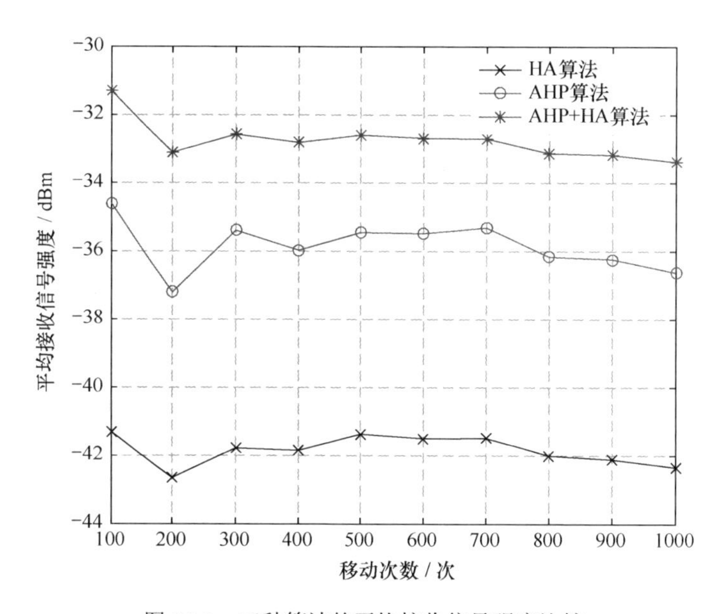

图 10-9　三种算法的平均接收信号强度比较

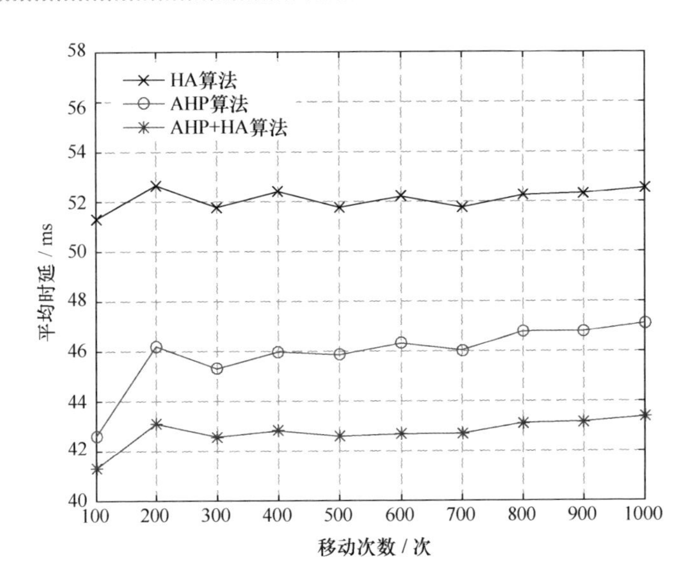

图 10-10　三种算法的平均时延比较

10.5　本章小结

本章针对室内 VLC 异构蜂窝网络架构中的网络动态接入问题进行了研究，构建了室内异构蜂窝网络信道模型，根据光链路特点，将室内分为直射链路区域和单次反射的非直射链路区域。在直射链路区域使用 AHP 算法与加权和算法计算出当前最佳接入网络，并使用指数标度建立比较判决矩阵，更符合人的思维判断，更适用于基于 QoE 的异构蜂窝网络接入判决。在非直射链路区域使用改进适应的匈牙利算法的分配方式，使其更适用于 VLC 室内场景的用户动态接入情况。通过与其他算法仿真对比，证明本章的算法能够显著减小整体的网络切换次数，同时具备更好的网络性能，使 QoE 得到提升。

参考文献

[1] 骆宏图．基于以太网的 LED 可见光通信技术研究[D]．广州：暨南大学, 2012．

[2] 杨桢，方俊彬，陈哲．基于智能手机的快速可见光室内定位系统[J]．应用光学，2017, 38(3): 358-364．

[3] 迟楠，王源泉，王一光，等. Ultra-high-speed single red-green-blue light-emitting diode-based visible light communication system utilizing advanced modulation formats[J]. Chinese Optics Letters, 2014, 12(1): 22-25.

[4] 迟楠. LED 可见光通信关键器件与应用[M]. 北京: 人民邮电出版社, 2015.

[5] 于弘毅. 我国将可见光通信速率提高至 50Gbps[J]. 军民两用技术与产品，2015(23): 21-21.

[6] 张俊，张剑. 可见光通信光叠加正交频分复用技术研究[J]. 光电子激光，2015(6): 1087-1093.

[7] LI H，ZHANG Y，CHEN X，et al. 682 Mbit/s phosphorescent white LED visible light communications utilizing analog equalized 16QAM-OFDM modulation without blue filter[J]. Optics Communications，2015，354:107-111.

[8] 王绪峰. 可见光通信中基于 FPGA 的信号处理技术研究与实现[D]. 北京：北京邮电大学，2014.

[9] ZEYDAN E，TAN A S，MESTER Y，et al. Quality-aware WiFi offload：analysis，design and integration perspectives[J]. Wireless Networks，2016，24(4): 1187-1203.

[10] DONG Z，SHANG T，GAO Y，et al. Study on VLC Channel Modeling Under Random Shadowing[J]. IEEE Photonics Journal，2017，9(6): 1-16.

[11] 王春喜，菅春晓，刘洛琨，等. 基于用户体验的 VLC/WiFi 异构网络切换算法[J]. 信号处理，2017，33(9):1191-1198.

[12] REICHL P，EGGER S，SCHATZ R，et al. The Logarithmic Nature of QoE and the Role of the Weber-Fechner Law in QoE Assessment[C]//2010 IEEE International Conference on Communications. IEEE，2010.

[13] 吕跃进，张维，曾雪兰. 指数标度与 1-9 标度互不相容及其比较研究[J]. 工程数学学报，2003(8): 77-81.

[14] 严超，徐赟昊，薛磊冰，等. 基于 VLC+WiFi 协同的室内异构无线接入网络[J]. 光通信技术，2016，40(9).

[15] LIANG S, ZHANG Y, FAN B, et al. Multi-Attribute Vertical Handover Decision-Making Algorithm in a Hybrid VLC-Femto System[J]. IEEE Communications Letters, 2017, 21(7): 1521-1524.

[16] LIU S, PAN S, MI Z K, et al. A Simple Additive Weighting Vertical Handoff Algorithm Based on SINR and AHP for Heterogeneous Wireless Networks[C]//International Conference on Intelligent Computation Technology & Automation. IEEE Computer Society, 2010: 347-350.

第 11 章 VLC+WiFi 异构蜂窝网络通信系统设计

可见光无线通信系统集照明和通信于一体，具有自身的优势，其频谱丰富，并且安全性较高。可见光为绿色节能低功耗的高速通信链路，在家庭信息智能控制系统、办公通信网络系统、公共场所的信息查询和寻路系统都有良好的应用前景，可节省人力，节约社会资源等。但在室内可见光通信系统中，由于可见光穿透性较差，所以光通信链路易被阻塞。而 WiFi 具有稳定的移动性管理，基于此，本章将其与 VLC 网络结合，即构建基于 VLC+WiFi 的室内异构蜂窝网络通信系统[1]，并且设计了带有 WiFi 功能的可见光通信中继转发装置，该装置可以中继辅助可见光通信。在有墙壁隔断的办公室中，利用 WiFi 信号转发当前被遮挡的信号，保证信息的可靠接收。这样在不同的场合下，用户都能收到发射端所发出的信息。

11.1 VLC+WiFi 通信系统设计

针对当前对绿色信息技术和环保节能的需求，本系统基于可见光通信技术建立室内 VLC 通信系统，融入 WiFi 技术辅助通信构成异构蜂窝网络，发挥网络各自优势，使得通信性能大幅提升。并加入具有 WiFi 功能的可见光中继转发装置，一方面可使得当光链路无法正常通信时，发射端通过 WiFi 热点将信息发送至中继装置，由中继装置转换成光信号转发给接收端；另一方面，中继装置可延长光通信距离，实现远程光通信和隔墙光通信等功能，减少路由节点的大量铺设，极大地节约了成本。该系统应用场景广泛，应用潜力巨大，铺设成本低，能够快速构建安全性高、绿色节能低功耗的高速通信链路，是一项绿色、环保、节能和新型的通信技术，有着广阔的市场，具有时代意义与可持续发展意义。

11.1.1　发射端系统设计

图 11-1 所示为发射端的光信号发送字符模式。对于发射端，主要是通过完成调制编码，然后将信号通过放大电路进行放大，最后驱动 LED 发光。本系统主要完成的功能是字符传输。对于字符传输采用了 OOK 调制的方法，其工作原理是通过单极性不归零码来进行控制的。OOK 是把载波的幅值取作 0 和 1 两个。通过载波进行幅值上下的改变，这样就能够把数字信息进行传输了。其表达式为

$$e_{\mathrm{OOK}}(t)=\sum_{n}k_{n}g(t-nT_{s})\cos(\omega_{c}t) \tag{11-1}$$

式中，$k_n=1$的概率为 P，$k_n=0$ 的概率为 $1-P$。

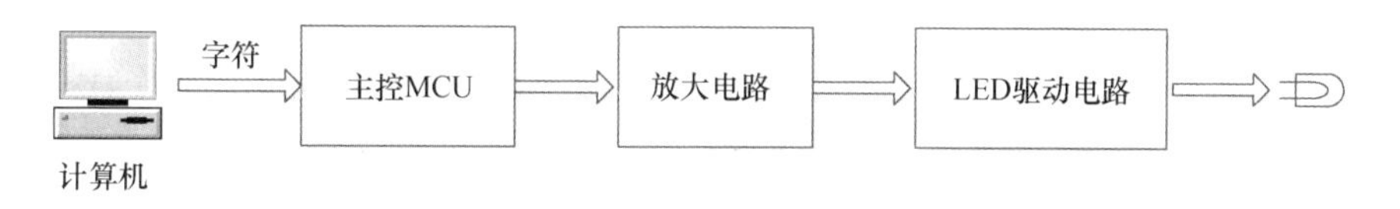

图 11-1　发射端的光信号发送字符模式

图 11-2 所示为发射端的光信号发送视频的模式。对于发射端，主要是通过完成调制编码和视频信息采集，然后将信号通过放大电路进行放大，最后驱动 LED 发光。视频传输采用的是光强度调制。

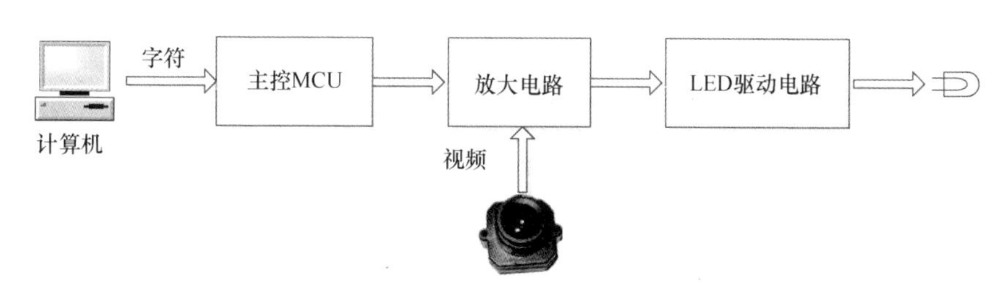

图 11-2　发射端的光信号发送视频的模式

图 11-3 所示为可见光通信系统发射端的 WiFi 发送模式。当发射端想直接通过可见光信号发送给接收端时，光信号被阻挡，导致无法传输信息。此时发射端通过 WiFi 模块向中继装置发送 WiFi 信号。

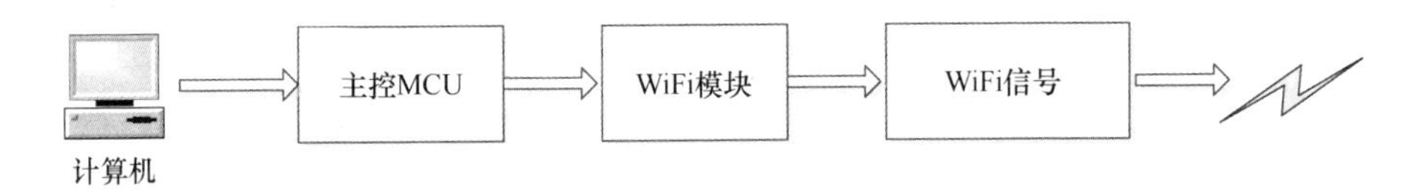

图 11-3 可见光通信系统发射端的 WiFi 发送模式

11.1.2 中继端系统设计

图 11-4 所示为中继端参与转发的通信过程，中继端收到 WiFi 信号后，通过对信号的解码、解调、数模转换、调制、放大变成可见光信号，发送给接收端，最后接收端收到了光信号，中继端起到了转发的作用。

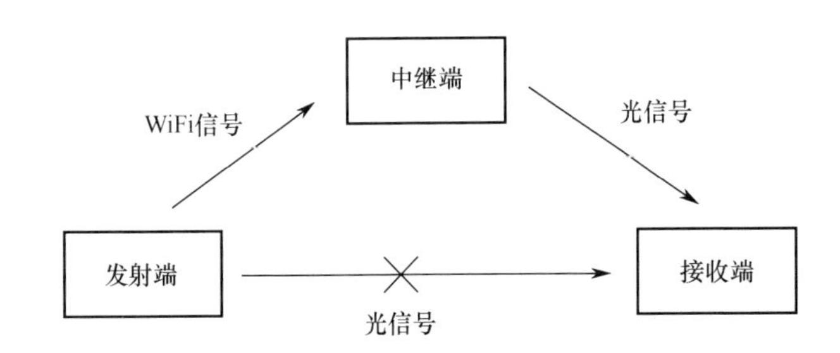

图 11-4 中继端参与转发的通信过程

11.1.3 接收端系统设计

在接收端，光电检测电路接收光信号，并在电路中转换为电信号，然后利用放大电路，对接收的微弱信号进行放大后再进行解调等相关处理。在接收电路中，有光电检测电路、放大电路和稳压电路等。利用在接收电路上的光电二极管，可以将从发射端传输过来的光信号转换为电信号。但是由于在进行光电转换之后的电流会非常小，所以考虑到后续电路的电流正常采样使用，便设计了放大电路，该电路可以将光电转换后的微弱电信号进行放大。图 11-5 所示为接收端电路设计图。

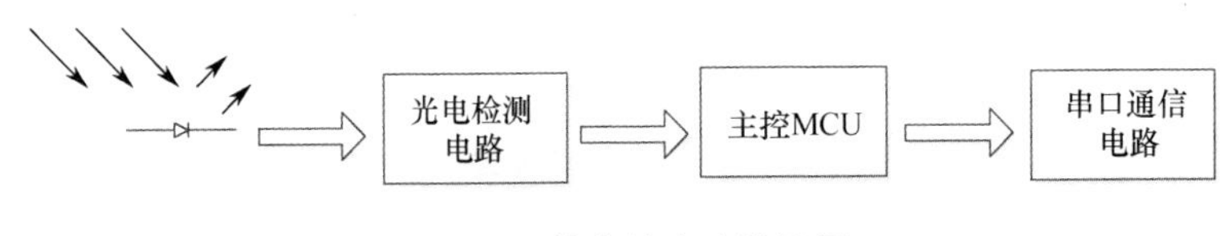

图 11-5 接收端电路设计图

11.2　VLC+WiFi 通信系统电路设计

发射端 PC 输入字符，通过串口软件助手，将字符发送到主控芯片上，主控芯片将字符串转换成二进制代码进行调制，因此会使用 USB 接口进行串口通信。串口通信模块主要由一个主控芯片和一个转换控制芯片构成。主控芯片使用 STM32，它是基于 ARM Cortex-M 内核 STM32 系列微型控制器，它的电源电压为 2～3.6 V，工作的峰值频率是 72 MHz，其晶体振荡器的频率是 11～16 MHz，其中还包括 32 kHz 的 RTCC 振荡器，多达 9 个通信接口，并且支持 USART 接口，支持同步通信和半双工通信。STM32F103C8T6 芯片原理图如图 11-6 所示。

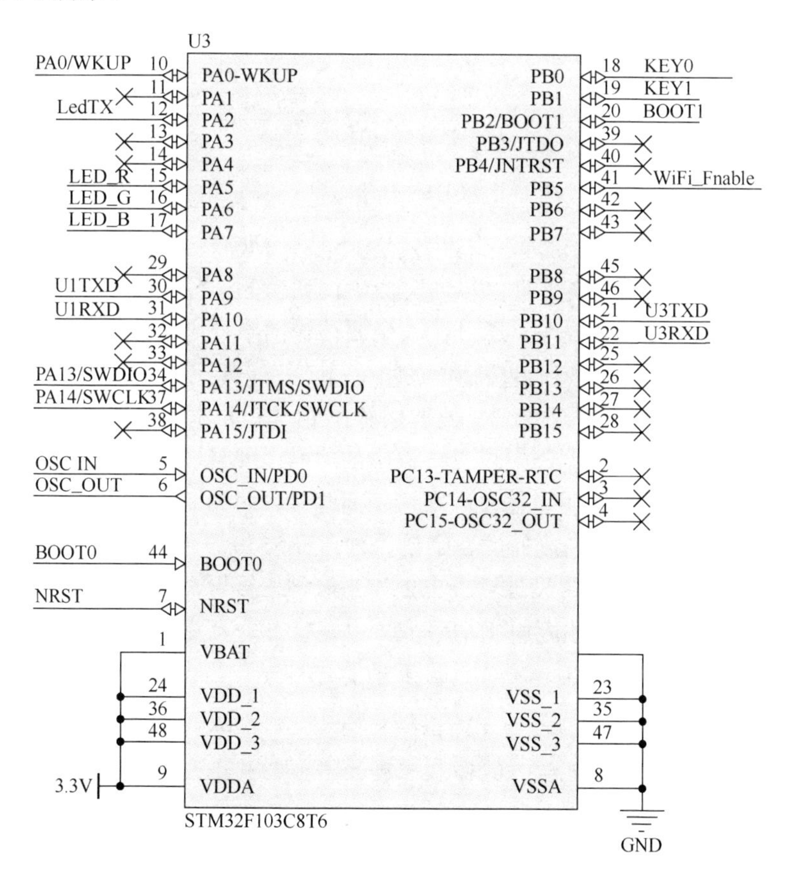

图 11-6　STM32F103C8T6 芯片原理图

对于字符传输而言，计算机通过编写字符串进行字符传输。发射端模块是通过 USB 串口与计算机相连的，所以需要进行 RS-232 协议和 USB 协议的转换。本章通过使用 CH340G 芯片构建转换电路，通过包含全速 USB，能够使用 3V、3.3V 和 5V 的电压。通过 CH340G，能够实现 RS-232 装置和 USB 接口的连接。CH340G 串口通信电路如图 11-7 所示。STM32 串口的发送引脚 U1TXD 为 PA9，STM32 串口的接收引脚 U1RXD 为 PA10，所以将 PA9 与 CH340G 的 TXD 相连，PA10 与 CH340G 的 RXD 相连。

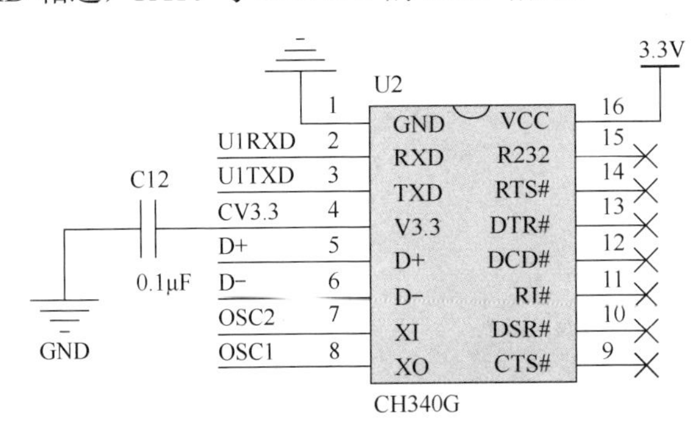

图 11-7　CH340G 串口通信电路

由于需要在计算机上编写字符串发送到主控 MCU，所以需要一个串口通信软件来完成二进制转换处理，以便完成串口通信的部分功能。本系统使用的是一个开源的串口通信软件，通过输入想要传输的字符串，然后单击“发送”按钮，即可通过串口发送到主控 MCU 上。其字符信息通过串口通信模块输入到主控 MCU 中，经过调制编码处理后输出到 LED 驱动电路上，但是因为 LED 的输入信号是编码调制模块直接输出的信号，并且调制电流的幅值太小，LED 光功率的变化不能明显地表现出来，因此必须对调制信号进行放大。对于字符传输来说，需要将调制后的数字信号通过 S8550 三极管放大，驱动 LED 发光。这里采用 S8550 来设计，S8550 作为一种三极管，有着较低的电压、较大的电流等特点，广泛地应用于功率放大电路、开关电路、推挽功放电路等，本系统使用 S8550 放大电路，如图 11-8 所示。

图 11-8 也就是三极管驱动 LED 电路，S8550 为 PNP 三极管，在这个电路中起到开关的作用，并且它可以控制三种状态，即截止、放大、饱和。在这里我们主要用到的是两种状态，其中，截止使二极管不通电，而饱和就是闭合二极管，使其通电发光。当 U2TXD 处于高电平时，Q1 的发射极发生反偏现象，也就是集电极产生反偏，使得三极管为截止状态，LED 不亮。当 U2TXD

处于低电平时，其结果相反，在这种情况下，LED 发光。

可见光通信系统发射端的摄像头能实时捕捉视频画面并形成电信号（模拟信号），其电流幅值太小，通常情况下是微安级别的，不能驱动其发光，所以要通过放大电路进行放大，这里采用了 S9013 三极管。图 11-9 所示为 S9013 放大电路，S9013 能够将电流放大。S9013 工作在放大状态，用于模拟信号传输的同时改变其波形，从而改变 AV 的光照强度。SEND 为发射端的摄像头采集的模拟信号，同时为了 S9013 工作在放大状态不失真地将信号进行放大，就要保证 S9013 的发射结产生正偏，同时集电结产生反偏，所以为了能够让 S9013 的各个部位都处在我们需要的位置，就要添加电阻 R18。R18 能为 S9013 的基极提供偏置电流，可以使 S9013 处在静态的一个工作点。

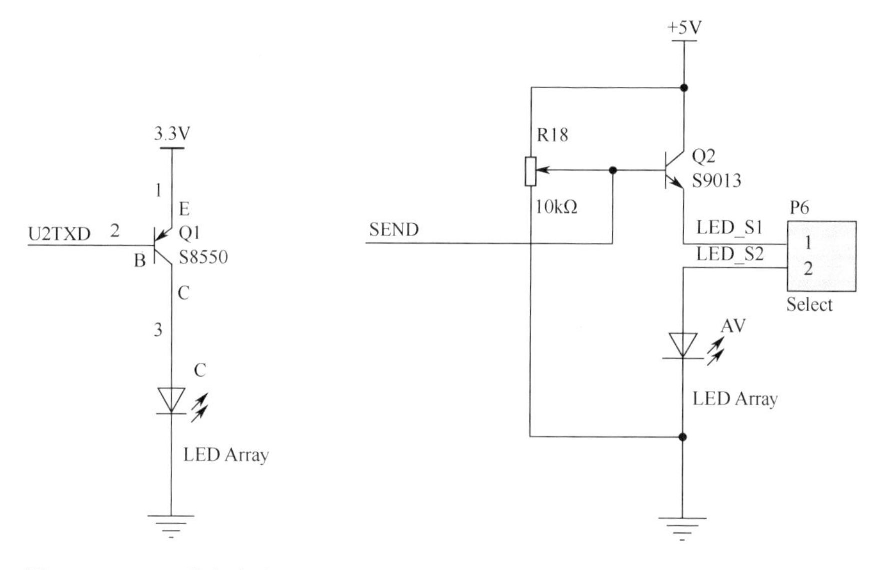

图 11-8　S8550 放大电路　　　　图 11-9　S9013 放大电路

WiFi 模块使用的是 ESP8266 芯片，一般工作于 3.3V 电压下，输入频率为 2412～2484 MHz。ESP8266 支持 3 种工作模式“STA”“AP”“STA+AP”。其中 STA 模式通过路由器连接网络，手机或计算机实现该设备的远程控制；AP 模式作为热点，手机或计算机连接 WiFi 与该模块通信，实现局域网的无线控制；STA+AP 模式既可以通过路由器连接到互联网，也可以作为 WiFi 热点，使其他设备连接到这个模块，实现广域网与局域网的无缝切换。ESP8266-12E 芯片原理图如图 11-10 所示。

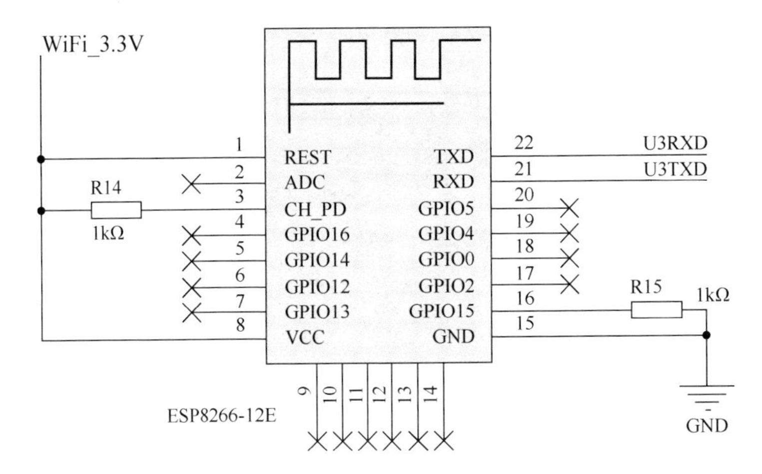

图 11-10 ESP8266-12E 芯片原理图

AMS1117-3.3 是一种输出电压为 3.3V 的正向低压降稳压器，适用于将 5V 电压转换为 3.3V 并保持稳定的电池稳压器件。AMS1117-3.3 稳压器原理图如图 11-11 所示。

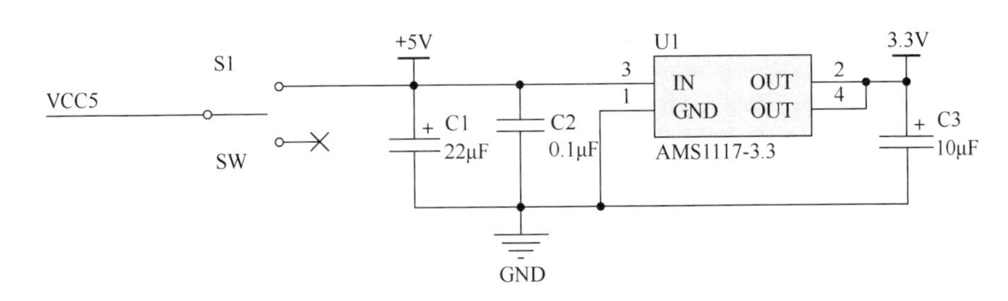

图 11-11 AMS1117-3.3 稳压器原理图

图 11-12 所示为接收端光电检测电路。通过光电二极管，可以把接收的光信号变成电信号。本系统选择 PIN 光电二极管，其直径为 9 mm，接收的波长范围为 400～780 nm。同时选取 LM393 芯片，如果正向的电压相比于负向的电压高，那么这时就会是高电平。相反，如果正向的电压相比于负向的电压低，就会产生低电平，电平电压为 0V，从而实现比较作用。当有光照时，对于光电二极管来说，电阻非常小，所以它和 R15 构成的分压电压就会下降，这时正向的输入电压就会比负向的输入电压小，所以输出的电压就是 0V。而当没有光照时，其电阻就会非常大，光电二极管和 R15 组成的分压电压增大。LM393 的正向输入端分压电压变大，超过负向输入端，LM393 输出电压为电源电压 3.3 V。

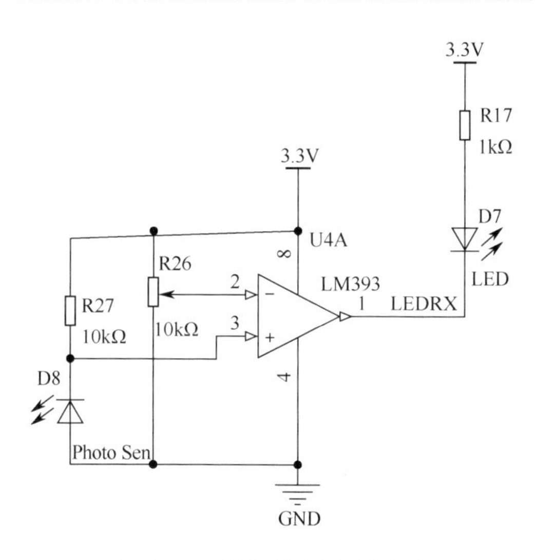

图 11-12　接收端光电检测电路

视频接收电路是由光电检测电路及放大电路构成的，如图 11-13 所示。其中，光电检测电路包括光电检测器 D9 和电阻 R19 。光电检测器 D9 接收视频传输的可见光，通过光电转换形成微弱电流，再通过 OPA2846 进行放大，最后通过 V_OUT 输出。对于视频传输而言， D9 可以等效为一个光控电阻 D9 和 R19 组成一个反向运算放大电路。根据数据手册， D9 的等效阻值 R 为 R_{19}，则 R_{19} 可以表示为

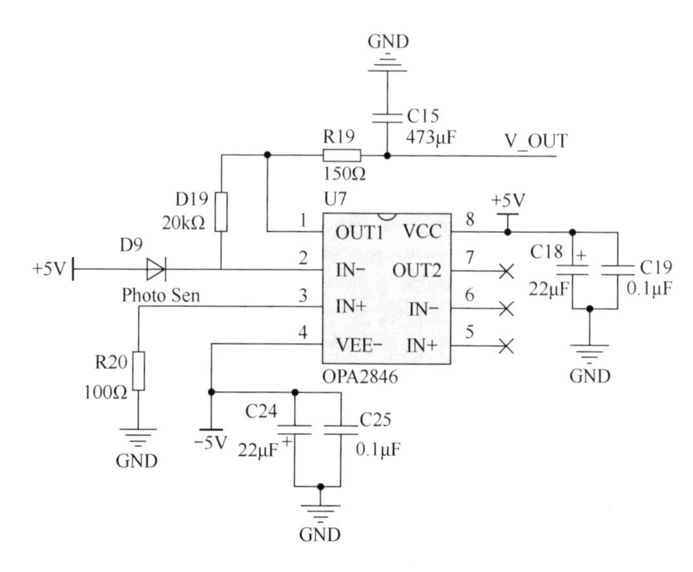

图 11-13　视频接收电路

$$-\frac{R_{19}}{R}=200\Omega \tag{11-2}$$

OPA2846 为高速宽带和双通道的运算放大器，并且能输出较高的增益带宽和比较低噪声的电压反馈。

将 D9 收到的光照的强弱作为输入信号去修改 D9 的等效阻值，使得输出变化，通过 R16 向 V_OUT 传导，C18、C19、C24 和 C25 作为滤波电容，R20 为平衡电阻，其值为 R19 和 D9 的等效并联值：

$$R_{20}=\frac{R_{19}\cdot R}{R_{19}+R}=100\Omega \tag{11-3}$$

红外光通信是通过红外波段内的近红外线进行信号传输，其信号光源为红外 LED。利用 PPM 调制，然后将调制信号加载到红外光波上，红外光的工作的波长为 800～900 nm，红外光通信的数据传输易受遮挡物的影响，且使用大功率红外发射器会对人眼造成极大的损伤，由于红外光发射的功率需要限制，所以能够传输的长度也会受到限制。而白光通信，它的信号光源是白光 LED，其工作波长为 380～780 nm。白光的发射功率所受到的限制很小。在红外光通信中，同时考虑可见光系统的照明功能，我们使用白光 LED。LED 的发光体是由 P 型半导体、N 型半导体合并组成的。因此，在进行正向电压的使用时，通过 N 区进入 P 区的电子以及通过 P 区到 N 区进入的空穴分别与 P 型的空穴和 N 型的电子复合，就会有剩余的能量，它们会通过光来释放出来，从而发光。相反，在进行反方向的电压时，一些载流子会由于扩散运动而被阻止，就不能够实现上述过程，所以就不会产生光。

白光 LED 主要分为三种：第一种是 PC-LED，通过发光芯片发出蓝色光，其中有一部分蓝色光通过照射在荧光粉，而实现黄光的产生，其他的蓝色光穿过荧光粉并且向外，这样蓝色光和黄色光结合在一起变成了白光；第二种是 RGB-LED，其内含有三种发光芯片，即红、蓝、绿，三种光色通过混合形成白光；第三种是 UV-LED，通过紫外线照射红、蓝、绿三色混合的荧光粉来发出白光。相比于 RGB-LED，PC-LED 容易制备且成本低，UV-LED 会散射出紫外线，对人眼造成损伤。

根据电路原理图，进行发射端的 PCB 的版图制作，在绘制 PCB 的版图时，需注意以下几点。

（1）元器件的封装要与实物匹配，同时要考虑元器件的大小，在布局时，也要考虑距离。

（2）布线要规范，避免绕线，同时更多地考虑使用短线，布线时不要离板太近。

（3）带有极性的元器件要标明极性。

使用 Altium Designer 绘制的发射端、接收端、中断端 PCB 版图，如图 11-14 至图 11-16 所示。

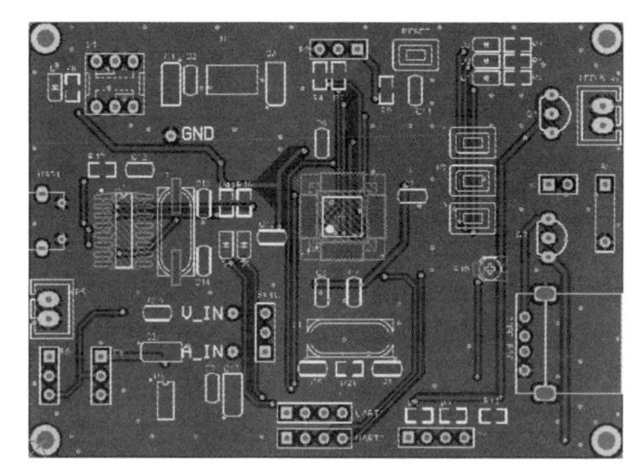

图 11-14　发射端 PCB 版图

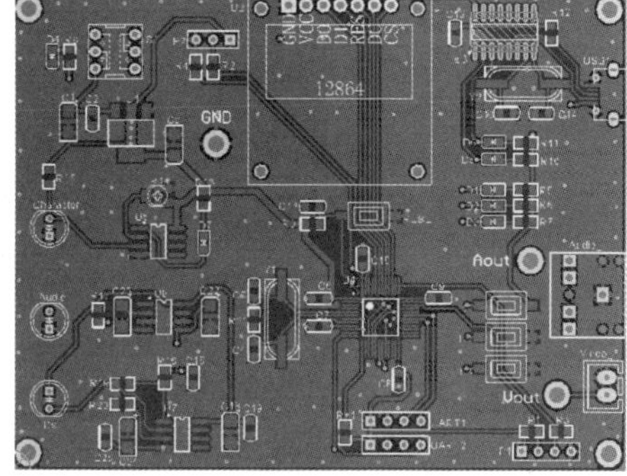

图 11-15　接收端 PCB 版图

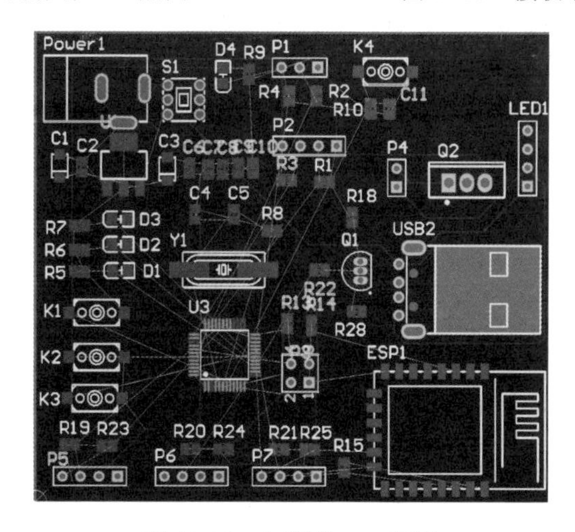

图 11-16　中继端 PCB 版图

11.3　系统测试与应用场景

对于本章的 VLC+WiFi 异构蜂窝网络通信系统的搭建和测试，平台分为三部分：发射端、接收端和中继端，硬件实物图如图 11-17 所示。

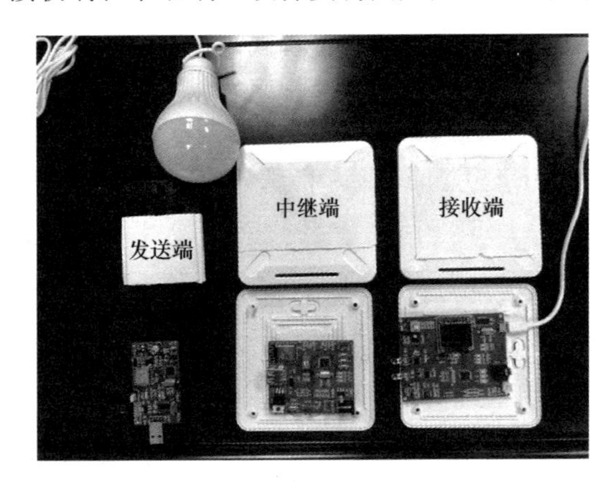

图 11-17　硬件实物图

11.3.1　系统测试

进行系统的搭建，将 KEIL 编译器安装到系统中，这样在系统中就可以进行编译了。然后再将 CH340G 驱动安装到系统中，其作用是连接计算机和串口。首先使用 KEIL 编译器进行程序的编写，然后再将程序编译成 HEX 格式的文件，最后再通过串口编程的软件将 HEX 格式文件烧写到 STM32 硬件系统中。

对字符传输功能进行测试，通过 PC 端的串口软件输入字符，单击“发送”按钮，通过硬件的发射端电路进行可见光信息的发送。然后通过硬件的接收端电路接收数据，实行光电转换，再由 STM32 进行解调，最后传回至 PC 端的串口软件。

在发射端的计算机上，利用串口软件将“GUET”进行发射，图 11-18 所示为发射端串口软件界面。然后在软件中输入“GUET”并将其发送出去。字符通过串口传送给主控 MCU，然后传到 LED 上面，这样就发出了光信号。

在接收端，将接收到的光信号，经过处理，由主控 MCU 通过串口发送到接收端的计算机上，通过串口软件显示出来，图 11-19 所示为接收端串口软件界面。

可见光发射端的摄像头接收到视频信息，进而形成电的信号，然后通过放大电路放大后，加载到 LED 上。这样就可以使用 LED 进行发射了，所以在接收端，收到了 LED 发射过来的可见光束，其光电检测模块 PD 工作，将光信号转换为电信号，而此时的电信号还是比较微弱的，因此需要进一步处理，将电信号通过放大模块进行放大，通过将放大后的信号转换成数字信号后，才能在接收端显示视频信息。可见光接收端中视频采集卡是一种将模拟视频信号转换成数字信号的设备，本平台采用的为 USB 视频采集卡，如图 11-20 所示。它可以通过 USB 接口直接与计算机相连，同时支持 Windows 7、Windows 10 系统的计算机。

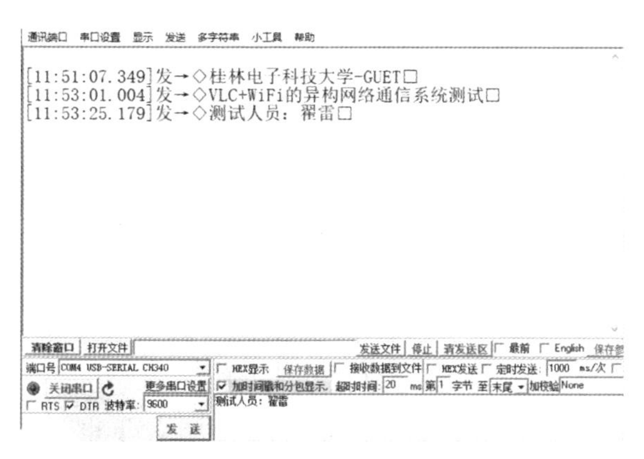

图 11-18　发射端串口软件界面

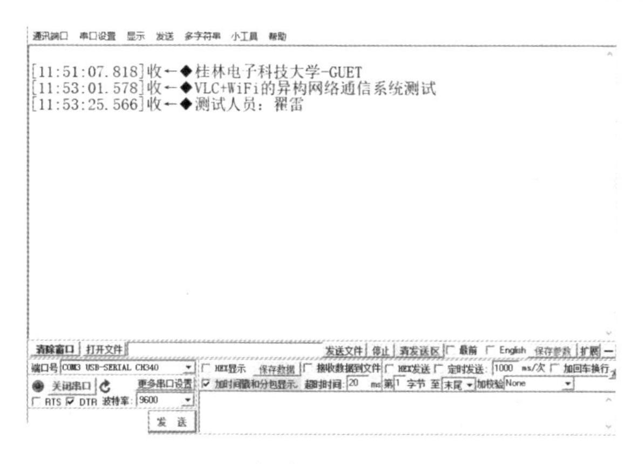

图 11-19　接收端串口软件界面

图 11-20　USB 视频采集卡

视频采集卡储存在硬盘的数字信号通过视频播放软件来播放。接收端中所采用的视频播放软件为 Honestech TVR 2.5，该视频播放软件具有很多功能，包括实时的视频放送、视频回放及存储等。图 11-21 和图 11-22 所示分别为 Honestech TVR 2.5 界面和可见光系统传输的视频信号，图 11-22 为发射端所采集的室内视频信号，经可见光传输，通过 Honestech TVR 2.5 播放。

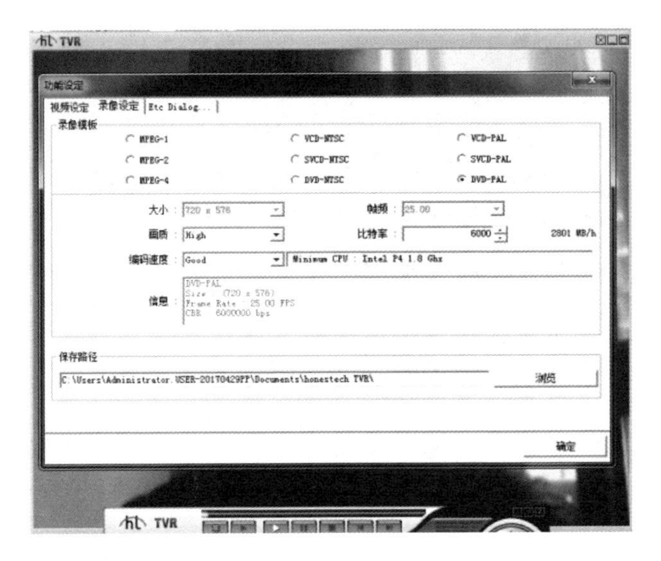

图 11-21 Honestech TVR 2.5 界面

图 11-22 可见光系统传输的视频信号

11.3.2 应用场景

在室内环境下，VLC 网络具有以下特点：下行数据需求量远大于上行数据需求量、上行光链路会成为视觉干扰、室内用户位置变化和建筑格局易造成 VLC 信号质量下降或中断等。基于此，本系统上行链路由 WiFi 信号提供稳定传输，下行链路采用 WiFi 作为 VLC 网络的补充，既能提供高速的下行传输速率，当下行可见光传输质量不佳或中断时，也能切换至 WiFi 信号继续传输，保证用户的体验最佳。本系统可以通过多个发射端、中继端和接收端的多种排列组合，完成多场景的组合通信方式，以下列举一些重点室内通信场景。

1. 应用场景一

图 11-23 所示为 VLC+WiFi 的室内异构蜂窝网络通信系统在同一房间内的应用场景。在家庭或中小型室内办公场景布局中，房间内部均匀分布 LED 光源，此时采用 VLC 可以获得较好的信号覆盖，但在用户移动或人为干扰的情况下，终端的 VLC 信号易受遮挡，导致光通信不稳定甚至断开。当 LED 光源 AP4 向用户终端发送的 VLC 断开，且邻近的 AP1 可与终端保持 VLC 连接时，AP4 通过 WiFi 向 AP1 发送数据，再由 AP1 通过光信号发送至用户终端，从而保证了通信的稳定性，AP1 也充当了中继的作用，实现信息的转发。

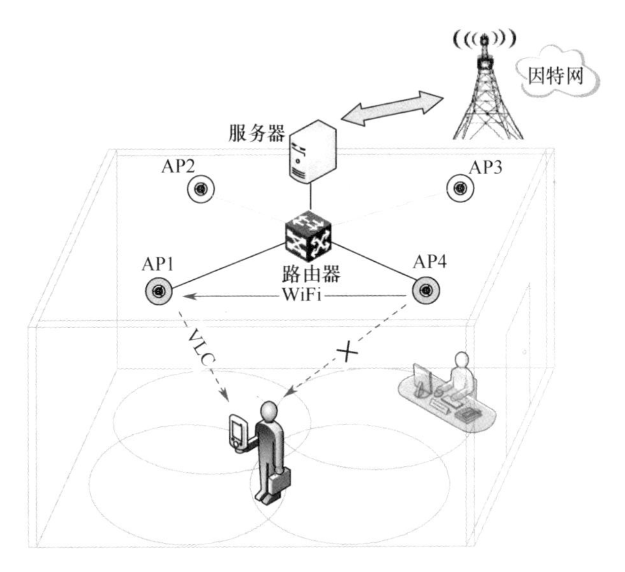

图 11-23　同一房间内的应用场景

2. 应用场景二

图 11-24 所示为 VLC+WiFi 的室内异构蜂窝网络通信系统在不同房间内的应用场景，模拟构建出可见光中继转发装置与可见光通信配合使用的场景。在邻近房间安装带有中继功能的 VLC 通信系统，所有 AP 建立起一个局域网，AP1 可通过该局域网将信息隔墙传递至 AP2，AP2 再通过光信号转发至用户终端，即可

达到 VLC 网络隔墙使用的效果，可有效解决因 VLC 在室内传输被墙体等物体阻隔时，通信受到极大的干扰甚至无法完成通信的问题。在空间较大的区域也可连续使用该可见光中继转发方案，从而达到既满足 VLC 全覆盖，又能节约成本的目的。相比于每个房间都铺设路由器节点来达到 VLC 网络完全覆盖，该方案可极大地减少设备成本及铺设成本，在绿色通信方式的前提下达到更加节约资源、节能环保的目的。图 11-25 所示为 VLC+WiFi 的室内异构蜂窝网络通信系统在相邻病房中的应用场景，通过可见光通信完成医生办公区域对病房的视频监控。

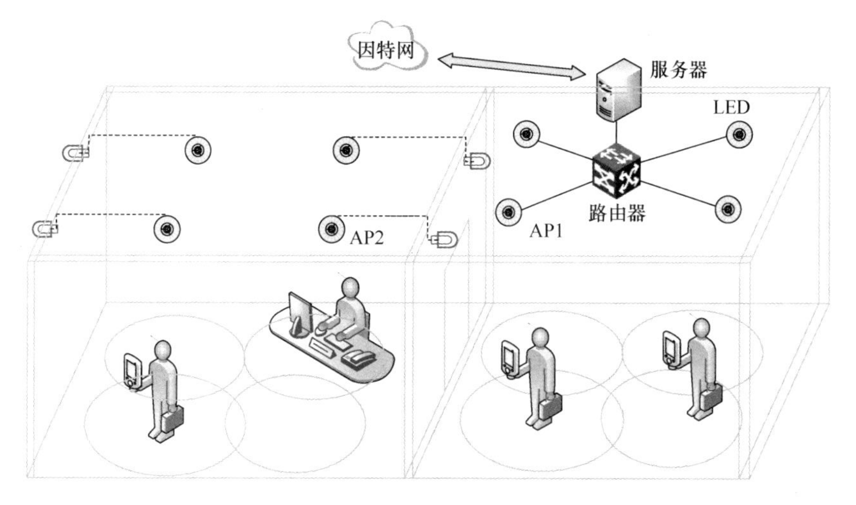

图 11-24　不同房间内的应用场景

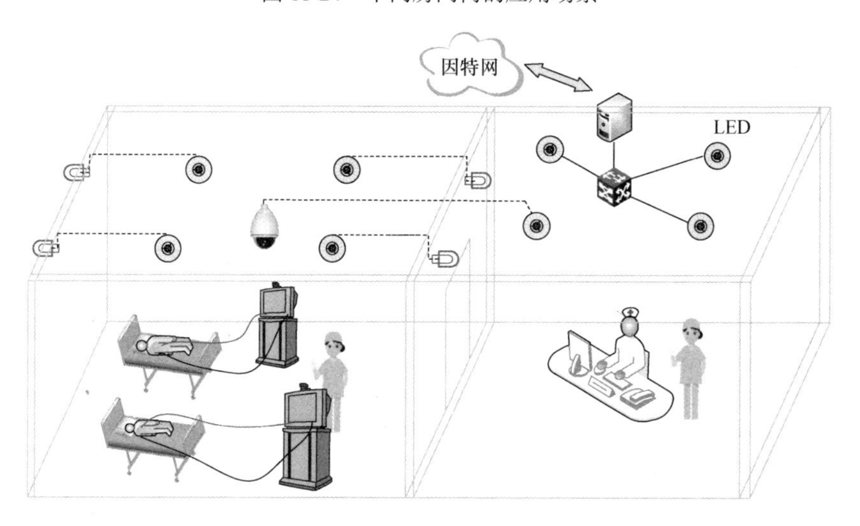

图 11-25　相邻病房中的应用场景

3. 应用场景三

图 11-26 所示为 VLC+WiFi 的室内异构蜂窝网络通信系统在方舱医院的应用场景。在大型体育馆、库房的布局中，场馆内部均匀分布 LED 光源，此时采用 VLC 可以获得较好的信号覆盖，但在用户移动或人为干扰的情况下，终端的 VLC 信号易受遮挡，导致光通信不稳定甚至断开。当一个 LED 光源向用户终端发送的 VLC 信号断开，而其邻近的 LED 可与终端保持 VLC 连接时，该 LED 可通过 WiFi 向终端发送数据，也可向其邻近的 LED 发送数据，再由其邻近的 LED 通过光信号发送至用户终端，从而保证了通信的稳定性。这时，LED 充当了中继的作用，实现信息的转发。

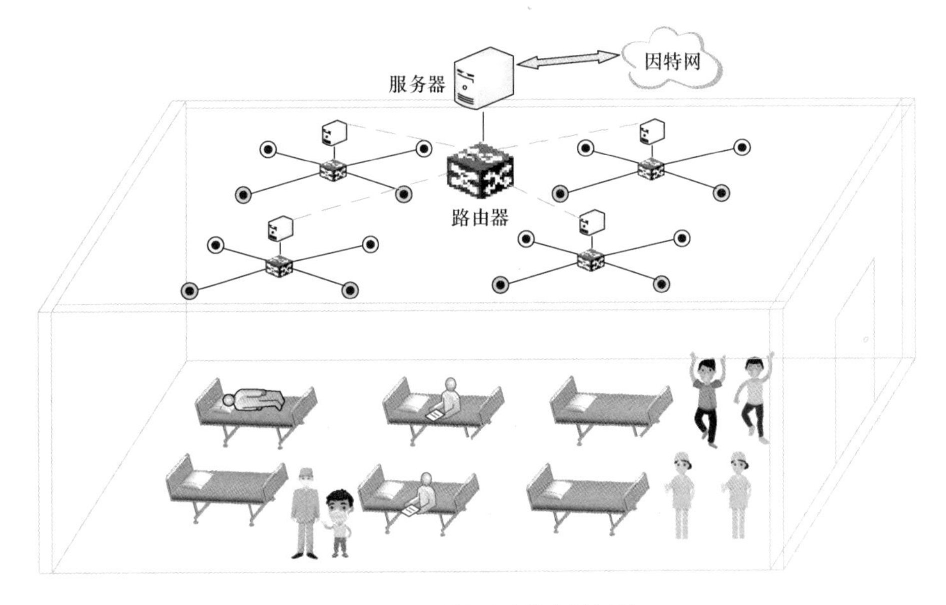

图 11-26　方舱医院的应用场景

4. 应用场景四

图 11-27 所示为传统 WiFi 信号网络全覆盖的应用场景。该区域的每个小房间内都设有一台服务器和路由器，这样虽然达到了 WiFi 信号的全覆盖，但极大地占用了网络节点，提高设备成本，并且在无人的房间内，服务器和路由器长时间保持工作状态，能耗很大，而配有 VLC+WiFi 的室内异构蜂窝网络通信系统的房间，可以做到每个小房间内，当人员离开时，室内照明灯关闭，并且该房间通信网络也关闭，达到了节能环保的目的。

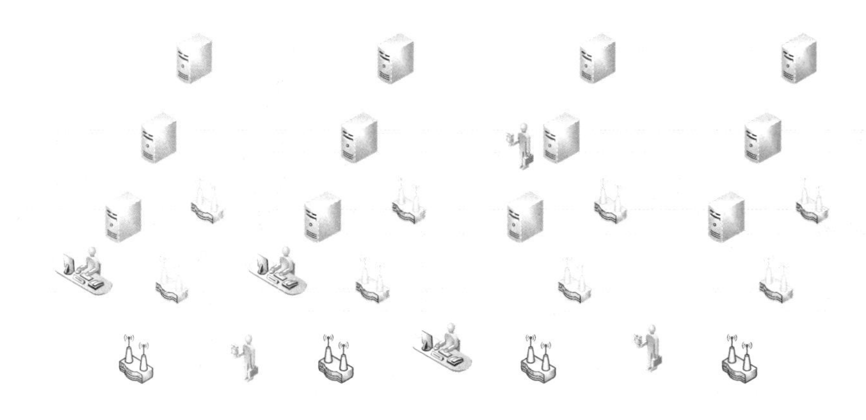

图 11-27　传统 WiFi 信号网络全覆盖的应用场景

配置 VLC+WiFi 的室内异构蜂窝网络通信系统的房间如图 11-28 所示，在类似空间较大的区域可连续使用该方案，从而达到既满足可见光网络的全覆盖，又能节约成本的目的，相对于每个房间都铺设路由器节点，本系统可减少至少一半设备数量及铺设成本，在绿色通信方式的前提下达到更加节约资源、节能环保的目的。

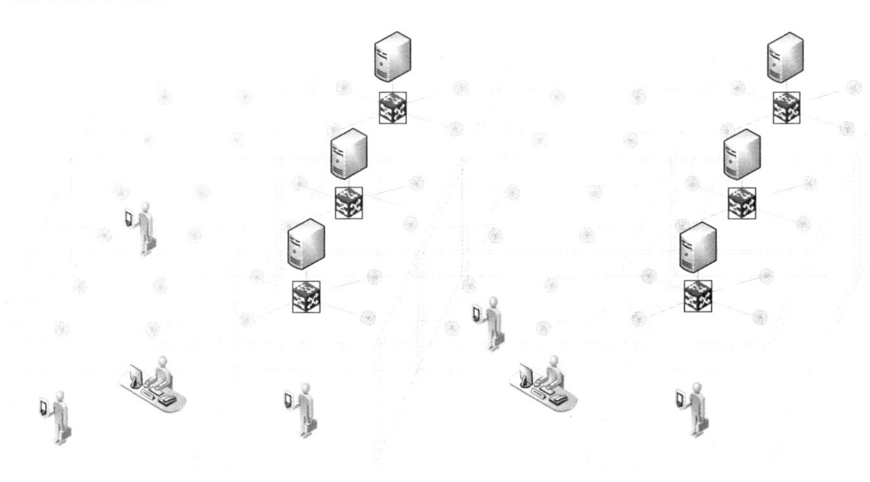

图 11-28　配置 VLC+WiFi 的室内异构蜂窝网络通信系统的房间

5. 应用场景五

在图 11-29 所示的地铁或列车车厢的应用场景中，也可以恰当地应用 VLC+WiFi 的室内异构蜂窝网络通信系统，当人保持位置不动时就接通距离最近的可见光通信，当光信号被遮挡或用户移动时，转为接入 WiFi 信号，或者将信息通过 WiFi 信号发送给中继装置，中继装置发出可见光信号给用户。

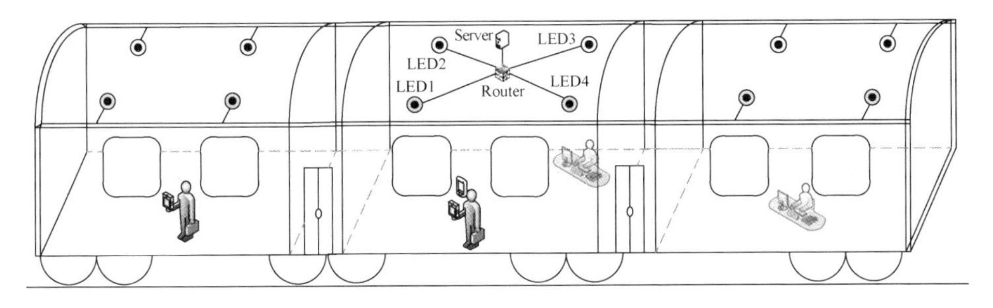

图 11-29 地铁或列车车厢内的应用场景

11.4 本章小结

本章针对 VLC+WiFi 的室内异构蜂窝网络特性，设计基于 VLC+WiFi 的室内异构蜂窝网络通信硬件系统[1]。首先，介绍了该硬件的设计目的、具体实施方式及可持续发展意义，并且分别介绍了发射端、中继端及接收端的系统设计原理和流程；其次，介绍了该系统的电路设计、元器件的选择、芯片的选择及部分电路的计算，并且展示了硬件电路 PCB 设计版图及实物图；最后，对该硬件进行系统测试及应用场景的分析，分析表明，该硬件通信系统通过多种不同的组合方式，可适用绝大多数的室内可见光通信场景，满足室内可见光通信模式的多样化，未来潜力巨大。

参考文献

肖海林，翟雷，周迪，等. 一种基于 VLC+WiFi 的车载协同通信系统与通信方法: 202110076171.2[P]. 2021-05-11.

附录 A

内容成功传输概率的证明过程

$\mathcal{L}_{I_{m,i}}(z)$可以计算为

$$\begin{aligned}\mathcal{L}_{I_{m,i}}(z) &= E[\exp(-zp_m\left|h_{m,i}\right|^2 d_{m,i}^{-\alpha})] \\ &= \frac{1}{1+zp_m d_{m,i}^{-\alpha}}\end{aligned} \tag{A-1}$$

请求用户与其他 SBS（服务 SBS 和干扰 SBS）之间的距离具有以下特征，假定它们是相互独立的，服从莱斯分布[1]：

$$\text{Rice PDF}(w,v_0;\sigma^2) = f_W(w\mid v_0) = \frac{w}{\sigma_a^2}\exp\left(-\frac{w^2+v_0^2}{2\sigma_a^2}\right)I_0\left(\frac{wv_0}{\sigma_a^2}\right),\quad w>0 \tag{A-2}$$

$w=\left\|x_s+y_0\right\|$表示从 SBS 到小区内用户的距离。由于这些距离之间的相关性，以共同距离$v_0=\left\|x_s\right\|$为条件来获得变量$I_{s,i'}$的条件拉普拉斯变换。$I_0(\cdot)$是第一类零阶修正贝塞尔函数。σ_a^2是方差。

以小区中心$x_s\in\Phi_s$为区域的 SBS，其覆盖范围内的用户为N^{x_s}，其中同时发出请求的其他用户的集合为B^{x_s}，并且$\left|B^{x_s}\right|$被建模为均值$\overline{m}$的泊松分布。引理 A-1 和引理 A-2 分别提供变量$I_{s,i'}$的条件拉普拉斯变换表达式，以及变量$I_{s',i}$的拉普拉斯变换表达式。

引理 A-1：以从请求用户到小区中心的距离$v_0=\left\|x_0\right\|$为条件，$\mathcal{L}_{I_{s,i'}}(z\mid v_0)$表达式为

$$\begin{aligned}\mathcal{L}_{I_{s,i'}}(z\mid v_0) &= E\left[\exp\left(-z\sum\nolimits_{y_0\in\mathcal{B}^{x_s}} p_s\left|h\right|^2\left\|x_s+y_0\right\|^{-\alpha}\right)\right] \\ &= E_{\mathcal{B}^{x_s}}\left[\prod\nolimits_{y_0\in\mathcal{B}^{x_s}} E\left[\exp\left(-zp_s\left|h\right|^2\left\|x_s+y_0\right\|^{-a}\right)\right]\right]\end{aligned}$$

$$\overset{\mathrm{a}}{=}E_{\mathcal{B}^{x_s}}\left[\prod_{y_0\in\mathcal{B}^{x_s}}\frac{1}{1+zp_s\left\|x_s+y_0\right\|^{-\alpha}}\right]$$

$$\overset{\mathrm{b}}{=}\sum_{n=0}^{N^{x_s}}\left(\int_{R^2}\frac{1}{1+zp_s\left\|x_s+y_0\right\|^{-\alpha}}f_A(y_0)\mathrm{d}y_0\right)^n\frac{(\bar{m}-1)^n\mathrm{e}^{-(\bar{m}-1)}}{n!\zeta} \tag{A-3}$$

$$\overset{\mathrm{c}}{=}\sum_{n=0}^{N^{x_s}}\left(\int_0^{\infty}\frac{1}{1+zp_s w^{-\alpha}}f_W\left(w\,|\,v_0\right)\mathrm{d}w\right)^n\frac{(\bar{m}-1)^n\mathrm{e}^{-(\bar{m}-1)}}{n!\zeta}$$

式中，$\zeta=\sum_{j=0}^{N^{x_s}}\frac{(\bar{m}-1)^j\mathrm{e}^{-(\bar{m}-1)}}{j!}$。“a”是信道系数服从瑞利分布的期望值。“b”是信道系数服从泊松分布且总数小于 N^x 的用户数的期望值。“c”是信道系数服从莱斯分布且将笛卡儿坐标转换为极坐标的期望值。条件概率表达式为 $P(K=n\,|\,K<N^{x_s})=\frac{(\bar{m}-1)^n\mathrm{e}^{-(\bar{m}-1)}}{n!\zeta}$。根据假设 $\bar{m}<<N^{x_s}$，$\mathcal{L}_{I_{s,i'}}(z\,|\,v_0)$ 又可以写为

$$\begin{aligned}\mathcal{L}_{I_{s,i'}}(z\,|\,v_0)&=E\left[\exp\left(-z\sum_{a\in\mathcal{B}^{x_s}\setminus a_0}p_s\left|h\right|^2\left\|x_s+y_0\right\|^{-\alpha}\right)\right]\\&=\exp\left(-(\bar{m}-1)\int_0^{\infty}\frac{zp_s w^{-\alpha}}{1+zp_s w^{-\alpha}}f_W\left(w\,|\,v_0\right)\mathrm{d}w\right)\end{aligned} \tag{A-4}$$

假设服务距离和与接收用户的位置相关且 SBS 内用户干扰距离之间的相关性未考虑[2]，即未考虑 $v_0=\left\|x_s\right\|$。$\mathcal{L}_{I_{si'}}(z\,|\,v_0)$ 的近似表达式可以写成

$$\mathcal{L}_{I_{s,i'}}(z\,|\,v_0)=\exp\left(-(\bar{m}-1)\int_0^{\infty}\frac{zp_s w^{-\alpha}}{1+zp_s w^{-\alpha}}f_W\left(w\right)\mathrm{d}w\right) \tag{A-5}$$

为不失一般性，表达式（A-5）来自文献[2]中的假设，由下式给出：

$$f_W(w)=\frac{w}{2\sigma_a^2}\exp\left(-\frac{w^2}{4\sigma_a^2}\right),\ w>0 \tag{A-6}$$

因此，在不考虑 $v_0=\left\|x_0\right\|$ 相关性的情况下，$\mathcal{L}_{I_{s,i'}}(z)$ 的下界为

$$\mathcal{L}_{I_{s,i'}}(z)=\exp\left(-\pi\frac{\bar{m}-1}{4\pi\sigma_a^2}(zp_s)^{2/\alpha}\frac{2\pi/\alpha}{\sin(2\pi/\alpha)}\right) \tag{A-7}$$

证明：

$$
\begin{aligned}
\mathcal{L}_{I_{s,i'}}(z) &= \int_{R^2} \exp\left(-(\bar{m}-1)\int_{R^2} \frac{zp_s \|x_s+y_0\|^{-\alpha}}{1+zp_s\|x_s+y_0\|^{-\alpha}} f_A(y_0)\mathrm{d}y_0\right) \times f_A(x_s)\mathrm{d}x_s \\
&\overset{a}{=} \int_{R^2} \exp\left(-(\bar{m}-1)\int_{R^2} \frac{zp_s\|z'\|^{-\alpha}}{1+zp_s\|z'\|^{-\alpha}} f_A(z'-x_s)\mathrm{d}z\right) \times f_A(x_s)\mathrm{d}x_0 \\
&\overset{b}{\geqslant} \exp\left(-(\bar{m}-1)\int_{R^2}\int_{R^2} \frac{zp_s\|z'\|^{-\alpha}}{1+zp_s\|z'\|^{-\alpha}} f_A(z'-x_s) f_A(x_s)\mathrm{d}x_0\mathrm{d}z'\right) \\
&\overset{c}{\geqslant} \exp\left(-(\bar{m}-1)\int_{R^2} \frac{zp_s\|z'\|^{-\alpha}}{1+zp_s\|z'\|^{-\alpha}} \sup\left(f_A * f_A\right)(z')\mathrm{d}z'\right) \\
&\overset{d}{=} \exp\left(-\frac{\bar{m}-1}{4\pi\sigma_a^2}\int_{R^2} \frac{zp_s\|z'\|^{-\alpha}}{1+zp_s\|z'\|^{-\alpha}}\mathrm{d}z'\right) \\
&= \exp\left(-\pi\frac{\bar{m}-1}{4\pi\sigma_a^2}(zp_s)^{2/\alpha}\frac{2\pi/\alpha}{\sin(2\pi/\alpha)}\right)
\end{aligned}
\tag{A-8}
$$

式中，“a”是由于变量转换而获得的；“b”是根据 Jensen 不等式得出的[23]，即 $\varphi\left(\sum_{i=1}^{n} g(x_i)\lambda_i\right) \leqslant \sum_{i=1}^{n}\varphi(g(x_i))\lambda_i$；根据卷积定义得出“c”；“d”是由 Young's 不等式推导出的，其中 Young's 不等式是加权算术的一种特殊情况，即几何平均不等式[3]。

引理 A-2：对于请求用户，变量 $I_{s',i}$ 的拉普拉斯变换表达式为

$$
\mathcal{L}_{I_{s',i}}(z) = \exp\left(-2\pi\lambda_s\int_0^{\infty}(1-\exp[-\bar{m}(1-\rho(v))])v\mathrm{d}v\right) \tag{A-9}
$$

证明：

$$
\begin{aligned}
\mathcal{L}_{I_{s',i}}(z) &= E\left[\exp\left(-z\sum_{x\in\Phi_s\setminus x_s}\sum_{y\in B^{x_s}} p_s|h|^2\|x+y\|^{-a}\right)\right] \\
&= E\left[\prod_{x\in\Phi_s\setminus x_s} E_{B^{x_s}}\left[\prod_{y\in B^{x_s}}\frac{1}{1+zp_s\|x+y\|^{-\alpha}}\right]\right] \\
&\overset{a}{=} E\left[\prod_{x\in\Phi_s\setminus x_s}\sum_{k=0}^{N^{x_s}}\left(\int_{R^2}\frac{1}{1+zp_s\|x+y\|^{-\alpha}}f_A(y)\mathrm{d}y\right)^k\frac{\bar{m}^k\mathrm{e}^{-\bar{m}}}{k!\xi}\right]
\end{aligned}
$$

$$\overset{\text{b}}{=}\exp\left(-\lambda_d\int_{R^2}\left(1-\sum_{\text{k}=0}^{N^{x_s}}\left(\int_{R^2}\frac{1}{1+zp_s\|x+y\|^{-\alpha}}f_A(y)\mathrm{d}y\right)^k\frac{\overline{m}^k\mathrm{e}^{-\overline{m}}}{k!\xi}\right)\mathrm{d}x\right) \tag{A-10}$$
$$=\exp\left(-2\pi\lambda_s\int_0^\infty(1-\sum_{k=0}^{N^{x_s}}[\rho(v)]^k\frac{\overline{m}^k\mathrm{e}^{-\overline{m}}}{k!\xi})v\mathrm{d}v\right)$$

式中，$\rho(v)=\int_0^\infty\frac{1}{1+zp_s u^{-\alpha}}f_U(u\,|\,v)\mathrm{d}u$。对于“a”，$\xi=\sum_{j=0}^{N^{x_s}}\frac{\overline{m}^j\mathrm{e}^{-\overline{m}}}{j!}$；条件概率表达式为 $P(K=k\,|\,K<N^{x_s}-1)=\frac{\overline{m}^k\mathrm{e}^{-\overline{m}}}{k!\xi}$；“b”是根据 PPP 的 PGFL 推导出的。根据假设 $\overline{m}<<N^x$，$\mathcal{L}_{I_{s',i}}(z)$ 可以写成

$$\mathcal{L}_{I_{s',i}}(z)=\exp(-2\pi\lambda_s\int_0^\infty(1-\exp[-\overline{m}(1-\rho(v))])v\mathrm{d}v) \tag{A-11}$$

因此，变量 $I_{s',i}$ 的拉普拉斯变换下界为

$$\mathcal{L}_{I_{s',i}}(z)=\exp\left(-\pi\lambda_s\overline{m}(zp_s)^{2/\alpha}\frac{2\pi/\alpha}{\sin(2\pi/\alpha)}\right) \tag{A-12}$$

证明：

$$\begin{aligned}
\mathcal{L}_{I_{s',i}}(z)&=E\left[\exp\left(-z\sum_{x\in\Phi_s\backslash x_s}\sum_{y\in B^{x_s}}p_s|h|^2\|x+y\|^{-a}\right)\right]\\
&=\exp\left(-2\pi\lambda_s\int_0^\infty(1-\exp[-\overline{m}(1-\rho(v))])v\mathrm{d}v\right)\\
&=\exp\left(-2\pi\lambda_s\int_0^\infty(1-\exp[-\overline{m}(1-\int_0^\infty\frac{1}{1+zp_su^{-\alpha}}f_U(u\,|\,v)\mathrm{d}u)])v\mathrm{d}v\right)\\
&\geqslant\exp\left(-2\pi\lambda_s\int_0^\infty(\overline{m}\int_0^\infty\frac{zp_su^{-\alpha}}{1+zp_su^{-\alpha}}f_U(u\,|\,v)\mathrm{d}u)v\mathrm{d}v\right)\\
&=\exp\left(-2\pi\lambda_s(\overline{m}\int_0^\infty\frac{zp_su^{-\alpha}}{1+zp_su^{-\alpha}}u\mathrm{d}u)\right)\\
&=\exp\left(-\pi\lambda_s\overline{m}(zp_s)^{2/\alpha}\frac{2\pi/\alpha}{\sin(2\pi/\alpha)}\right)
\end{aligned} \tag{A-13}$$

不等式是由泰勒展开式推导出的，并且满足不等式 $1-\exp(-ax)\leqslant ax,a\geqslant0$ [3]。

由于距离分布遵循莱斯分布，$\int_0^\infty f_U(u\,|\,v)v\mathrm{d}v = u$，所以可以简化并获得 $\mathcal{L}_{I_{s',i}}(z)$ 的表达式。

因此，对于内容请求者，总干扰分布的拉普拉斯变换为

$$\begin{aligned}\mathcal{L}_{I_{s,i}}(z) &= \mathcal{L}_{I_{m,i}}(z)\mathcal{L}_{I_{s,i'}}(z)\mathcal{L}_{I_{s',i}}(z)\\ &= \frac{1}{1+zp_m d_{m,i}^{-\alpha}}\cdot\exp\left(-\pi\left(\frac{\bar{m}-1}{4\pi\sigma_a^2}+\lambda_s\bar{m}\right)(zp_s)^{2/\alpha}\frac{2\pi/\alpha}{\sin(2\pi/\alpha)}\right)\end{aligned} \tag{A-14}$$

SBS 传输模式的内容成功传输概率可以计算为

$$\begin{aligned}P_{\text{succ}}^{is} &= \int_0^{R_s}\mathcal{L}_{I_{m,i}}\left(\frac{\gamma_{\text{th}}r^\alpha}{p_s}\right)\mathcal{L}_{I_{s',i}}\left(\frac{\gamma_{\text{th}}r^\alpha}{p_s}\right)\mathcal{L}_{I_{s,i'}}\left(\frac{\gamma_{\text{th}}r^\alpha}{p_s}\right)f_A(r)\mathrm{d}r\\ &= \frac{1}{2\sigma_a^2}\int_0^{R_s}\frac{1}{1+\frac{\gamma_{\text{th}}r^\alpha}{p_s}p_m d_{m,i}^{-\alpha}}\cdot\exp\left(-\left(\pi\left(\frac{\bar{m}-1}{4\pi\sigma_a^2}+\lambda_s\bar{m}\right)\left(\frac{\gamma_{\text{th}}r^\alpha}{p_s}p_s\right)^{2/\alpha}\frac{2\pi/\alpha}{\sin(2\pi/\alpha)}+\frac{r^2}{4\sigma_a^2}\right)\right)r\mathrm{d}r\\ &= \frac{1}{2\sigma_a^2}\int_0^{R_s}\frac{p_s}{p_s+\gamma_{\text{th}}r^\alpha p_m d_{m,i}^{-\alpha}}\cdot\exp\left(-\left(\pi\left(\frac{\bar{m}-1}{4\pi\sigma_a^2}+\lambda_s\bar{m}\right)\left(\gamma_{\text{th}}r^\alpha\right)^{2/\alpha}\frac{2\pi/\alpha}{\sin(2\pi/\alpha)}+\frac{r^2}{4\sigma_a^2}\right)\right)r\mathrm{d}r\end{aligned} \tag{A-15}$$

综上所述，内容成功传输概率证明完毕。

参 考 文 献

[1] AFSHANG M, DHILLON H S, CHONG P H J. Modeling and Performance Analysis of Clustered Device-to-Device Networks [J]. IEEE Transactions on Wireless Communications, 2015, 15(7): 4957-4972.

[2] AFSHANG M, DHILLON H S, CHONG P H J. Fundamentals of Cluster-Centric Content Placement in Cache-Enabled Device-to-Device Networks [J]. IEEE Transactions on Communications, 2016, 64(6): 2511-2526.

[3] GANTI R K, HAENGGI M. Interference and Outage in Clustered Wireless Ad Hoc Networks [J]. IEEE Transactions on Information Theory, 2009, 55(9): 4067-4086.

附录 B

缩略词对照表

缩略语	英文全称	中文对照
ITS	Intelligent Transportation System	智能交通系统
V2X	Vehicle to Everything	车载通信技术
C-V2X	Cellular Vehicle-to-Everything	基于蜂窝网的车载通信技术
V2V	Vehicle to Vehicle	车与车
V2I	Vehicle to Infrastructure	车与路
V2P	Vehicle to Pedestrian	车与人
V2N	Vehicle to Network	车与网络/云平台
3GPP	3rd Generation Partnership Project	第三代合作伙伴计划
CSMA	Carrier Sense Multiple Access	载波侦听多路访问
LTE	Long Term Evolution	长期演进
BS	Base Station	基站
DSRC	Dedicated Short Range Communication	专用短程通信技术
5G	Fifth Generation	第五代移动通信
D2D	Device-to-Device	终端直通
D2D-V	Device-to-Device-based V2V	终端直通车与车通信
MIMO	Multiple Input Multiple Output	多输入多输出
SISO	Single Input Single Output	单输入单输出
LOS	Line-of-Sight	直视分量
NLOS	Non-Line-of-Sight	非直视分量
CIR	Channel Impulse Response	信道冲击响应
AOA	Angular of Arrival	到达角
AOD	Angular of Departure	离开角
ST-CF	Space-Time Correlation Function	空-时相关函数
ACF	Auto Correlation Function	自相关函数

（续表）

缩略语	英文全称	中文对照
CCF	Spatial Cross-Correlation Function	空间相关函数
AWGN	Additive White Gaussian Noise	加性高斯白噪声
PPP	Poisson Point Process	泊松点过程
SINR	Signal to Interference plus Noise Ratio	信干噪比
SNR	Signal to Noise Ratio	信噪比
SIR	Signal to Interference Ratio	信干比
CSI	Channel State Information	信道状态信息
PDF	Probability Density Function	概率密度函数
ASR	Average Sum Rate	平均和速率
EE	Energy Efficient	能源效率
MEC	Mobile Edge Computing	移动边缘计算
CJ	Cooperative Jamming	协作干扰
PLS	Physical Layer Security	物理层安全
QoS	Quality of Service	服务质量
WLAN	Wireless Local Area Network	无线局域网络
RSS	Received Signal Strength	接收信号强度
WiMAX	World Interoperability for Microwave Access	全球微波接入互操作性
MUE	Macrocell User Equipment	宏用户设备
SUE	Small User Equipment	小用户设备
FBS	Femto Base Station	毫微微基站
HetCNets	Heterogeneous Cellular Networks	异构蜂窝网络
MBS	Macrocell Base Station	宏基站
SBS	Small Base Station	小基站
PC-ILA	Power Control with Interference Limited Area	有干扰区域限制的功率控制
FUE	Femto User Equipment	毫微微蜂窝用户设备
OFDMA	Orthogonal Frequency Division Multiple Access	正交频分多址接入
UE	User Equipment	用户设备
HPPP	Homegeneous Poisson Point Process	齐次泊松点过程
DT	D2D Transmitter	D2D 用户的发射端
DR	D2D Receiver	D2D 用户的接收端
MINLP	Mixed Integer Non-Linear Programming	混合整数非线性规划
ILA	Interference Limited Area	干扰限制区域

（续表）

缩略语	英文全称	中文对照
PCP	Poisson Cluster Process	泊松簇过程
GBD	Generalized Benders Decomposition	广义 Benders 分解
PAUA-CC	Power-Aware User Association and Content Caching	功率感知的用户关联和内容缓存算法
SU	Small cellular User	小蜂窝用户
MIP	Mixed Integer Programming	混合整数规划
AFSA	Artificial Fish Swarm Algorithm	人工鱼群算法
ADMM	Alternating Direction Method of Multiplier	交替方向乘子法
NOMA	Non-Orthogonal Multiple Access	非正交多址接入
MCU	Macro Cell User	宏小区用户
SCU	Small Cell User	小小区用户
SIC	Successive Interference Cancellation	连续干扰消除
RF	Radio Frequency	射频
SWIPT	Simultaneous Wireless Information and Power Transmission	同时无线信息和功率传输
EH	Energy Harvesting	能量收集
RE	Renewable Energy	可再生能源
GSMA	Global Systems for Mobile communication Association	全球移动通信协会
HHCN	Hybrid-energy Heterogeneous Cellular Networks	混合能源驱动的异构蜂窝网络
MDS	Maximum-Distance-Separable	最大距离编码
Max-RP	Maximum Receive Power	最大接收功率
BSRP	Bias Station Receive Power	基站喜好偏置因子
BA	Bandwidth Allocation	带宽分配
MCG	Maximum Channel Gain	最大信道增益
PHP	Poisson Hole Process	泊松洞过程
EC	Energy Complicate	能量补充
DGEA	Distributed Green Energy Allocation	分布式绿色能量分配
eNB	Evolved Node B	演进型基站
ISM	Industrial Scientific Medical	工业的、科学的医学
DRN	D2D relay node	D2D 中继节点
VLC	Visible Light Communication	可见光通信

（续表）

缩略语	英文全称	中文对照
AP	Access Point	无线接入点
QoE	Quality of Experience	用户体验质量
OFDM	Orthogonal Frequency Division Multiplex	正交频分复用
QAM	Quadrature Amplitude Modulation	正交振幅调制
MT	Mobile Terminal	移动终端
HA	Hungarian Algorithm	匈牙利算法
AHP	Analytic Hierarchy Process	层次分析加权和
LED	Light Emitting Diode	发光二极管
OOK	On-Off Keying	开关键控
PCB	Printed Circuit Board	印制电路板
PD	Photoelectric Detection	光电检测